KB241347

일본은 죽어도 모르는
독도 이야기 88

일본은 죽어도 모르는
독도 이야기 88

예나루

일본은 죽어도 모르는 독도 이야기 88가지

초판발행_ 2005년 8월 15일
초판 4쇄_ 2010년 9월 15일

지은이_ 이예균 · 김성호
펴낸이_ 한미경
펴낸곳_ 예나루

등록_ 2004년 1월 5일 제106-07-84229호
주소_ 서울특별시 용산구 갈월동 8-3
전화_ 02-776-4940
팩시밀리_ 02-776-4948

ⓒ 김성호, 2005

ISBN_ 89-956959-0-0 03900

일원화 공급처_ (주)북새통 서울시 마포구 서교동 384-12
전화_ 02-338-0117 팩시밀리_ 02-338-7160~1

사람이 살지 않는 땅은 의미가 없다.
우리가 살아온 삶은 시간으로 보면 역사이고, 공간으로 보면 땅이다.
사람이 없는 땅은 자연 그 자체로 남지만
사람이 살게 되면 그 땅은 새로운 생명을 얻게 된다.
민족의 피와 땀이 서려있는 독도는 자손만대에 전해 주어야 할
우리의 생명토(生命土)이다.

막연히 외치는 '독도는 우리땅' 이라는 함성은 공허하다.

일본의 움직임이 심상치 않다. 이미 1999년 여름 히노마루와 기미가요를 국기와 국가로 규정하는 법률안을 통과시킨 데 이어 자위대의 지위를 격상시키고 활동영역을 확장하는 새 미일(美日) 방위협력지침(가이드라인)관련 3개 법안을 마련했다. 2000년 초에는 동남아시아의 군사적 교두보라고 할 수 있는 싱가포르 기지 사용권을 얻어냈다. 일본자위대는 이미 세계 제2위의 막강한 전력(戰力)을 보유하고 있다.

50조원에 달하는 일본의 국방예산은 미국에 이어 세계 2번째이며, 무기의 질에 있어서는 미국을 능가하는 세계 최고의 최첨단 무기를 보유하고 있는데다 정보 수집력 역시 대단한 수준이라고 한다. 이 같은 일련의 상황을 종합해 볼 때 군사대국 '일본호' 는 이미 닻을 올린상태다.

이런 상황에서 일본의 독도 영유권 주장은 예사롭게 들리지 않는다. 100년 전 독도침탈은 한국 침략의 전주곡이었으며, 이에 대한 반성 없이 다시 독도 영유권을 주장하는 것은 한국 주권에 대한 심각한 도전이 아닐 수 없다. 100년 전의 침략 의도를 오늘날 재현한 것이나 다름없는 것이다.

일본의 군사대국화가 지금과 같은 속도로 진행된다면 독도 영유권 분쟁을 매개로 한 위기 확대는 손쉬워질 수 있다. 일본에 의해 동북아의 위기가 조율되는 단계에 들어갔을 때 상황을 되돌리기 쉽지 않을 것이라는 것은 불을 보듯 뻔하다.

2005년 들어서도 전 주한일본대사 다카노 도시유키(高野紀元)가 우리 수도 한복판에서 독도가 자국 영토라는 망언을 공공연하게 하여 우리 국민들을 분노하게 했고, 일본 시마네현은 독도 영유 100주년을 맞는다고 '독도의 날' 을 선포했다. 바로 100년 전, 일본은 불법적인 괴문서에 불과한 '을사늑약' 으로 대한제국의 외교권을 탈취한 상태에서 일본의 일개 지방현인 시마네현의 고시 제40호로 독도를 자국 영토로 편입했다고 주장하고 있다.

독도를 일본영토로 편입한 1905년 시마네(島根)현의 고시(告示)는 국제법상 증거능력을 인정받을 수 없다. 관계자 몇몇이 돌려본 '회람(回覽)'에 불과한 시마네현 고시는 그 자체로 불법적 침탈이었다는 것을 입증하고 있다. 국제 법상 영유권 점유의 요건도 갖추지 못한 편입이 인정받을 수 없다는 것을 모를 리 없는 일본이 떼를 쓰는 것은 그들의 숨긴 의도가 따로 있기 때문이다.

독도를 지키는 일은 바로 그들이 숨긴 의도가 어디 있는지를 밝혀내는데서 시작되어야 한다. 그리고 우리땅 독도를 좀더 자세히 이해하는 것이 필요하다. 막연히 외치는 '독도는 우리땅' 이라는 함성은 공허하다.

이런 점에서 이 책은 지금 우리에게 꼭 필요한 것임에 틀림없다. 저자들은 십수 년 전부터 독도지킴이로 활동해 왔고, 독도사랑운동에 쉼 없는 열정을 보여 온 분들이다. 저자들은 이 책에서 전문 학자 못지않은 식견을 바탕으로 독도의 과거와 현재를 한 눈에 보여주고 있다.

독도를 둘러싸고 전개되는 열강들의 치열한 암투는 마치 한반도를 두고 펼쳐졌던 구한말의 패권다툼을 보는 듯하며, 현재 전개되고 있는 독도의 이야기들은 한편의 전쟁 드라마를 보는 듯 하다. 그간 다소 난해하고 무거웠던 독도관련 글이 한결 친근한 모습으로 다가온 느낌이다. 이 책은 독도의 모든 것, 이 섬이 대한민국의 영토라는 역사적 · 현재적인 모든 자료와 기록을 집대성하고 있다. 이 책이 일본에 알려진다면 일본은 침묵하게 될 듯하다.

2005년 8월
독립기념관 관장 김삼웅

누가 뭐라 해도 우리는 이 섬을 포기할 수 없다.

대한민국 경상북도 울릉군 울릉읍 독도리 산 1~37번지. 이곳이 바로 우리의 주권 아래에 있는 독도이다. 독도는 울릉도와는 길고 긴 인연을 맺어온 우리의 땅이다.

울릉도와 독도의 인연은 멀리는 우산국에서부터 시작된다. 신라장군 이사부가 복속시켰다는 우산국은 독도를 포함하고 있었다. 〈만기요람(萬機要覽 · 1808년)〉이나 〈증보문헌비고(增補文獻備考 · 1908년)〉 등 옛 문헌들은 '울릉도와 우산도(독도)는 모두 우산국(于山國)의 땅'이라고 적고 있다. 신라가 우산국을 정복한 서기 512년부터 울릉도와 독도가 우리 고유의 영토가 되었던 것이다.

〈세종실록지리지(1454년 권153)〉 강원도 울진현조에는 "우산, 무릉은 거리가 멀지 않아 날씨가 맑으면 가히 바라볼 수 있다"고 했다. 두 섬이 눈으로 볼 수 있는 거리에 위치하고 있다는 것은 매우 중요한 문제다. 가시거리(可視距離)에 있다는 것은 두 섬이 하나의 생활권이었음을 의미한다.

독도라는 명칭 역시 울릉도 사람들의 입에서 나온 것이다. 독도라는 이름은 돌섬을 문자로 옮기는 과정에서 탄생했다. 울릉도로 건너온 개척민들은 돌을 독이라고 했다. 이들은 바위섬인 독도를 돌섬, 즉 독섬이라 불렀다. 독섬의 의미를 한자로 옮기면 석도(石島)가 되고, 소리를 그대로 옮기면 독도(獨島)가 된다.

울릉도민들에게 독도는 하나의 생활 영역이었다. 누가 뭐라 해도 우리는 이 섬을 포기할 수 없다. 그것은 우리의 생존권을 지키는 일이기 때문이다. 일찍이 울릉군수 심흥택은 시마네현(島根縣)의 독도 편입사실을 접하고, 즉각 우리의 영토임을 분명히 하는 행동을 취했다. 심흥택 군수의 보고를 접한 조정은 1906년 4월 29일 지령 제3호에서 '독도가 일본인의 영토라는 것은 전혀 근거 없는 것'이라는 입장을 분명히 했다.

울릉도민은 독도가 위기에 처하자 자발적으로 나서 영토를 수호하는 저력을 보여주기도 했다. 1953년 일본의 독도점령시도에 맞서 33명의 울릉도 젊은이들이 홍순칠 대장을 중심으로 '독도의용수비대'를 조직, 3년 8개월 동안이나 독도를 지켰다. 애국심이 투철한 울릉도 청년들은 '울릉도에도 나라를 위해 싸울 수 있는 의병이 있다는 것을 보여주자'는 의지를 가지고 총칼을 들고 나섰다.

지금도 마찬가지다. 독도의용수비대의 후예들인 '푸른 울릉·독도가꾸기 모임'은 십수 년 째 독도를 지키고 가꾸는데 앞장서고 있다. 이 책을 펴낸 것 역시 독도를 지키고 가꾸는 운동의 또 다른 모습이라 여겨진다.

이 책은 쉽고 흥미로운 내용들로 구성되었으면서도 독도문제의 본질을 놓치지 않고 있다. 지금까지 추상적으로만 생각해왔던 독도를 한층 친근하게 만들어줄 것으로 믿는다. 아무쪼록 많은 사람들로부터 사랑받는 필독서로서 자리매김은 물론 독도를 지키고 가꾸는데 있어 소중하게 활용되기를 기대한다.

2005년 8월

울릉군 군수 오창근

독도에 손을 대는 자는 완강한 저항을 각오하라.

"독도는 일본의 한국 침략에 대한 첫 희생물이다. 일본의 패전과 함께 독도는 다시 우리의 품에 안겼다. 독도는 한국 독립의 상징이다. 이 섬에 손을 대는 자는 우리민족의 완강한 저항을 각오하라. 독도는 단지 몇 개의 바윗덩어리가 아니라 우리민족의 영예의 닻이다. 이곳을 잃는다면 어찌 독립을 지킬 수 있겠는가. 일본이 독도를 탈취하려는 것은 곧 한국에 대한 재침략을 의미하는 것임을 잊어서는 안 된다."

1950년대 변영태 외무장관이 일본의 독도 침탈에 대해 독도 사수의 결의를 담은 담화문을 발표했다. 우리 민족이 왜 그토록 독도에 민감한지 잘 설명해주는 글이다. 변 장관의 말대로 독도는 우리 민족에게 있어 영예의 닻이다. 이곳은 우리의 자존심이고, 독립의 상징이다.

그래서 한민족이라면 누구나 나름대로의 독도를 가슴에 품고 살아간다. 동해바다의 작은 섬으로서의 독도를 품는 사람도 있을 것이고, 민족의 자존심이라는 섬의 상징을 가슴에 품는 사람도 있을 것이다.

그 가운데는 어느 누구도 독도에 대해 큰 관심을 가지지 않을 때 홀로 독도 수호운동을 펼치며 '민족통일의 눈'으로서의 독도를 가슴에 품었던 사람도 있었다.

'여기는 민족통일의 눈, 7천만이 하나 되어 독도를 지키자.'

늘 이렇게 말했던 독도 운동가 고(故)장철수 씨. 그의 큰 생각은 많은 사람들에게 독도를 바라보는 새로운 눈이 되어 뜻을 함께하는 수많은 사람들과 이어졌다. 그렇게 인연이 맺어진 사람들이 바로 '푸른 울릉ㆍ독도가꾸기 모임' 이덕영 회장, 이종학 선생, 김정명 선생 등이었다.

그러나 이런 분들이 계셨음에도 우리는 내부적인 역량을 키우지 못했다는 자성을 한다. 지금의 이 자료집으로 지난 잘못을 덮을 수는 없겠지만 그래도 나름대로의 성과물이라 자평한다.

이 자료가 가진 의미는 대략 3가지 정도로 정리될 수 있겠다.

첫째 사람 사는 섬, 인간의 손때가 묻은 독도를 다루고 있다는 점이다.

지금까지 독도를 다룬 책들은 역사, 국제법 등 다소 무거운 이야기를 다루고 있어 일반인들이 접근하기 어려운 것이 사실이었다. 하지만 이 책은 무거운 주제들을 가능하면 쉽게 풀어주려 했고, 사람 사는 섬 독도를 이해할 수 있도록 독도의 숨은 사연들을 담고 있다.

둘째 과거의 역사보다는 현재의 이야기들이 중심을 이루고 있다.

독도는 너무 막연하게 다가오는 섬이다. 독도의 영유권을 주장하는 자료들은 하나같이 이해하기 어려운 말로 되어 있다. 이 책은 그런 점에서 자유롭고 싶었다. 따라서 과거의 이야기들에 한정된 것이 아니라 현재 동해바다에서 벌어지고 있는 이야기들을 흥미롭게 엮었다.

셋째 울릉도와 독도의 상관관계를 담고자 했다.

호리 가즈오(堀和生) 일본 교토대 경제학부 교수는 "독도 문제를 해결하기 위해서는 울릉도에 관한 연구가 필수적이다. 울릉도가 빠진 독도는 아무런 의미가 없다"고 밝혔다. 이 자료는 울릉도와 독도간의 관계를 밝혀주는 본격적인 연구결과물은 아니지만 울릉도와 독도간의 관계를 중심으로 독도영유권을 살피고자 애썼다는 점에서는 의의가 있다 할 것이다.

이 작은 자료집을 만드는 데 많은 분들의 도움이 있었다. 독도를 연구한 신용하 교수 양태진 선생 등 학자들의 성과물이 그 첫 번째이고, 독도지킴이로 나선 사람들의 고귀한 행적이 그 두 번째다. 마지막으로 울릉도와 독도에 관한 귀한 자료들을 협조해준 울릉군청, 사진작가 김정명 선생, 역사적 입증 자료를 제공해준 독도박물관 등 많은 분들에게 다시 한 번 감사드린다.

이예균 ｜ 김성호

| 차 례 |

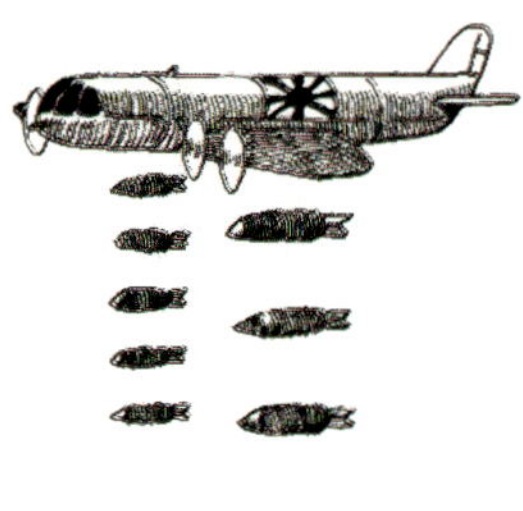

바다 동쪽에도 사람이 살고 있다

사람이 살지 않는 땅은 의미가 없다

『독도』

사람이 살지 않는 땅은 의미가 없다. 우리가 살아온 삶은 시간으로 보면 역사이고, 공간으로 보면 땅이다. 사람이 없는 땅은 자연 그 자체로 남지만 사람이 살게 되면 그 땅은 새로운 생명을 얻게 된다. 울릉도와 독도에 사람이 언제부터 살아왔는가를 살펴보는 일은 그래서 중요한 의미를 갖는다.

울릉도에 관한 가장 오래된 기록은 위나라의 위지(魏志)에서 찾을 수 있는데 삼국지 위지동이전 옥저조에 간단한 기록이 전해온다. 이때는 조조, 유비, 관우, 장비, 제갈공명 등 천하의 영웅들이 위, 촉, 오 삼국을 형성하고 서로 다투던 시기다.

서기 244년 위나라의 장수 관구검*이 1만의 군사를 이끌고 고구려를 공격해왔다. 관구검은 고구려 동천왕의 군사 2만과 싸우다가 6천의 군사를 잃는 등, 처음에는 힘들게 싸워야 했다. 그러나 결국 고구려 군대에 승리하고 수도 환도성까지 함락시켰다. 동천왕은 남옥저(지금의 함

* 관구검(毌丘儉 · ?~255) : 중국 위(魏)나라의 무장(武將)으로 두 차례 고구려를 침공하여 한때 고구려의 국기(國基)를 위태롭게 하였다. 고구려의 동천왕은 남옥저(南沃沮)까지 쫓기며 위기에 빠졌으나, 유유(紐由)의 기습작전이 성공하여 위군을 물리쳤다.

남 남부 지역)까지 쫓겨 갔으나 밀우와 유유 등 장수들의 활약으로 위기를 넘겼다.

고구려 환도성을 함락한 관구검은 현도군의 태수 왕기에게 동천왕을 남옥저까지 추격하도록 했다. 남옥저에 들어간 왕기는 동천왕이 어디로 갔는지 조사하기 시작했다.

이 때 울릉도로 추정되는 섬이 등장한다.

동해바다 근처까지 도착한 왕기는 지방 사람에게 물었다.

"바다 동쪽에도 사람이 사느냐?"

그 지방의 한 늙은이가 이렇게 말했다.

"언젠가 풍랑을 만나 동쪽 바다 한 가운데 있는 어떤 섬에 도착한 적이 있었습니다. 그 섬에는 사람이 살고 있었지만 말이 잘 통하지 않았습니다. 섬에 사는 사람들은 매년 칠월이 되면 나이 어린 처녀를 골라 바다에 빠뜨리는 풍습이 있다고 들었습니다."

알봉분지 동쪽 바다 울릉도에도 그 옛날부터 사람이 살고 있었다.

늙은이가 말한 '동쪽 바다 가운데 섬'은 어디를 말하는 것일까? 이에 대해 일본인 역사학자 이케우치 히로시 박사는 "그 섬은 틀림없이 울릉도를 가리키는 것이며, 이 기록은 울릉도에 관한 가장 오래된 것"이라고 주장한다. 동쪽 바다 가운데 사람이 살고 있는 섬은 울릉도 외에는 없기 때문에 그렇게 생각하는 것도 무리는 아니다.

이 같은 기록은 울릉도의 고분과 유물에서도 입증된다. 울릉도에는 수백 기의 고분들이 있었던 것으로 알려지고 있다. 개척 당시 울릉도에 들어간 주민들의 증언으로 볼 때 수백 기의 고분이 원형대로 남아 있었던 것으로 보인다. 1882년에 울릉도를 순찰한 이규원 검찰사의 〈울릉도 검찰일기〉에 대황토구미(지금의 태하동)에서 수십 개의 고분을 보았다는 기록이 있다.

그러나 개척을 전후해서 주민들은 물론 일본인들까지 고분을 모조리 뒤지고 부장품을 훔쳐갔다. 뿐만 아니라 개간 등으로 대부분의 고분이 허물어졌다. 현재 형태를 분간할 수 있는 고분은 수십 기에 불과하다. 1957년 울릉도 고분을 조사한 김원룡 교수팀의 보고 〈국립박물관 고적조사보고 제4책〉에 의하면 울릉도에서 모두 87기의 고분이 발견되었

울릉도에서 출토된 토기류

다고 한다. 그중에는 이미 완전히 파괴되어 없어진 것도 있어 울릉도의 고분은 100기를 훨씬 넘었을 것으로 추측되고 있다. 1981년 봄에는 저동초등학교 운동장 확장공사 때 동북편 산기슭에서 지하 2m 정도에 묻혀 있던 고분 1기와 부장품인 토기 5점이 발굴되기도 했다.

고분의 분포 상황은 북면 현포동에 38기, 천부동에 3기, 죽암에 4기, 서면 남서동에 37기, 남양동 2기, 태하동에 2기, 사동에 1기 합계 87기가 있는 것으로 되어 있다. 그러나 파괴가 계속되어 이제는 멀쩡한 고분을 찾기 힘들 정도다.

이들 고분의 외형은 적석총과 비슷하며 내부는 석곽으로 되어있다. 내부의 길이는 5~7m, 높이는 1.5~1.6m, 폭 1.2~1.5m 정도다. 고분 내부는 입구가 좁고 차차 넓어지다가 중앙부를 지나 후미로 갈수록 다시 좁아지고 있다.

울릉도에서 발견된 토기는 김해식 토기와 비슷하면서도 약간의 차이가 있다. 김해토기 특유의 평형선이 옆으로 돌아간 문양이 있지만 글자는 없으며 인화문신라토기(印花文新羅土器)와 함께 나오고 있다.

김원룡 교수는 1957~1963년에 걸쳐 울릉도를 조사하고 〈울릉도(1964년)〉란 보고서를 내놓았다. 이 보고서에 따르면 울릉도에서 발견되는 유적 유물 가운데 삼국시대 것은 전혀 발견되지 않았다고 한다. 보고서는 또 적석총과 토기 등으로 볼 때 통일신라 초기인 대략 7세기부터 사람이 살기 시작한 것으로 결론 내리고 있다.

그런데 최근 조사연구결과 전혀 다른 결론들이 등장하고 있다.

영남대학교 김윤곤 교수는 "최근 조사 보고에서 울릉도 무문토기는 본토의 철기시대 전기 말경(기원전 300년경), 아무리 늦어도 기원 전후의 전형적인 무문토기로 볼 수 있다는 고고유물학적 연구 성과가 나왔다"고 밝힌다. 김 교수가 인용한 연구 성과는 〈울릉도 지표조사 보고서(서울대박물관 학술총서6)〉이다. 이 자료는 '토기는 무문토기, 신라토기, 적갈색 토기 등 3가지가 있다. 무문토기는 기원전 3세기경의 것이고, 신라토기는 6세기 중엽으로 추정된다' 고 적고 있다.

이처럼 울릉도에서 기원전 유물과 신라토기가 발견됨으로써 신라 장군 이사부에 대한 기록이 고고학적인 면에서도 힘을 받게 되었다. 그렇다면 이사부가 정복했다는 우산국 사람들은 어떤 사람들일까? 학자들은 그들이 한반도 해안지방에서 건너간 사람들이라고 추정하고 있다.

김원룡 교수는 "이사부 이전에는 경상도 쪽의 토기가 퍼져있는 것을 알 수 있다. 이로 볼 때 울릉도는 문화적으로 신라문화권의 일원이었다고 생각된다"고 말한다.

현포석주열유구 발굴현장

어쨌든 지금까지의 연구결과를 종합해보면 우산국은 오늘날 울릉도와 독도를 포함한 도서지역과 이를 둘러싼 바다를 무대로 한 국가였으며, 이 나라는 무문토기와 철기문화 등을 더욱 발전시켜 동해안 일대를 장악하는 해상왕국으로 군림해왔다는 것을 추정해볼 수 있다.

이처럼 울릉도부터 살피는 것은 독도와 울릉도를 분리시켜 생각할 수 없기 때문이다. 울릉도에 사람이 살았다는 것은 독도에도 사람이 드나들었다는 것을 의미한다. 울릉도와 독도는 눈으로 볼 수 있는 거리, 즉 가시거리(可視距離)내에 있기 때문이다.

이사부 장군 우산국 정복하다

울릉도 동남쪽 뱃길 따라 이백 리 외로운 섬 하나 새들의 고향 …

『이사부 장군과 나무사자의 전설을 전하고 있는 사자바위』

"울릉도 동남쪽 뱃길 따라 이백 리 외로운 섬 하나 새들의 고향
… 신라장군 이사부 지하에서 웃는다. 독도는 우리땅"

'독도는 우리 땅' 이란 노래의 일부다. 그런데 신라장군 이사부는 독도
와 무슨 관계가 있을까? 아무 관련 없는 인물을 노래 가사에 등장시키
지는 않았을 것이고. 무슨 인연이 있을까? 결론부터 말하자면 이사부
장군은 울릉도만을 복속시킨 것이 아니라 독도를 포함하고 있는 우산
국을 복속시킨 것이다. 학계에서는 신라의 이사부가 우산국을 정복한
서기 512년부터 울릉도와 독도가 우리 고유의 영토가 되었다고 본다.
삼국사기 신라본기 열전 이사부 조에는 "여름 6월에 우산국 귀복하다.
우산국은 강주의 정동(正東)에 있는 바다 가운데의 섬으로 이름하여
울릉도라 한다"고 밝히고 있다.
이사부 장군이 울릉도를 정복하는 과정은 매우 흥미롭다. 나무로 사자

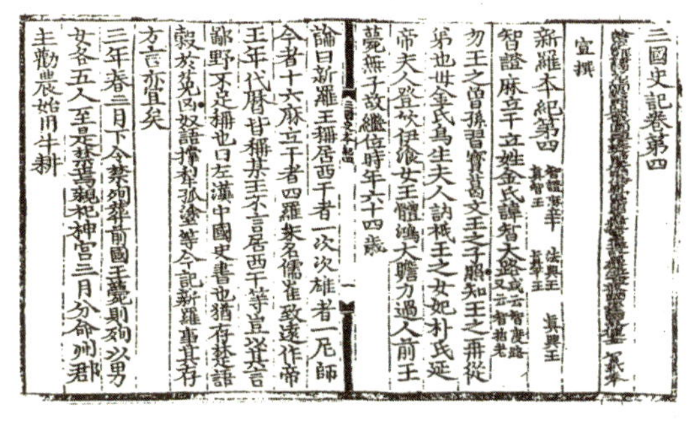

삼국사기에 기록된 울릉도에 관한 기사 이사부 장군의 울릉도 정복 내용이 담긴 삼국사기 신라본기 이사부조

를 만들어 우산국 사람들에게 겁을 주어 싸우지도 않고 점령했다는 전설 같은 이야기가 그것이다.

정말로 그랬을까? 삼국사기 열전 이사부 조에서는 하슬라*(강릉) 군주 이사부가 뱃머리에 나무 사자를 내세워 우산국을 정벌했다고 기록하고 있다. 이사부가 나무 사자 계책을 쓴 것은 우산국을 정복하기가 만만치 않았기 때문이다.

우산국을 정복하고 공물을 바치게 하라는 지증왕의 명령은 이사부를 난감하게 했다. 우산국은 절벽으로 둘러싸인 천연의 요새 속에 있었고 사람들은 거칠고 강했다. 공격하는 쪽에서 불리할 수밖에 없었다.

이사부는 기발한 방법을 생각해 냈다. 우산국 사람들이 무서워하는 동물을 이용하기로 한 것이다. 이사부는 나무로 사자를 만들어 배에 실었다. 며칠 뒤 전투는 시작되었다. 예상대로 우산국 사람들은 매우 완강했다. 이사부는 사자를 뱃전에 내세웠다. 우산국 사람들은 날카로운 이빨을 드러낸 사자들이 뱃전에서 으르렁거리는 모습을 보았다. 이사부는 큰 소리로 외쳤다.

"우리 왕의 명령에 따르지 않을 때에는 이 성난 사자를 풀어놓아 한 사람도 남김없이 몸을 찢어버리도록 하겠다. 어떻게 할 것이냐?"

그토록 사납던 우산국 사람들도 생전 처음 보는 괴물 앞에 기가 죽었다. 우산국의 왕은 당장 항복하고 공물을 헌상할 것을 약속했다. 우산국 사람들이 사자상을 보고 항복한 것이 사실이라면 그 이유는 무엇일까? 이에 대해 삼한 시대에 유포된 샤머니즘의 우상이 사자였기 때문이라는 주장이 제기되었다. 김원룡 교수는 우산국 사람들이 강원도와 경상도 바닷가 지방 출신들이라고 본다. 그랬기 때문에 나무 사자 거

* 아슬라(阿瑟羅) : 강원도 강릉과 명주 일대의 신라 때 명칭으로 고구려 때에는 하슬라(何瑟羅)라고도 하였다. 512년(지증왕 13)에 주(州)를 설치하고 이사부(異斯夫)로 하여금 우산국(于山國)을 정복하도록 했다.

울릉도

짓말이 통했다는 것이다.

울릉도에는 지금도 우산국의 최후를 전해주는 전설들이 전해오고 있다. 남양 포구에 사자바위라는 바위가 있고 그 옆에 사자굴이 있으며 사자바위를 굽어보는 투구바위가 있다. 당시 던져진 나무 사자가 변하여 지금의 사자바위가 되었고, 우산국의 마지막 왕 우해왕이 벗어던진 투구가 지금의 투구바위라고 전한다. 국수산은 비파산이라고도 하는데 왕비 풍미녀의 시녀들이 연주하던 비파였다고 한다.

신라는 우산국을 정복한 후 어떻게 다스렸을까? 자세한 기록은 없지만 고려 의종 11년 기록에 '동해 가운데 울릉도라는 섬이 있는데 땅이 넓고 토질이 비옥하여 옛날에 주현(州縣)을 두었고…' 라는 문구가 전해온다. 옛날에 주현을 두었다는 말은 신라에서 우산국에 주현을 설치했다는 것을 의미한다. 신라 정부에서 직접 통치했음을 알 수 있다.

신라에 편입된 우산국의 영토는 울릉도와 독도 등으로 구성되어 있었다. 〈만기요람(萬機要覽·1808년)〉이나 〈증보문헌비고(增補文獻備考·1908년)〉 등에서 한결같이 '울릉도와 우산도(독도)는 모두 우산국(于山國)의 땅' 이라고 적고 있다. 우산국이 512년 신라에 귀속될 때 울릉도와 독도가 함께 신라의 영토로 편입되었다는 것을 알 수 있다.

울릉도와 대마도의 혼인동맹

울릉도에는 우산국 마지막 왕인 우해왕에 대한 전설들이 곳곳에 남아있다

『우해왕과 풍미녀의 전설을 품고 있는 비파산』

울릉도에는 우산국 마지막 왕인 우해왕에 대한 전설들이 곳곳에 남아
있다. 우해왕이 벗어놓은 투구가 바위로 변했다는 투구바위, 신라장군
이사부가 가져온 나무 사자*가 벼락에 맞아 변한 것이라는 사자바위
등이 그것이다.

그 가운데 우해왕과 풍미녀에 관한 설화는 우산국의 영역을 가늠해볼
수 있게 한다. 전설은 다음과 같다.

우산국이 가장 왕성했던 시기는 우해왕이 다스릴 때였다. 왕은 바다를
주름잡고 다닐만큼 기운이 장사였다. 당시 왜구는 가끔씩 우산국을 노
략질했는데 그 근거지는 주로 대마도였다. 우해왕은 군사를 거느리고
대마도로 가서 대마도의 수장을 만나 담판을 요구했고, 다시는 우산국
을 침범하지 않겠다는 약속을 받아왔다.

우해왕은 대마도를 떠나올 때 대마도주의 셋째 딸인 풍미녀를 데려와
서 왕후로 삼았다. 그런데 우해왕은 풍미녀를 왕후로 삼은 후부터 사

치를 일삼기 시작했다. 풍미녀가 하는 말이면 무엇이든 들어주려했다. 우산국에서 구하지 못할 보물을 가지고 싶다면 노략질을 해서라도 구해 주었고, 이에 대해 충언을 하는 신하가 있으면 목을 베거나 바다에 처넣었다. 백성들을 우해왕을 두려워하게 되었고 풍미녀는 더욱 사치에 빠졌다.

"이 나라가 머잖아 망하겠구나."

"풍미 왕후는 마녀야"

이런 소문이 온 우산국에 퍼졌다.

신라가 쳐들어온다는 소문이 있었지만 우해왕은 신경 쓰지 않았다. 왕의 마음을 불안하게 하는 자는 죽이면 그뿐이었다. 결국 풍미녀가 왕후가 된지 몇 해 뒤에 우산국은 망국의 길로 들어서게 되었다.

투구바위 우산국의 우해왕이 벗어놓은 투구가 바위로 변했다고 전한다.

물론 이런 전설이 전해진 과정도 불분명하고, 그 내용도 뒷날로 내려오면서 많이 달라진 것 같은 느낌이 드는 것은 사실이다. 그러나 대개의 전설이 어느 정도의 사실에 바탕을 둔 것으로 볼 때 풍미녀와의 전설도 완전한 창작으로 보기는 어렵다. 어쨌든 흥미로운 점은 우산국이 왜구의 본거지인 대마도와 혼인동맹을 맺었다는 내용이다. 게다가 이 동맹은 "우해왕이 대마도를 떠나올 때 그 수장의 셋째 딸인 풍미녀를 데려와서 왕후로 삼았다"고 한 것에서 화해를 위한 것이 틀림없다.

그리고 그 동맹관계는 우산국이 왜구의 노략질을 징벌하고 차단하기 위해 그 소굴인 대마도를 징벌하고 맺어진 것이다. 이것이 바로 우산국이 비록 작은 나라였음에도 불구하고 이웃 어느 나라보다 바다생활에 익숙했고, 또한 강력했던 해상왕국이었다는 추정을 가능케 한다.

고려 무신정권의 우산국 개척시도

신라에 복속된 후 울릉도는 잊혀진 나라가 되었다

『울릉도의 왕해국』

신라에 복속된 후 우산국은 잊혀진 나라가 되었다. 우산국이란 이름은 400년이 넘도록 역사기록에서 등장하지 않는다. 우산국이 다시 역사에 등장한 것은 고려 태조 13년(930년)이다.

태조 왕건이 후삼국을 통일하고 고려를 세우자 우산국에서는 새 왕조에 토산물을 바쳤다. 백길(白吉), 토두(土豆)라는 울릉도 사람 둘이 공물을 가지고 왕을 찾았다. 고려사에 따르면 당시 고려 조정에서는 백길에게 정위(正位), 토두에게 정조(正朝)라는 벼슬을 내렸는데 이들이 받은 벼슬은 향직에 해당하는 직위였다.

이처럼 울릉도는 6세기 초 이후 신라와 고려에 공물을 바침으로써 내륙과 조공관계를 맺어 왔다. 우산국의 지배자는 후삼국기의 성주와 같은 존재였다. 고려사 덕종(德宗) 원년(1032년) 11월에도 '우릉(울릉도) 성주(芋陵城主)가 아들을 보내어 공물을 바쳤다' 는 기록이 있어 이를 증명한다.

우산국은 90년 쯤 뒤인 현종 9년(1018년)에 동북여진족의 침략을 받아 막대한 피해를 입는다. 일부 주민들은 여진족에게 잡혀가고 살아남은 주민들은 배를 타고 내륙으로 피난했다. 농기구를 빼앗기는 바람에 농사도 망쳤다.

도동약수터 왜구를 물리친 장수의 전설이 전하는 도동약수터

고려 조정에서는 이원구를 시켜 동북 여진 해적들의 노략질로 초토화된 우산국에 농기구를 보내 주었다. 다음 해에는 내륙으로 피신 온 우산국 사람들을 귀환시켰고, 일부는 경상도 영해 지방에 살 수 있도록 했다. 여진족에 잡혀갔다가 도망쳐온 사람들은 예주(禮州)에서 살게 해주었다.

여진 해적에 대한 기록은 거의 전하지 않는데, 일본 기록에는 비교적 상세히 기록되어 있다. 일본 기록에 의하면 1019년 여진족이 50척이나 되는 배를 이끌고 일본의 규슈 지방까지 내려와 463명을 죽이고 1,230명을 잡아갔다고 한다. 그 과정에서 해적들이 체포되었는데 그들은 대개 고려인이었다고 한다. 여진 해적에 잡혀 어쩔 수 없이 해적이 된 사람들이었다.

그런데 1022년까지 쓰여 오던 우산국이라는 호칭은 이후의 역사 기록에 더 이상 보이지 않는다. 덕종 원년(1032년)을 마지막으로 토산물을 바쳤다는 기록도 보이지 않는다. 우산국이 11세기 초엽 동북 여진족의 침입을 받아 급격히 쇠망해갔다는 것을 알 수 있다.

12세기 중엽에는 관원들이 파견되어 울릉도를 관리했다. 의종 11년(1157년)에는 내륙인을 이주시킬 계획도 추진되어 명주도감창사(溟洲道監倉使) 이양실이 울릉도를 다녀왔다. 그에 따르면 "섬 가운데 큰 산이 있고, 이 산정에서 동쪽 해안까지가 1만 5,000여 보, 북쪽 해안까지가 1만 3,000 여 보, 남쪽 해안까지가 1만 5,000여 보, 북쪽 해안까지가 8,000여 보에 달했다. 7군데 촌락과 석불(石佛), 철종(鐵鐘), 석탑(石塔) 등의 유물이 있으나, 암석이 많아 사람이 살기에 적합하지 않다"고

했다. 이 무렵의 울릉도는 울릉도·우릉도(羽陵島)·우릉도(芋陵島)·무릉도(武陵島) 등으로 불려졌다.

울릉도에 사람들이 다시 들어가서 살기 시작한 것은 군사 쿠데타를 일으켜 정권을 잡은 최충헌에 의해서였다. 최충헌은 울릉도가 기름지고 진귀한 나무와 해산물이 많은 것을 알고 있었다.

그런데 이주민들을 실은 배는 바람과 파도를 만나 침몰하고, 수많은 사람들이 바다에 빠져 죽었다. 이주정책은 실패했다. 왜구라는 해적들도 변수였다. 고려 고종 10년(1223년)부터 시작되어 조선 세종 원년(1419년) 이종무가 대마도* 정벌을 할 때까지 196년 동안 500여 회나 쳐들어왔던 왜구 때문에 울릉도는 사람이 살지 않는 섬이 되었다. 하지만 몰래 들어가는 사람들에 대해서는 어쩔 도리가 없었다. 울릉도는 해산물이 풍족하고 비옥한 옥토였기 때문이다. 더구나 그곳에는 자유가 있었다.

이에 조선 조정에서는 때때로 관리들을 보내 사람들을 잡아 육지로 끌고 나오곤 했다. 사람이 있으면 왜구의 근거지가 될 수 있다는 것이 이유였다. 현재 일본은 이점을 물고 늘어지고 있다. 울릉도는 비어있는 섬이었으며, 조선이 영유권을 포기했다는 것이다. 그렇지만 조선은 울릉도와 독도 관리를 포기한 것이 아니었다.

고려사에 등장하는 왜구

섬을 비워두었다고 포기한 것은 아니다

고려에 이은 조선 역시 울릉도와 독도에 대해 영유권을 행사했다

『황희 정승』

고려에 이은 조선 역시 울릉도와 독도에 대해 영유권을 행사했다. 다만 조선은 고려와 달리 섬을 비워두고 지속적으로 관리하는 형태인 이른바 공도정책(空島政策)*을 택했다. 왜구의 침탈을 피하고, 중앙집권적인 정책을 펴기 위해서였다.

태종 3년(1403년) 8월 왕이 "강원도 무릉도 거주민들에게 육지에 나오도록 명령했는데, 이것은 감사(監司)의 품계에 따른 것"이라고 말했다는 기록이 있다. 강원도 관찰사의 품계에 따라 무릉도(울릉도)의 사람들을 육지로 나오도록 명령했다는 것이다.

태종 12년에는 울릉도 사람 백가물(白加勿) 등 12명이 강원도 고성에 표류한 일이 있었다. 이들을 통해 강원도 관찰사는 울릉도 사정을 자세히 알게 되었다. 이 같은 사실은 후에 태종에게 보고되었다.

*공도정책 : 섬을 비워두는 정책으로 변방 주민을 보호하기 위한 것이었다. 변방을 지키려면 비용이 많이 들고, 외적의 침략으로 주민들이 피해를 보기 때문에 공도정책을 쓴 것이다.

"섬 안에 11가구에 60여 명의 사람들이 살고 있다. 이 섬에는 소나 말, 그리고 논이 없다. 하지만 콩 1두(斗)를 심으면 20~30석(石)이 생산되며, 보리 1석(石)에서 50여 석(石)이 나올 정도다."

그런데 이보다 전인 태종 7년에는 대마도 도주가 대마도 사람들의 울릉도 이주를 허락해 달라고 요구한 일이 있었다. 조선 조정에서는 논의를 벌였는데, 울릉도가 왜구의 근거지가 될 가능성 때문에 승인하지 않았다.

울릉도 이주민에 대한 대책을 논의한 태종은 1416~1417년 공도정책(空島政策)을 채택했다. 태종이 공도정책을 채택한 것은 왜구가 울릉도를 침탈하고, 이로 인해 강원도까지 침탈할 것을 염려했기 때문이다.

태종은 김인우를 무릉등처안무사(武陵等處按撫使)로 임명하고 군함 2척과 수행원을 주어 울릉도에 파견했다. 울릉도에 거주하고 있는 사람들을 데리고 나올 목적이었다. 당시 울릉도에는 방지용(方之用)이라는 사람이 15가구에 86명을 인솔하며 살고 있었다. 그렇지만 안무사가 데리고 온 사람은 겨우 3명뿐이었다. 안무사 일행은 돌아오는 길에 2차례나 태풍을 만나 간신히 살아 돌아왔다.

그렇다면 안무사 김인우는 왜 겨우 3명밖에 데리고 나오지 못했던 것일까? 그것은 울릉도 주민들이 떠나기를 거부했기 때문인데 그들은 김인우에게 울릉도 거주를 허가해 달라고 요청했다.

김인우가 돌아오자 조정은 대신회의를 열었다. 태종은 우의정 한상경에게 6조의 대신들을 소집하여 우산도·무릉도에 대해 의논하도록 했다. 이 회의에서는 2가지 안건이 토의되었다. 울릉도 주민들을 내륙으로 이주시킬 것인가 아닌가하는 것이었다.

거의 모든 대신들은 울릉도에 주민들이 거주할 수 있도록 하고, 정부에서 그것을 도와주자는 입장이었다. 곡식과 농기구를 공급해주어 백성들이 평안히 농사를 짓도록 해주고, 군대를 주둔시켜야 한다는 주장이 압도적이었다. 주민들에게는 토산물을 바치도록 하면 국가적으로도 이익이라는 의견이었다.
그러나 당시 공조판서였던 황
희* 는 한사코 반대했다. 황희는
울릉도 거주민들에게 농사를
짓도록 하면서 세금을 토산물
로 납부하도록 하고 군대를 파
견하여 주민들과 섬을 지키도
록 하는 것은 현실성이 없다고
주장했다. 결국 주민들이 군대
를 싫어하여 오래 주둔시킬 수
없다는 황희의 주장이 받아들

한국령 독도

여지면서 섬을 비워두는 공도정책이 확정되었다.
그러나 정부의 공도정책에도 불구하고 동해연안에 살던 사람들 가운
데 상당수는 울릉도로 들어갔다. 김인우는 훗날 군인 50명과 함께 다
시 울릉도로 들어가 20여 명을 데리고 나왔는데, 돌아오는 길에 선박 1
척(46명)이 일본으로 표류하기도 했다.

김정명 作

환상의 섬 료도(蓼島)

조선은 공도정책을 지속적으로 시행했다

『황토구미』

조선은 공도정책을 지속적으로 시행했다. 울릉도 거주민들을 육지로 잡아와서 본국을 모배(謀背)한 죄를 적용하여 엄한 벌을 내렸다. 동해 인근 주민들은 감히 울릉도로 갈 엄두를 내지 못하게 되었고, 몇 년 지나지 않아 우산(독도)·무릉도(울릉도)는 사람들의 기억 속에서 점차 잊혀져 갔다.

세종 20년(1438년)경 정부에서 무릉도(울릉도)를 조사하려 할 때 이 섬이 어디에 있는지 아는 사람들이 없었다. 경차관(敬差官) 남회(南薈), 조민(曹敏) 등이 이 섬을 찾아낸 공로로 포상까지 받을 정도였다. 무릉도(울릉도)와 우산도(독도)가 기억 속에서 사라져가는 동안 함길도* 바닷가 주민들 사이에는 새로운 섬에 대한 소문이 나돌기 시작했다. 동해 가운데 '료도'(蓼島)라는 섬이 있다는 것이었다. 실제로 이 섬을 다녀왔다는 사람도 나타났고, 신선이 살고 있다는 소문이 퍼지기도 했다.

황토구미　울릉도를 다녀온 관리는 그 증거로 이 **황토**를 바쳤다고 한다.

* 함길도(咸吉道) : 태조 때 영흥(永興)과 길주(吉州)의 이름을 따서 영길도(永吉道)라 하였으나, 1416년(태종 16) 함흥과 길주의 이름을 따 함길도(咸吉道)라 고쳐 불렀다. 이때 8도가 갖추어졌다.

료도설이 나돌기 시작한 것은 1430년경 부터였다. 세종도 이 료도를 찾으려고 노력했다. 그러한 노력은 1445년까지 계속되었다. 세종은 관원 이안경에게 료도를 찾아 조사하도록 명을 내리기도 했으나 끝내 료도를 찾아내지 못했다.

과연 료도는 가공의 섬이었을까? 만약 존재하지 않는 섬이었다면 그렇게 오래도록 소문이 나돌지 않았을 것이라는 게 학자들의 일반적인 견해다. 료도에 대한 소문은 울릉도·독도의 존재를 알지 못했던 연해지방의 어민들이 동해에서 표류하다 울릉도나 독도를 발견하고, 그것이 부풀려지면서 생긴 것으로 추정된다.

또한 조정이 료도를 찾기 위해 그토록 노력했다는 것은 조정에서도 변방 영토에 대해 관심을 가졌으며, 직접 관리하였다는 증거가 될수 있다. 세종이 김인우를 우산·무릉등처안무사(于山·武陵等處按撫使)로 임명한 것에서도 잘 드러난다. 이것은 조선이 초기에 울릉도와 독도를 영유했으며, 그 통치·지배권을 행사하여 안무활동을 해왔음을 문헌상으로도 잘 증명해주는 것이다.

성종 때에도 새로운 섬에 대한 소문이 나돌았다. 동해 가운데 있다는 삼봉도(三峰島)에 대한 성종의 관심은 료도에 대한 세종의 관심 못지않았다. 성종은 영안도관찰사에게 여러 차례 이 섬을 찾아보라고 했다. 비록 삼봉도를 끝내 찾지 못했지만 이 또한 가공의 섬으로 보기는 어렵다. 공도정책을 시행함에 따라 백성들 사이에서 무릉도(울릉도)와 우산도(독도)는 점차 잊혀졌고, 그런 과정에서 료도나 삼봉도 같은 새로운 섬에 대한 이야기들이 나돌게 되었던 것이다.

세종대왕 환상의 섬 료도를 찾으려했던 세종대왕

왕조실록의 안용복 사건

공도정책으로 울릉도는 빈 섬으로 변해갔다

『표류조선인을도(漂流朝鮮人乙圖)』

공도정책으로 말미암아 울릉도는 빈 섬으로 변해갔고 약삭빠른 일본
인들이 그 자리를 차지하기 시작했다. 그들은 자기들 마음대로 들어와
나무를 베어가고 고기를 잡아갔으며 특히, 임진왜란 이후 조선왕조의
통치력이 크게 약화된 틈을 타 울릉도에서 노략질을 일삼기도 했다.
이수광의 〈지봉유설(芝峰類說)*〉은 이 시기 울릉도의 상황을 단편적
으로 알려주고 있다.

"울릉도는 일명 무릉으로 동해 가운데 있어 울진현과 상대하고 있
다. 임진왜란 후 사람들이 들어가 본 일이 있으나 역시 왜의 분탕
질을 당하여 정착하지 못했다. 근자에 들으니 왜구가 자죽도(磁竹
島)를 점거했다 하는데, 자죽도라고 말하는 것은 곧 울릉도이다."

특히 울릉도를 눈독들이고 있던 이는 대마도주(對馬島主)였다. 대마도

일본 돗토리현립도서관에 소장
중인 19세기 초 표류조선인을
도(漂流朝鮮人乙圖))

* 지봉유설(芝峰類說) : 1614년
에 이수광이 편찬한 한국 최
초의 백과사전적인 저술. 조
선 중기 실학의 선구자 지봉
(芝峰) 이수광이 세 차례에
걸친 중국 사신에서 얻은 견
문을 토대로 1614년에 간행
하였다.

울릉도 도동의 안용복 장군 충혼비

주는 1614년 6월 조선 동래부에 서계를 보냈다. 도요토미 히데요시의 명령으로 자죽도를 살펴보려고 하니 길 안내를 해달라는 내용이었다. 조선정부는 이를 거절하는 회유문을 주어 돌려보냈다.

일본의 도쿠가와 막부*는 1618년에 오타니(大谷)와 무라까와(村川) 두 가문에 죽도도해면허(竹島渡海免許)라는 것을 주었다고 알려지고 있다. 그런데 2005년 일본 시마네 대학 나이토 세이추(內藤正中) 명예교수는 "당시 호키항이라는 항은 존재하지 않았으며, 봉건사회에서 막부가 섬을 나눠주는 것은 있을 수 없다"며 이에 대해 부정하는 논문을 발표하기도 했다.(이에 대해서는 뒤에서 자세히 언급하고자 한다)

일본인들은 막부의 도해면허와 무관하게 수시로 울릉도에 들어가서 벌목과 고기잡이를 자행했다. 울릉도에서 고기잡이를 하던 조선 어부들과 잦은 충돌이 있었다는 사실이 이를 잘 말해준다.

안용복 사건은 이런 배경 속에서 일어나게 되었다. 안용복 관련 건은 숙종실록 권30, 숙종 22년 9월조와 문휘고(文彙考), 통문관지(通文館誌), 증보문헌비고(增補文獻備考)권 31, 여지고(與地考) 동해 울릉도편에 언급되어 있다.

안용복은 조선 숙종 때의 사람으로 동래 수군에 들어가 능로군으로 복무했다고 알려지고 있다. 그는 숙종 19년(1693년) 박어둔 등 동래어민 40여 명과 울릉도에서 고기잡이를 하던 중 일본인들의 계략에 의해 오끼도(隱岐島)로 납치되었다.

안용복은 오끼도주(隱岐島主)에게 "울릉도는 조선의 영토이다. 조선 사람이 조선에 들어왔는데 왜 잡아두느냐?"고 항의했다. 오끼도주는 안용복을 호키슈(伯耆州·지금의 돗토리현) 태수(太守)에게 이송했다. 그곳에서 안용복은 당당하게 울릉도가 조선 영토임을 강조했다. 뿐만 아니라 조선 영토인 울릉도에 일본 어부의 출입을 금지해 줄 것

* 막부(幕府) : 중세 일본의 가마쿠라(鎌倉)~에도(江戶)시대 무가(武家)정치의 시행정청(施行政廳) 및 무가정권. 에도 후기에 이르러서는 장군 또는 장군의 거관뿐만 아니라 무가정권 그 자체를 뜻하는 말로 사용되었다.

을 요구했다.

당시 호키슈 태수는 울릉도가 조선 영토임을 알고 있었다. 그는 안용복을 에도(江湖)의 관백(幕府將軍)에게 보냈다. 관백은 안용복을 심문한 후 호키슈 태수를 시켜 '울릉도는 일본의 영토가 아니다'(鬱陵島非日本界)는 서계를 써 주고 후하게 접대한 후 나가사키(長崎)로 이송했다. 대마도에서는 대마도 사자 귤진중을 시켜서 조선으로 송환하였다.

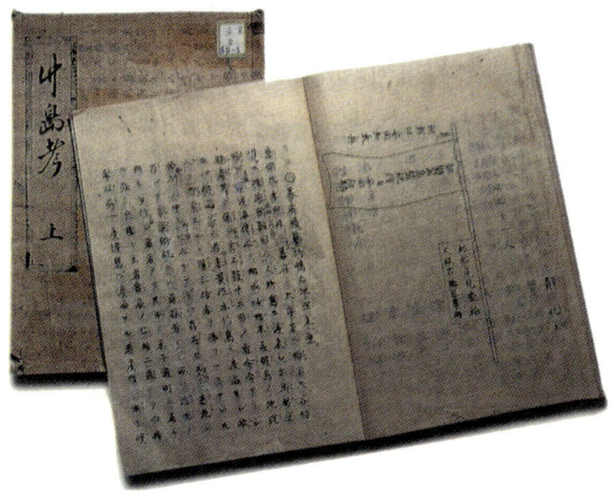

안용복의 행적을 기록해 놓은 오카지마의 저술 죽도고(竹島考)

그러나 대마도주는 안용복 사건을 역이용, 울릉도를 삼키려는 간계를 꾸몄다. 대마도주는 조선 측에 서찰을 보내 울릉도가 아니면서, 그와 비슷한 별개의 일본 영토인 죽도(竹島)가 있는 것처럼 문구를 만들어 "이제 죽도에 조선 선박이 출어하는 것을 결코 용납지 않을 것이니 귀국도 엄격히 막아 달라"는 위조문서를 보내왔다.

하지만 조선 조정에서는 울릉도가 조선영토임을 분명히 하고, 죽도가 울릉도를 가리킨 것임은 모른 체 하기로 했다. 일본과의 정면충돌을 피하기 위해 온건론이 채택된 것이다. 그래서 회답문에 '우리나라의 울릉도' 란 문구를 넣어 보냈다. 대마도주가 보낸 사신은 회답문 속에 '우리나라의 울릉도' 라는 표현을 빼달라고 여러 차례 청원했으나 조선 조정은 끝내 들어주지 않았다.

1696년 안용복은 울릉도를 탈취하려는 대마도주의 집요한 획책을 막기 위해 다시 일본으로 건너갔다. 안용복은 울릉·우산양도감세장(鬱陵·于山兩島監稅將)이라는 깃발을 내걸고 조선의 관리인 것처럼 차려입고 호키슈 태수의 집무실에서 태수와 마주 앉았다.

안용복은 "전날 두 섬(울릉도와 독도)의 일로 서계를 받았는데, 대마도주는 서계를 탈취하고 중간에 위조하였다. 내가 관백(幕府將軍)에게

貴域瀕海漁氓比年行舟本國竹島竊
為漁採極是不可到之地也以故土官
詳諭國禁固告不可再而乃使渠輩盡
逞矢然今春亦復不顧國禁漁氓四
十口往入竹島雖然漁採由是土官
拘留其漁氓二人而為質於州司以為
一時之證故我固嶓州牧速以前後事
狀馳啟　東都令彼漁氓附與敝邑以
還本土自今而後決無容漁舡於彼島
彌可制禁云

1693년 대마도주가 안용복을 동래부에 인도하면서 울릉도를 일본 영토라고 기록해서 파문을 일으킨 문서(일본 국립외교 사료관 소장)

상소하여 죄상을 낱낱이 밝히겠다”고 따졌다.

일본 측에서는 국경을 넘어 울릉도로 들어갔던 일본인 15명을 적발하여 처벌했으며, 호키슈 태수는 안용복에게 “두 섬이 이미 당신네 나라에 속한 이상 만일 다시 국경을 넘는 자가 있거나 도주(대마도주)가 혹시 횡침하는 일이 있거나 국서를 작성하고 역관을 정하여 들여보내면 무겁게 처벌할 것”이라고 약속했다.

그리하여 1697년 일본에서는 울릉도와 독도가 조선 영토임을 인정하고, 일본 어부들의 울릉도 출입을 영구히 금지하겠다는 문서와 사신을 보내왔다.

하지만 조선 조정에서는 안용복의 공로에 대한 평가보다는 관원을 사칭하고 국제문제를 일으킨 죄로 처형해야 한다는 논의가 힘을 얻고 있었다. 안용복은 영의정 남구만 등의 변호로 겨우 목숨을 구하고 귀양을 가게 된다. 이후 그에 대한 기록은 전하지 않는다.

슬프다! 안용복 장군

역사를 상고해보면 매양 숨겨진 속에 큰 인물이 있음을 …

『시마네현 오끼도 해변』

시마네현 오끼도 해변　안용복
은 이곳 오끼도를 거쳐 갔다.

"슬프다 역사를 상고해보면 매양 숨겨진 속에 큰 인물이 있음을
발견하는 것이니 저 동래사람 안용복(安龍福) 님이 바로 그 한
분이시다."

울릉도 도동 약수공원에 있는 안용복 장군을 기리는 충혼비에 새겨진
글이다. 이 충혼비는, 국가로부터 외면당했지만 백성에 의해 지켜진
독도의 역사를 상징적으로 보여주고 있다.

안용복은 양반이 아니라 평민 출신 장군이다. 조정에서 임명한 장군이
아니라 백성들이 인정한 장군인 것이다. 장보고가 삼국시대 바다의 영
웅이라면 안용복은 조선시대 바다의 영웅인 셈이다.

조선 숙종 때 안용복은 일본 막부로부터 두 차례나 울릉도와 독도가
조선 땅임을 확약 받았다. 안용복의 활약으로 17세기 말 도쿠가와 막
부 시대의 일본 문헌은 울릉도와 독도를 조선 영토로 기록했다. 조선

의 어느 장군도 이루지 못한 일을 혼자의 몸으로 해낸 것이다.

정조 때 편찬된 한국 역사의 분류사인 〈증보문헌비고＊〉에 왜국이 울릉도의 섬들을 자기네 땅이라고 두 번 다시 말하지 않게 된 것은 오로지 안용복의 공이라고 했다.

그러나 안용복은 조선 왕조에 의해 관리를 사칭한 죄인으로 몰려 귀양 보내졌다. 그리고 그곳에서 쓸쓸하게 생을 마감했다. 어디에서 태어나 어느 곳에서 죽었는지도 알려지지 않은 너무나 평범한 이 나라의 백성이었던 것이다.

그의 출생에 대한 비밀은 아직 밝혀지지 않고 있다. 순흥 안씨라 알려져 있지만, 안씨 족보 어디에도 안용복에 대한 기록은 없다. 다만 일본 돗토리 현의 18세기 역사가 오카지마가 쓴 〈죽도고〉라는 사료 안에 '오타니가(家) 선인(船人)에 의한 조선인 연행' 이라는 장이 있고 여기에 안용복에 대한 내용이 있다.(월간중앙 WIN 1996년 5월 호)

여기에는 안용복의 출생을 추측할 만한 몇 가지 내용을 볼 수 있다. 〈죽도고〉의 본문에는 '동래 출신의 안핀샤(안용복)의 나이는 42세' 라는 내용이 있다. 별도로 첨부된 안핀샤의 요패(호패)와 관련된 기록도 있다.

안용복이 차고 있었다는 호패에는 양면에 각각 동래(東萊·출신지)와 경오(更午·호패 발급 연도로 추측)가 횡으로 쓰여 있다. 전면 동래 자 아래로 '000年 三十三/長四尺一寸/面鐵00生0無/主京居吳忠秋' 라고 써 있다. 경오라는 글자 아래로는 '釜山佐川一里第十四虎三戶' 라고 적혀있다.

경오년을 안용복이 호패를 발급받았던 해로 볼 때 그는 36세 때 1차 도항(1693년)했던 것으로 추정해 볼 수 있다. 안용복은 21세인 1678년까지 부산 두모포 왜관＊에서 일하고 있었던 것으로 보인다. 두모포 왜관은 임진왜란 후 대마도 사람에게만 무역을 허락했는데 일본과 무역할 우리 측 상인은 동래상인들로 한정하였다. 즉 두모포 왜관은 대마도 사람과 동래상인이 무역할 수 있도록 만들어진 것이었다. 안용복이 일본인과 담판을 지을 수 있었던 것은 이곳에서 일본말을 배웠기 때문에 가능했던 것으로 보인다.

안용복은 2차례에 걸쳐 일본으로 건너가 울릉도와 독도가 우리의 영토임을 분명히 하고, 일본 막부의 문서까지 받아오는 성과를 올렸다. 한양대 신용하 석좌교수는 "막부의 결정은 죽도(울릉도)와 송도(독도)가 조선영토임을 확인하고 결정하는 획기적인 문서로 받아들여진다"고 평가한다.

안용복의 활약은 일본 최고 권력 기관으로부터 울릉도와 독도가 조선의 영토로 인정받는 결정적 계기를 마련하였다. 안용복 장군. 그가 없었다면 지금의 울릉도, 독도는 우리 땅으로 존재하지 않았을런지도 모른다.

돗토리현 아카자키 해변 안용복 일행이 2차 도일 때 상륙했던 장소

안용복은 국경을 침범한 죄로 처벌받았다?

일본 측은 안용복 사건마저도 자신들에게 유리한 쪽으로 해석한다

『독도 방문 관광객』

현재 일본 측은 안용복 사건마저도 자신들에게 유리한 쪽으로 해석하는 등 그 기발함에 경탄을 금할 길이 없을 정도다. 일본은 안용복이 일본의 영토인 독도를 침범한 죄로 처벌당했다고 주장하고, 그렇기 때문에 독도는 일본의 영토라고 억지를 부리고 있다.

우리 측에서는 17세기말 안용복 사건으로 울릉도와 독도의 조선 영토가 재확인되었다고 주장하고 있는데, 그 와는 전혀 상반된 주장인 것이다.

그렇다면 진실은 무엇일까? 다시 한 번 역사책을 펼쳐볼 필요가 있다.

숙종실록에 의하면, 안용복은 1693년 봄 울릉도에서 오타니 가문(大谷家)의 어부들에 의해 일본의 오끼도(隱岐島)로 납치되어 가서 오끼도주(隱岐島主)에게 울릉도가 조선 영토임을 주장한 것으로 기록되어 있다.

안용복은 1696년 봄 다시 울릉도와 독도에 건너가 일본 어부들에게 조선 영토인 울릉도와 우산도(독도)를 침범한 것을 꾸짖었다. 그리고 일본으로 건너가 오끼도주, 호키슈(伯耆州) 태수에게 일본 어부들의 울릉도 및 독도 침범을 항의했다. 이 사건을 계기로 1696년 양국이 외교문서를 통해 울릉도와 독도가 조선 영토임을 재확인하였다는 것이 우리 측 주장이다.

이에 대해 일본 측에서는 '울릉도는 신라에 귀속된 이후 조선령이었으나 오랫동안 무인도였다' 고 말한다. 그리고 안용복 이야기는 거짓이 많고, 안용복은 조선 조정으로부터 불법적으로 국경을 넘었다는 이유로 처벌되었다고 주장한다.

일본 측의 주장에 의하면, 당시 도쿠가와 막부는 울릉도가 조선령이라는 인식을 갖지 않았다는 것이다. 그렇기 때문에 1618년 오타니(大谷), 무라까와(村川) 두 가문에 대하여 도해면허*(渡海許可 · 독점적 개발권)를 부여했고, 이 두 가문은 약 80년 동안 울릉도를 경영했다고 한다. 이 경영에 따라 독도는 일본 본토와 울릉도간 기항지로 이용되었다는 것이다.

송도(독도)에 대해서는 울릉도의 경우와 같은 도해허가의 공문서는 남아 있지 않지만, 오타니가(大谷家)의 기록에 의하면 독도에 대해서도 관의 허가를 얻어 80년 간 경영했다고 한다.

일본 측 주장대로 안용복이 조선 조정으로부터 국경을 넘었다는 이유로 처벌된 것은 사실이다. 조정은 함부로 벼슬을 사칭하고 양국간에 외교문제를 일으켰다는 이유로 그를 체포하였다. 그리고 안용복에게 국경을 함부로 넘나들었다는 범경죄 죄목으로 사형을 선고했다.

하지만 그것이 일본이 주장하는 울릉도 독도영유권 주장과 무슨 상관이 있는가? 일본은 안용복이 일본 영토인 울릉도와 독도를 침범했다는 이유로 처벌받았다고 주장하고 싶겠지만 그것은 착각일 뿐이다.

안용복의 죄명은 벼슬을 사칭하고, 외교문제를 일으켰으며, 국경을 넘었다는 것인데 안용복이 넘었던 국경은 울릉도와 독도가 아닌 일본이다. 허락없이 일본에 직접 갔다는 것을 의미하는 것이다.

왜냐하면 안용복 사건으로 일본은 울릉도와 독도가 조선령임을 밝히

* 도해면허(渡海免許) : 국경을 통과할 수 있는 허가서. 일본은 1696년에 안용복의 활동으로 울릉도 도해가 금지될 때까지 78년간(1618~ 1696) 울릉도와 독도를 침범했다.

는 서계를 보내왔기 때문이다. 안용복이 사형에 처해지지 않고 유배형으로 감형을 받은 것도 영토를 지켰다는 공적 때문이었다. 1696년 일본 정부가 호키슈 태수를 시켜 써준 서계에는 '양도(兩島 · 울릉도와 독도)가 이미 당신네 나라에 속했다' 고 기록되어 있어 일본 측 주장을 무색케 하고 있다. 만약 울릉도와 독도가 조선의 땅이 아니었다면 일본이 이 같은 서계를 보내 왔을 리 없고, 울릉도와 독도에는 당연히 일본인들이 들어왔을 것이다.

江原道
古蹟
新地
東抵大海
西抵京畿界
京畿界
于山島
鬱陵島
竹島
安東

라페루즈 탐험대의 울릉도 탐사

울릉도를 최초로 발견한 서양인들은 프랑스의 라페루즈 탐험대였다

『라페루즈의 세계탐험기』

울릉도를 최초로 발견한 서양인들은 프랑스의 라페루즈 탐험대였다. 정조 11년(1787년) 5월 27일 울릉도를 발견한 라페루즈 탐험대는 이 섬을 가장 먼저 발견한 천문학자 다즐레(Dagelet)의 이름을 붙여주었다. 라페루즈는 "나는 어떤 지도에도 나타나지 않는 섬을 찾았다. 이 섬을 최초로 목격한 천문 측량사의 이름을 따서 다즐레(Dagelet)라고 명명한다"고 기록했다. 서양 지도에서는 1950년대까지 150여 년간 이 이름이 사용되었다.

울릉도 탐사 경위는 이 라페루즈가 쓴 항해일지 형식의 탐험기, 〈라페루즈의 세계 탐험기〉에 자세히 기록되어 있다. 뿐만 아니라 남해안과 동해안의 해안선을 실측하여 작성한 해도(海圖), 제주도 남부 해안 및 울릉도의 실측 지도도 수록되어 있다. 〈하멜 표류기*(1668년)〉 이래 서양인이 한국을 직접 목격, 관찰하고 과학적으로 측정하여 기록한 최초의 자료이다. 이 자료는 이진명 교수(프랑스 리옹 3대학)가 국내에

소개하면서 알려지게 되었다.

이 라페루즈 탐험기는 울릉도가 한국 섬이라는 것을 밝혀 주고 있으며 객관적인 입장에서 기록한 것이라 더욱 가치가 있다.

탐험기에 따르면, 정조 11년(1787년) 5월에 적어도 2개 집단의 한국(당시 조선) 사람들이 울릉도에 움막을 짓고 살면서 해변에서 배를 건조하고 있었다는 기록이 나온

울릉도 라페루즈 탐험대가 작성한 울릉도 지도.

다. 정부의 공도정책이 시행되고 있음에도 불구하고 조선 사람들이 이 섬에서 고기잡이, 벌목, 선박 건조를 하고 있었다는 것을 말해준다.

그는 울릉도 주민들을 목격했을 때 적극적인 접촉을 시도했으나 뜻을 이루지 못했다. 라페루즈는 "나는 우리가 결코 그들의 적이 아니라는 것을 한국인들에게 우호적으로 설명하기 위해 닻을 내리려 애썼으나 심한 파고로 접근할 수가 없었다"며 당시의 안타까움을 술회하고 있다.

그런데 라페루즈는 독도를 발견하지는 못했던 것으로 보인다. 라페루즈의 탐험대는 울릉도 상륙에 성공하지 못하자 항로를 북쪽으로 하여 타타르 해협으로 향했던 것이다.

라페루즈 탐험대가 독도를 발견하고 함대의 모함인 부솔의 이름을 따서 '부솔'이라 이름 붙였다는 어떤 논문의 주장은 사실과 다르다는 것이 이진명 교수의 분석이다. 라페루즈 함대는 독도를 보지 못하고 북상했으며, 1797년의 지도첩에는 어디에도 동해에 부솔이란 이름의 섬이 나타나 있지 않다는 것이다.

다만 1864년 프랑스 해군성 해도국이 작성한 동해안 해도에 부솔이란 이름이 울릉도 저동 앞의 조그만 섬 죽서도(竹嶼·죽도)에 맞추어 나와 있고, 울릉도는 마쓰시마, 독도는 리앙쿠르로 되어 있다. 이는 부솔이란 이름을 나중에 붙인 것이며, 독도가 아닌 죽서도(죽도)를 말한다고 볼 수 있다.

어쨌거나 라페루즈 탐사기는 독도 영유권 주장의 정당성을 확보하는

데 힘이 되고 있다. 울릉도에 조선인이 중국 배와 똑같은 배를 건조 중이었다는 기록은 울릉도가 조선령임을 말하는 것이고, 그것을 확대하면 그 부속 도서인 독도도 한국령임을 시사하기 때문이다.

라페루즈 지도 라페루즈 한국 근해 탐사도

라페루즈 항해도 라페루즈 탐험대의 항해를 그린 그림

김옥균과 울릉도 독도 개척

우리에게도 자랑스러운 개척의 역사가 있다

『동남제도개척사로 임명된 김옥균』

우리에게도 자랑스러운 개척의 역사가 있다. 울릉도 개척사가 그것이다. 울릉도 개척은 고종의 강력한 의지로 추진되었다. 당시 일본인들은 울릉도에 몰래 들어와 우리의 자원을 마구 유린해 가고 있었다. 1881년 울릉도를 순찰하던 조선관헌은 이 같은 사실을 중앙정부에 보고했다.

중앙정부는 일본 외무성에 항의 서계를 보내 불법침입의 금지를 요구했다. 그리고 이규원을 울릉도 검찰사로 임명해 현지에 파견했다. 이규원은 제주 목사(1891~94년)와 군무아문대신(軍務衙門大臣·현 국방장관·1894년)을 지냈던 인물로, 1881년 울릉도에서 검찰관으로 일했다. 그 당시 쓴 일기 겸 보고서가 바로 〈울릉도 검찰일기*(鬱陵島檢察日記)〉인데 최근 이것이 후손들에 의해 공개되면서 고종의 적극적인 울릉도 보호 및 개척정책이 알려지게 되었다.

이 일기는 당시 울릉도에서 암약하던 일본인 도벌꾼들과 필담을 나누

* 이규원의 울릉도 검찰 : 모두 102명으로 구성된 검찰사(檢察使) 이규원(李奎遠) 일행은 큰 풍랑을 만나 천신만고 끝에 1882년 4월 30일 울릉도에 도착해서 만 7일간 섬 안을 조사했다.

어 〈일본제국지도(日本帝國地圖)〉 등에서 울릉도를 마쓰시마(松島·송도)라고 칭한 점, 이들이 모두 78명이라는 점 등을 담고 있으며 이규원은 이 일기에서 '울릉도를 포기해선 안 될 것' 이란 견해도 밝히고 있다.

이 무렵 조정에서는 공도정책 폐지 분위기가 무르익고 있었다. 1882년 조사에서 울릉도에 140여 명의 조선인과 78명의 일본인이 살고 있는데, 나무를 베어가기 위해 들어온 일본인들이 울릉도가 자신들의 영토라고 주장한다는 사실이 알려졌기 때문이다.

이에 우리 조정에서는 일본 외무성에 일본인의 울릉도 입도 금지조치를 취해 줄 것을 요구한다. 외무성은 즉시 회답하지 않고 울릉도 영유권에 대한 조사에 들어갔다. 하지만 '울릉도는 일본판도 밖에 있는 조선 영토' 라는 결론이 나오자 즉각 '일본인은 울릉도에서 모두 철수했다' 고 회답해왔다.

그렇지만 일본인들은 여전히 울릉도에 침입하여 나무를 베어갔다. 울릉도 사정을 다시 면밀히 조사한 조정은 1882년 울릉도 개척방안을 마련하게 된다. 먼저 울릉도에 들어가는 사람에게는 5년간 세금을 면제해주고, 영호남의 조운선을 울릉도에서 만들 수 있도록 허락했다. 그리고 검찰사의 천거를 받아 도장(島長)을 임명했다.

보다 적극적으로 울릉도를 개척하기 위해 1883년 3월 16일 개화파의 영수 김옥균* 을 동남제도개척사(東南諸島開拓使)로 임명했다. 김옥균을 개척사로 임명한 것은 수구파들이 그를 중앙정계에서 밀어내려고 한 의도도 있었지만, 평소 울릉도 개척과 임업과 어업개발을 주장해온 김옥균의 능력을 활용해 울릉도와 독도를 개척하려는 것이 고종의 의도였기 때문이다.

지난 1988년 일본 고서점가에서 발견된 〈조선여지도〉에는 김옥균이 지도를 제작했다고 기록되어 있다. 간행사에는 '지도는 팔도 부, 현, 군, 병영, 수영, 명승, 산천, 암각, 도서의 위치가 손바닥을 가리키듯 정밀하다. 이는 김씨가 일찍이 국력을 기울여 조사한 것' 이라고 적고 있다.

이 지도는 울릉도와 독도에 대해서도 그 영유권을 명확하게 하고 있다. 중국과 일본의 영토는 무색으로 처리하고 한국의 영토는 각종 색깔로 표시함으로써 한국과 주변 국간의 영토구분을 분명하게 하고 있는 것이다. 이 지도에 울릉도와 독도는 강원도와 같은 옅은 주황색으로 칠해져있고 두만강 하구의 녹둔도*는 영토경계선 안쪽에 함경도와 같은 회색으로 표시되어 있다. 조선정부가 김옥균으로 하여금 울릉도를 개척하려 할 때 내린 직함도 주목할 필요가 있다. 그의 직함은 울릉도개척사가 아니라 동남제도개척사이다. 여기서 제도(諸島)란, 울릉도와 죽도(저동 앞의 죽서도), 그리고 우산도(독도)를 포함하는 개척사임을 알 수 있다.

조선여지도 김옥균이 일본으로 망명 당시 가져간 것으로 추정되는 지도로, 죽도(울릉도)와 송도(독도)를 조선 영토(강원도)와 같은 색으로 표시하였대(독도박물관 소장).

김옥균을 개척사로 임명한 조정은 강원도 지방에서 7~8호, 경상도 지방에서 10여 호를 이주시키고, 1883년 4월 전라도 지방 등에서 54명을 이주시켰다. 식량과 곡식의 종자, 총검 등 무기류, 가축 목수 대장장이 등도 함께 들어갔다. 입도 3개월 후인 1883년 7월에는 310두락의 농경지를 개척했다.

독도의용수비대 홍순칠 대장의 할아버지 홍재현도 이때 울릉도에 들어갔다고 한다. 1883년 4월 8일 강원도 강릉에서 10년을 예정으로 울릉도 들어간 홍재현은 뱃길로 4일 만에 울릉도 북면 현포에 도착했다고 한다.

조선 정부는 개척에 적극적이었다. 개척사 김옥균은 강력한 항의와 교섭을 통해 일본정부가 울릉도의 일본인들을 철수시키도록 만들었다. 1883년 9월 일본 내무성은 배를 파견해 울릉도에 불법적으로 들어와 있던 일본인 254명을 모두 데리고 돌아갔다. 이는 울릉도 개척사업의 큰 성과였다.

정부는 울릉도의 삼림 벌채권도 외국인에게 넘기려하지 않았다. 조선 정부와 조선인이 직접 벌채하여 일본에 판매하고자 했다. 개척사의 종사관 백춘배는 1884년 8월 일본 만리환(萬里丸) 선장과 판매계획을 체결하기도 했으며, 개발자금을 조달하기 위해 울릉도의 삼림을 담보로 차관교섭을 벌이기도 했다. 1884년 12월 갑신정변 실패로 김옥균이 일본으로 망명한 후에도 조선정부는 개척을 멈추지 않았으며 백성들의 울릉도 이주는 꾸준히 증가했다.

이규원이 1882년 10일간에 걸쳐 울릉도 탐사후 제작한 지도

지상낙원을 찾아든 개척민

120여 년 전 개척령과 함께 울릉도에 사람들이 들어왔다

『울릉도 개척민들의 힘든 삶을 엿보게 한다』

120여 년 전 개척령과 함께 울릉도에 사람들이 들어왔다. 개척민들은 대개 예언서인 정감록*의 영향을 받은 사람들이 많았다. 정감록은 난리를 겪지 않는 지상낙원을 말하고 있다. 초기 개척민들은 울릉도가 예언서에서 말한 지상낙원이라는 믿음을 갖고 들어온 사람들이었다. 그러나 지상낙원은 없었다. 이들을 기다린 것은 혹독한 자연환경과 지독한 굶주림이었다. 이들은 깊은 산골로 들어가 농촌생활을 이어갔다. 화전을 일구고 움막을 지었다. 겨울이 오기 전까지 열심히 일했지만 찾아온 것은 굶주림과 추위뿐이었다. 육지로 되돌아 갈 수도 없었다. 겨울이면 엄청나게 많은 눈이 쏟아졌다. 개척민들은 섬의 자연환경에 적응, 독특한 집을 고안하게 되었는데 이것이 바로 투막집이다. 집의 뼈대와 벽을 통나무로 얽고 처마 끝에서 땅에 닿는 부분까지 풀로 만든 우데기를 둘러쳐서 눈과 비바람을 가리게 했다. 그래서 이 집을 우데기집이라고도 하고, 지붕을 통나무로 얇게 패서 만든 너와로 덮었기

* 정감록(鄭鑑錄) : 조선 중기 이후 민간에 성행하였던, 국가운명 · 생민존망(生民存亡)에 관한 예언서 · 신앙서. 희망이 없던 백성들은 이 책의 예언에 따라 십승지지(十勝之地)의 피란처나 이상향을 찾아 나서기도 했다.

때문에 너와집이라고도 한다. 현재는 나리분지 일대에 다섯 채가 남아 있을 뿐이다.

그러나 요행히 눈은 피했을지 몰라도 배고픔이라는 복병이 숨어있었다. 개척 당시에는 굶어죽는 사람도 적지 않았다고 한다. 이 때 개척민들의 목숨을 이어준 것은 '깍새' 라는 새와 '명이' 라는 나물이었다. 깍새는 '깍 깍' 하며 울어대는 울음소리를 따서 이름이 지어졌고, 명이는 명(생명)을 이어주었다고 해서 붙여진 이름이다.

산에서 알을 낳고 바다에서 먹이를 구하는 깍새는 세계적으로 드문 새였지만, 울릉도에서는 지천에 널려 있었다. 당시 개척민들은 그 새가 귀한 새인지 아닌지를 따질 여력이 없었다. 당장 먹어야 살 수 있었기 때문에 먹을 수 있는 것은 무엇이든 먹어야 했다.

이 새가 바로 희귀조인 슴새다. 바다에 안개가 끼는 가을이면 슴새는

나리분지의 우데기집과
우대기집 내부

집을 찾지 못하고 헤매다가 민가의 불빛이나 모닥
불을 보고 내려앉았다고 한다. 이 때 마을 사람들은
몽둥이로 새를 잡았고 흉작이 겹친 해에는 수천 마
리의 슴새를 잡아 소금에 절여 보관하기도 했다. 이
렇듯 슴새는 겨울을 나는데 있어 없어서는 안 될 식
량이었다.

겨울이 지나고 저장해 놓은 슴새마저 다 떨어져 갈
무렵이면 개척민들은 산야를 뒤졌다. 눈이 녹을 무
렵 산에서 막 움터 오르는 나물은 개척민에게는 또 다른 희망이었다.
눈 속에서 움터 올라 머리를 내미는 명이는 파나 마늘과 많이 닮았다.
이 나물은 이른 봄에 먹을 수 있으며 조금 더 자라면 맛이 몹시 매워진
다. 명이를 삶아서 고추장에 무쳐 먹거나 간장에 절여 먹으면 독특한
감칠맛이 있지만 너무 많이 먹으면 노린내를 풍긴다고 한다.

그렇지만 일부 개척민들은 아무리 굶주려도 물고기는 잡지 않았다고
한다. 일본인들이 코앞에서 전복과 오징어를 잡아가도 거들떠보지 않
았다. 아이들이 고기를 잡으면 종아리에 피가 나도록 때렸다. 뱃사람
을 천하게 생각했기 때문이다.

너와집 혹독한 자연환경과
지독한 굶주림을 이겨내고 울
릉도를 개척한 개척민들이 살
았던 너와집

나리분지에서 나물을 수확 중
인 아낙들

강혜선 作

훔치교와 전설의 섬

이들은 태을주(太乙呪)를 외며 기도하는 수련을 했다

『환상의 섬 울릉도』

일제 식민 치하에 설움 받아야 했던 민초들의 절박함을 아우른 거대한 종교가 있었다. 증산도 계파인 보천교*(普天敎)가 바로 그것. 동학혁명이 실패한 후 실의에 빠져있던 백성들은 보천교를 통해 희망을 찾고자했다. 이들은 태을주(太乙呪)를 외며 기도하는 수련을 했다.

태을주는 '훔치 훔치 태을천상원군 훔리치야도래 훔리함리사파하' 라는 주문이다. 훔치는 천지 부모를 부르는 소리이며, 이 주문은 병이나 난리로부터 세상의 모든 생명들을 구한다고 한다. 보천교에서는 이 주문을 중시하였으며, 때문에 일반 백성들에게는 훔치교로 더 잘 알려져 있다.

그런데 보천교 교도들 가운데 일부가 지상낙원을 찾아 울릉도로 건너왔다. 제주도 사람들 사이에 전해오는 환상의 섬 이어도처럼 울릉도에도 그런 이상향이 있다는 믿음을 갖고 들어온 것이다.

전설에 따르면 동해 바다 한 가운데 환상의 섬이 있는데, 그곳은 간산

환상의 섬 울릉도　　제주도에 전해오는 환상의 섬 '이어도' 처럼 울릉도에도 그런 이상향이 있다는 믿음을 갖고 들어온 사람들이 많았다.

---

* 보천교(普天敎) : 일제강점기에 세워진 증산교 계통의 종교. 1909년 강증산이 죽은 뒤 차경석(車京錫)이 교권을 차지한 후 1922년 보천교로 개칭하였다. 1926년에는 당시 총독인 사이토 마코토(齋藤實)가 정읍 본부로 찾아올 정도로 교세를 떨쳤다.

도(干山島) 혹은 가산도라고 한다. 그 섬에는 신선들이 살고 있으며 천도복숭아 하나만 먹어도 1년을 살 수 있다고 한다. 보천교 신도들은 환상의 섬 가산도를 찾아 울릉도로 들어온 것이다.

울릉도에 있던 보천교 교도들은 10여 명씩 모여 태을주를 외며, 앉은 자세에서 천장 쪽으로 훌쩍 훌쩍 뛰곤 했다고 한다. 한바탕 신나게 뛰고 나면 여자 신도들은 노래를 한가락 뽑았다.

'간산도를 찾아가세. 간산도를 찾아가세. 간산도에서 불로장생하리라.'

울릉도의 봉래폭포

힘겨운 삶 속에서도 희망의 끈을 놓지 않으려는 개척민들의 마음을 읽을 수 있다. 그런데 이들이 말한 간산도(혹은 가산도)는 어디서 유래한 이름일까? 그것은 우산도(于山島)의 '于(우)' 자를 '干(간)' 으로 잘못 본데서 유래한 이름이 아닐까 싶다.

울릉도에 들어간 이들은 울릉도가 자신들이 찾던 섬이 아니었다는 것을 알게 된다. 울릉도는 현실의 섬이었지 환상의 섬은 아니었던 것이다. 그들의 가슴속에는 여전히 환상의 섬인 가산도가 자리하고 있었다. 그들은 또 다른 섬을 찾기 시작했다. 그것이 바로 독도였

다. 보천교 신도들은 독도를 신비의 섬으로 승화시켜 독도에 가면 불
로장생한다고 굳게 믿고 있었다. 개척 초기 낡고 작은 배로 무리하게
독도로 건너가려다 물귀신이 된 사람도 적지 않았다고 한다.

그러나 의문은 여전히 남는다. 전라도에 근거를 둔 보천교에 가산도가
어떻게 알려지게 되었을까? 먼저 조선시대 독도를 순시한 관헌들을 따
라온 수군(水軍)의 입을 통해 부풀려졌을 가능성이 있다. 당시 순시선
은 독도에 상륙 하지는 못하고 멀리서 독도를 바라보았을 것인데 바위
에 누워있는 강치들이 그들의 눈에는 백발의 노인처럼 보였을 수도 있
다. 이 광경이 전라도에 전해졌고 보천교도들의 귀에까지 들어가게 된
것이리라.

풍랑을 만나 표류하다 우연히 이 섬에 들어갔다가 구사일생으로 돌아
왔다는 뱃사람들도 있었다. 안개에 쌓인 섬에 관한 기이한 이야기, 신
선으로 보이는 노인에게 받은 신비한 과일, 대나무 숲 등은 듣는 이로
하여금 호기심을 일으키기에 충분했던 것이다.

태하령 구암 성황당 우리 민
족이 가는 곳에는 언제나 산신
당이 함께 한다.

가산도의 신비

동해 바다 한 가운데 있다는 환상의 섬

『안개 속에 자리잡은 독도』

*환상의 섬 : 제주도에는 환상
의 섬 이어도에 대한 이야기
가 전해온다. 사시사철 먹을
거리를 걱정하지 않아도 되는
섬이라 여겨지던 이어도는 이
승의 삶이 고달플 때 편히 쉴
수 있는 저편의 섬이었다.

동해 바다 한 가운데 있다는 환상의 섬*, 간산도(干山島) 혹은 가산도
에 대해서 울릉군지에는 이런 전설이 전해지고 있다.

울릉도의 어부 셋이 조그마한 배를 타고 바다에 나갔다. 그날따라 이
상하게 고기라고는 구경도 할 수 없었다. 그런데 갑자기 서쪽 하늘에
서 구름이 일기 시작하더니 거센 바람과 파도가 일기 시작했다.

파도는 점점 거세어져 갔고 세 사람은 운명을 하늘에 맡길 수밖에 없었
다. 어둠이 짙어지면서 파도는 점점 더 높아갔다. 배는 나뭇잎처럼 파
도에 이리 저리 흔들렸다. 배가 어디로 가는지 방향조차 알 수 없었다.

사흘 동안 몰아치던 폭풍우는 간신히 잦아들었다. 정신을 차린 어부들
이 고개를 들어보니 시퍼런 바다와 하늘에 뜬 구름만이 시야에 들어왔
다. 사흘 동안 물 한 모금 먹지 못한 어부들은 노 저을 힘도 없었다. 그
저 바람 부는 대로 물결이 흘러가는 대로 맡겨두는 수밖에 없었다. 그때,

"어, 저것 보게!"

저 멀리 구름인지 안개인지 구분은 못하겠으나 육지 같은 것이 보였다. 자세히 살펴보니 틀림없는 육지였다. 절망에 빠져있던 세 사람의 입에서는 동시에 환호성이 터져 나왔다.

"살았다!"

노를 저어 육지에 닿아 보니 어안이 벙벙했다. 깎아지른 듯한 절벽이었다. 안개는 여전히 자욱했다. 간신히 발붙일만한 곳을 찾아 배를 대었다. 자욱한 안개 사이로 울창한 왕대 숲이 보였다.

눈쌓인 독도

숲으로 들어가니 기와집 한 채가 보였다. 집 안에는 수염이 하얀 노인이 문을 열어 놓고 어부들을 바라보고 있었다. 어부들은 다짜고짜 그 앞에 가서 넙죽 절을 했다.

"웬 사람들인고?"

노인의 음성은 점잖았지만 우렁찼다. 눈매는 빛이 났으며 감히 범접치 못할 기운이 온 몸을 감싸고 있었다. 어부들은 자초지종을 이야기했다.

"허어, 그 사람들 고생깨나 했겠구먼."

"저희들은 오늘까지 나흘 동안 물 한 모금 마시지 못하고 허기와 갈증에 시달리고 있습니다. 물과 먹을 것을 좀 주실 수 있겠습니까?"

물끄러미 쳐다보던 노인의 입에서는 실망스러운 말이 나왔다.

"물은 없고, 사람이 먹을 것이라곤 없는데 어찌하나?"

'사람 사는 곳에 사람이 먹을 것이 없다니.'

어부들은 이해할 수 없었다. 그렇다면 저 노인은 사람이 아니란 말인가?

그런데 노인이 갑자기 일어나더니 방에서 무엇인가를 가져왔다.

"자, 그럼 이것이라도 먹게나."

노인이 내미는 것을 보니 사과처럼 생겼지만 사과는 아닌 것 같았다.

어부들은 이것저것 가릴 처지가 아니었다. 과일은 순식간에 어부들의 뱃속으로 사라져버렸다. 워낙 배가 고팠던 처지라 한 개씩만 더 달라고 청했다.

"아니, 이 사람들아 그것 한 개면 1년을 살 수 있는 건데."

어부들은 어느새 허기가 사라졌다는 것을 알았다. 하룻밤을 자고 나니 어부들은 기운을 되찾았다.

"이제 자네들은 집으로 가야지. 식솔들이 몹시 기다릴 텐데."

"그렇지만 저희들은 방향조차 모르겠습니다."

"그런가. 그러면 내가 길을 인도하지."

어부들은 노인과 함께 배에 올랐다. 순풍에 돛을 올려 노인이 가리키는 곳으로 배를 몰았다. 뒤돌아보니 섬은 여전히 안개에 싸여 있었다. 얼마를 달렸을까? 저 멀리 수평선 위로 산봉우리가 보이기 시작했다.

"이제 살았습니다. 고맙습니다."

"뭐, 고마울 것이 있나. 자네들이 하도 딱해서 도와준 것뿐일세."

그리고는 소매 자락에서 어제 먹던 과일 세 개를 끄집어내어 나눠주었다.

"이 과일은 햇볕이 없는 곳에 두어야 하네. 그리고 오늘부터 꼭 석 달 열흘 후에 이것을 먹도록 하게나."

노인은 인사를 할 틈도 없이 사라져 버렸다. 세 사람은 그저 얼굴만 멍하니 쳐다볼 뿐이었다.

울릉도에서는 난리가 났다. 죽은 줄로만 알았던 사람들이 기운이 넘치는 모습으로 살아 돌아왔으니 말이다. 안개에 싸인 섬이며, 기이한 노인, 신비한 과일 등 이야기는 끝이 없었다.

그 뒤 호기심 많은 사람들이 모여 어부들을 부추겼다. 큰 배에다 식량과 물을 싣고 신비의 섬을 찾아 나섰다. 그러나 철 아닌 복숭아꽃이 바다에 떠있는 것만 보았을 뿐 섬은 끝내 찾지 못했다고 한다. 이들이 찾아 헤맨 가산도는 독도와는 또 다른 환상의 섬은 아니었을까?

김청명 作

가산도를 찾아간 뗏목

개척 초기 유토피아를 찾아 울릉도로 건너온 사람들은 실망이 이만 저만이 아니었다

『뗏목은 울릉도 개척민의 주요한 생계수단이기도 했다』

개척 초기 유토피아를 찾아 울릉도로 건너온 사람들은 실망이 이만 저만이 아니었다. 울릉도가 동해 바다 가운데 있다는 유토피아가 아니었기 때문이다. 이들은 진정한 유토피아를 찾기로 했다. 독도를 전설에 나오는 가산도라 믿었던 이들은 그곳으로 향했다.

이들이 의지한 배는 강꼬. 길이가 4m 정도에 불과한 전통적인 울릉도의 배다. 그리고 그마저도 형편이 안 되는 사람들은 제주도의 테우와 비슷한 뗏목을 이용했다.

뗏목은 가장 원시적인 형태로 울릉도 개척의 의지와 땀이 배어 있는 배였다. 제주도에서는 한라산에서 구상나무를 베어다가 나란히 엮어 만들었으나 구상나무를 구하기가 어려워지면서 삼나무*로 대체하였다고 한다. 울릉도에는 곧고 키가 큰 삼나무가 풍족한 편이라 처음부터 삼나무를 이용했다.

삼나무 뗏목은 수면에 선체가 완전히 밀착되어 웬만한 풍파도 견뎌낼

* 삼나무(杉· Japanese cedar) : 겉씨식물 구과목 낙우송과의 상록교목. 높이 40m, 지름 1∼2m에 달한다. 수피는 붉은빛을 띤 갈색이고 세로로 갈라지며 가지와 잎이 빽빽이 나서 원뿔 모양의 수형이 된다.

수 있으며, 해초 따위의 어획물을 적재하는 데도 편리한 점을 갖고 있다. 하지만 순전히 사람의 힘으로만 움직여야 하기 때문에 어지간한 장정이 아니고는 사공이 되기 힘들다.

현대에 와서 그들의 뱃길을 규명하기 위해 뗏목 항해를 재현하려는 움직임이 있었다. 그것은 제주도에서 시작되었는데, 1985년 10월 제주도 화북의 해신당에서 도항제(渡航祭)를 여는 것을 시작으로 '고대 제주 항로 테우 조사단' 이 출발하게 되었다. 원초적인 테우로 옛 뱃길에 도전함으로써 한반도와 제주도의 고대 항로를 규명해보려는 시도였다.

이에 자극을 받은 한국외대 장철수 씨는 울릉도-독도간의 고대항로 탐사에 도전하게 된다. 한국탐험협회의 주도로 이뤄진 이 탐사는 1987년 처음 시도되었으나 정부 당국의 허가를 받지 못해 출발조차 하지 못했다.

무사항해를 기원하며

당시 첫 탐사를 계획했던 이들은 강원도 정선에서 극기 훈련을 마친 뒤, 경기도 미사리 남한강 하류에서 2번에 걸친 전마선 훈련을 통해 활동적응과 팀워크를 다졌다. 본대 10명, 울릉도 지부대원 10명 모두 20명으로 구성된 팀은 5인 1조로 4개조를 구성, 1조 울릉도 고지 및 육로를 통한 생태계 조사, 2조 뗏목을 이용한 해안일주 및 생태계 조사, 3,4조 울릉도-독도간 뗏목탐험 및 전설의 섬 가산도 탐사를 계획으로 잡았다.

그들은 1주일이나 걸려 울릉도 태하에서 삼나무를 운반해 뗏목을 만들었다. 뗏목은 당초 3m×6m인 것을 줄여 원목 8개만을 사용해 2.5m×6m크기로 만들었다. 중간 부분에는 평상을 설치해 잠자리와 휴식공간 및 장비, 식량을 보관할 수 있도록 하고 길이 1m20cm의 키를 만들고 5m의 마스터를 세웠다. 돛에는 독도와 뗏목의 명칭인 전설의 섬 가산도를 그려 넣었다. 뗏목이 모두 완성된 후 태극기, 탐험협회기, 독도 주민 최종덕 씨가 보내준 삼색기를 달아 치장을 했다. 8일 동안 온갖 고생을 다해 만든 뗏목이었다.

마침내 1987년 7월 25일 아침 일찍 뗏목을 바다에 띄우고 장비와 식량을 실은 뒤 동해 바다에 고사를 지냈다. 당시 탐험대장을 맡았던 이경남 씨는 "끝없이 펼쳐진 동해의 위용에 억눌리지 않을 수 없었다. 하지만 독도를 욕되게 할 수는 없었다. 동해바다의 짓궂은 장난에 노리개가 되어도 좋다. 너를 향해 가리라는 각오를 다졌다"고 말

한다.

그러나 7월 27일 오후 1시. 안전을 책임질 배가 준비되지 않았다는 이유로 당국은 뗏목 항해를 허락하지 않았다. 군청에 협조를 구하고 당국에 진정을 해도 소용이 없었다.

하지만 이들은 포기하지 않았다. 그 다음해인 1988년 5월 30일 이들은 다시 한 번 독도 뗏목 탐사에 도전한다. 이때도 여건이 허락지 않아 또다시 실패했지만 이들의 열정은 동해바다마저도 감동시켰다. 두 달 뒤 이들은 울릉도-독도 간 뗏목 탐사에 기어이 성공한다. 1988년 7월 15일 출발하여 18일 도착, 74시간에 걸친 사투 끝에 고대 뱃길을 규명한 것이다.

당시 탐사대에 참가했던 이헌필 씨는 "독도가 울릉도와 하나의 생활권이라는 사실을 확인하기 위해 가장 원시적인 항해수단인 뗏목을 타고 건너간 것이다. 독도가 우리 땅이라는 사실을 다시 알리기 위한 모험이었다"고 밝힌 바 있다.

이들의 탐사 여정은 KBS에서 다큐멘터리로 제작되어 89년 1월 1일 방송, 국내외에 파문을 던지기도 했다. 이들의 울릉도-독도간의 뗏목 탐사 성공 이후 많은 사람들이 다시 이 뱃길에 도전했으나 단 한 번도 성공하지 못했다.

울릉도의 쿠데타

이기면 충신 지면 역적

『울릉도개척비』

울릉도는 120여년 전 적극적으로 개척되기 시작한다.

지난 역사 속에서 성공한 혁명가는 그에 따른 권력과 부귀영화를 누릴 수 있었다. 울릉도에서도 반란을 통해 권력과 부를 쥔 사람들이 있었다. 개척 초기 울릉도의 생활은 쉽지 않았다. 식량은 부족했고, 농지를 개척하는 일은 힘겨웠다. 울릉도에 머무는 일본인들과의 마찰도 심심찮게 일어났다. 육지가 멀어 본토의 정치세력이나 정부기관의 힘은 미치지 못했다. 힘이 강한 사람이 권력을 쟁취할 수밖에 없는 상황이었다. 당시 울릉도의 판도는 단순했다. 일본에 등을 댄 세력과 그렇지 않은 세력. 일본 세력과 손을 잡은 인물들은 부를 가질 수 있었지만 나머지는 그렇지 못했다.

이를 바로잡기는 해야 하나 관리를 파견할 여유가 없었던 정부는 현지의 실력자를 도수(島首)로 임명, 관리의 역할을 맡겼다. 1890년경 배상삼(裵尙三)이라는 인물이 도수(島首)가 되었다.

배상삼은 본래 동학혁명*에 참여했던 인물로서 혁명이 실패하자 울진

* 동학혁명 : 1894년(고종 31) 전라도 고부군에서 시작된 동학계(東學系) 농민의 혁명운동이다. 농민들이 궐기하여 부정과 외세(外勢)에 항거하였으므로 갑오농민전쟁이라고도 한다.

의 전재환(田在桓)의 집에 피신해 있다가 울릉도 개척령이 내려지자 전씨 일가와 함께 울릉도로 들어왔다. 그는 성품이 활달하고 힘이 장사인 무인(武人)이었다.

도수가 된 배상삼은 일반 백성들에게는 선정을 베풀었고 일본인들에게는 호랑이처럼 무서웠다. 그가 일본인들과 혈투를 벌인 일은 울릉도의 전설이 되었다. 20여 명의 왜인들이 몽둥이를 들고 덤볐으나 배상삼의 힘에 추풍낙엽처럼 쓰러졌다고 한다.

배상삼은 "너희들이 함부로 남의 나라에 침입하여 허가도 없이 나무를 도벌하여 가려하느냐? 너희들 소행은 혼을 내야 마땅하지만 생명은 살려주겠다. 하지만 벌목한 나무는 손대지 못한다. 빈 배로 돌아가라"고 호통을 쳤다. 일본인들은 배상삼이 있는 한 함부로 할

수 없었던 것이다. 이에 일본인의 등쌀에 힘겨웠던 백성들은 좋아했지만, 일본인과 결탁하여 호위 호식했던 인물들은 배도수를 눈엣가시처럼 생각했다.

고종 31년(1894년) 울릉도에 큰 흉년이 찾아왔다. 농작물은 말라죽었고 끼니를 때우지 못한 주민들은 주린 배를 움켜잡아야 했다. 배도수는 울릉도 부자들을 자기 집으로 불러 모았다. 그리고 자신이 가지고 있던 곡식을 모두 내놓으며 동참해 줄 것을 호소했다. 배도수의 힘에 눌린 부자들은 울며 겨자 먹기로 곡식을 내놓을 수밖에 없었지만 울릉도 개척민들은 배도수 덕분에 주린 배를 채울 수 있었다.

그러나 1895년 겨울에 접어들면서 배도수를 제거하자는 음모가 진행된다. 8명의 쿠데타 세력은 "배도수가 왜인과 내통하여 개척민의 남자는 다 죽이고 여자는 전부 왜인들의 처첩으로 팔아넘기려 한다"는 헛

향토사료관　개척민의 삶을
엿보게 하는 전시관

소문을 냈다. 자신들의 행동을 정당화시키기 위한 것이었다.

암살 음모도 치밀하게 준비되었다. 거사는 1896년 2월 28일 태하동 성황당제를 마친 후로 결정되었다. 성황제가 끝난 뒤 8명의 사람들은 배도수에게 불만을 터트리며 시비를 걸었고, 목소리가 높아지던 중 한 명이 고춧가루를 배도수의 눈에 뿌렸다. 그것을 신호로 7명이 달려들어 몽둥이를 날렸다.

배도수는 밖으로 달아났으나 앞이 보이지 않아 제대로 달아날 수 없었다. 주모자들은 앞을 못 보는 배도수를 무차별 난타했다. 배도수는 이리 뛰고 저리 뛰며 주먹을 휘둘렀다. 나무를 치면 나무가 부러지고 돌을 치면 돌이 박살이 났다고 한다. 엄청난 괴력에 주모자들도 간담이 서늘해졌다고 한다. 하지만 배도수는 결국 머리가 깨어지고 어깨가 부러지는 등 만신창이가 되어 쓰러지고 말았다. 그의 시신은 저동에서 화장됐는데 뼈가 모두 고리처럼 얽혀있었다고 한다.

배도수를 제거한 8명은 배도수가 폭행을 일삼는 포악한 자이고, 여색을 밝히며, 일본에 여자들을 팔아먹었기 때문에 살해했다며 자신들의 행적을 정당화했다. 이후 그들은 의기양양하게 온갖 악행을 저질렀고, 일본과의 밀무역에도 손을 대 막대한 부를 챙겼다.

그런데 억울하게 죽은 배도수의 망령 때문인지 8명의 살인자들 가운데

추산　송곳바위로 불리는 이 바위에는 구멍이 나 있다. 조물주가 세상의 종말이 오면 울릉도를 하늘로 들어올리기 위한 것이라는 설화가 전해온다.

7명은 비명횡사로 생을 마친다. 나머지 1명도 천둥 번개가 치는 밤이면 비를 맞아가며 무수히 절을 하는 등 죽은 배도수의 저주를 두려워했다고 한다.

배도수에 대한 이야기는 울릉도에서는 당연한 사실이지만 세월이 흐르면서 전설처럼 굳어지고 있다. 배도수의 진실은 8명 가운데 1명이 자신의 과오에 대해 참회하고 사실을 밝힘으로써 울릉군지에 기록으로 전하고 있다.

석도(石島)=독도(獨島)

울릉도에 군수를 상주시켜서 섬의 수호와 행정관리를 강화하기로 했다

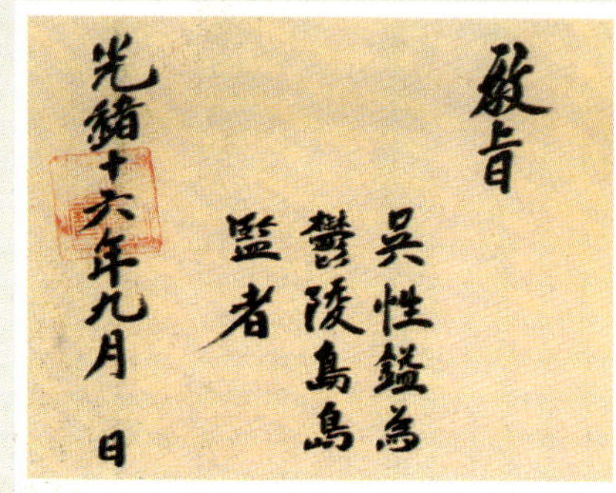

『울릉도 도감 교지』

울릉도 도감 교지　1890년 오성일을 울릉도 도감에 임명한다는 임명장(독도박물관 소장)

---

* **대한제국(大韓帝國)** : 1897년 10월 12일부터 1910년 8월 29일까지의 조선의 국명. 1897년 칭제건원(稱帝建元)하고 연호를 광무(光武)로 고쳤다. 9월에는 원구단(圜丘壇)을 세웠고, 10월 12일 황제즉위식을 올림으로써 대한제국이 성립되었다.

대한제국* 정부는 울릉도·죽서도(죽도)·독도를 묶어서 지방행정상 군(郡)으로 격상시켰다. 울릉도에는 군수를 상주시켜서 섬의 수호와 행정관리를 강화하기로 했다. 1900년 10월 22일, 내부대신(內部大臣) 이건하는 울릉도·죽서도·독도를 묶어서 울도군(鬱島郡)을 설치하고 도감 대신 군수를 두는 지방제도 개정안을 내각회의에 제출했다.

이 개정안은 1900년 10월 24일 내각회의에서 만장일치로 통과되었고 울릉도 개척에 적극적이었던 고종 황제의 재가도 받았다. 1900년 10월 25일자 칙령 제41호로 전문이 6조로 된 '울릉도를 울도로 개칭하고 도감을 군수로 개정한 건'을 관보(官報)에 게재하고 전국에 반포했다.

대한제국이 칙령 제41호를 공표한 것은 고유영토인 독도에 대하여 다시 근대 국제법 체계로 우리 영토임을 재확인한 획기적인 사건이었다. 이는 일본이 1905년 1월 28일 독도의 영토편입을 결정하기 5년 전의 일로, 일본의 주장이 억지임을 증명한다.

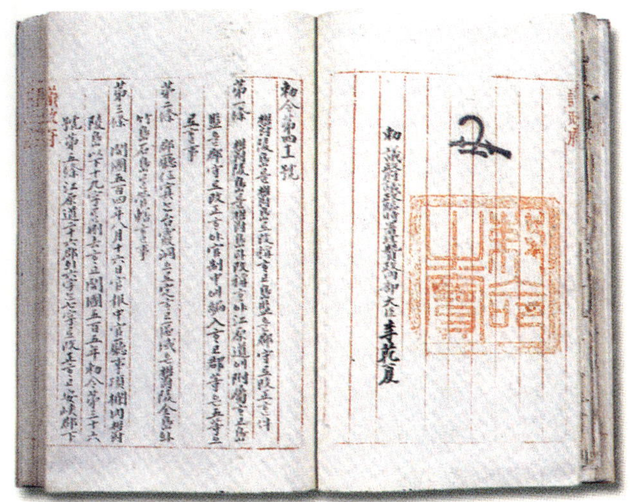

대한제국의 칙령에 따라 울릉도는 울진군수(때로는 평해군)의 관할아래 있다가 독립된 군으로 승격했다. 울릉도의 초대 군수로는 도감으로 있던 배계주가 주임관(奏任官) 6등으로 임명되었으며, 사무관으로 최성린이 임명되었다.

여기서 중요한 것은 대한제국은 칙령을 반포할 때 울도군의 관할을 울릉도에 한정하지 않았다는 것이다. 칙령 제2조는 '울도군의 구역은 울릉전도(鬱陵全島)와 죽도(竹島) 석도(石島)를 관할할 사' 라고 했다. 죽도(竹島)는 울릉도 저동 바로 옆의 죽서도를 가리키는 것이다. 이는 이규원(李奎遠)의 〈울릉도검찰일기〉에서도 확인된다.

그렇다면 석도는 어디를 말하는 것일까? 이는 당연히 독도를 가리킨다. 독도라는 명칭도 사실은 석도에서 출발했다. 1905년 이후 독도라는 명칭이 나왔다는 일본 측의 주장을 반박할 근거는 이 같은 독도의 어원에서도 찾을 수 있다.

독도는 이전에 사용되었던 석도(石島)의 다른 표현이다. 전라도와 경상도 사람들은 돌을 독이라고 한다. 밥을 먹다 돌을 씹으면 '독 씹었다' 고 하고 지금도 절구통은 도구통이라 한다.

대한제국칙령 대한제국은 1900년 10월 25일자 칙령 제41호로 '울도군의 구역은 울릉전도(鬱陵全島)와 죽도(竹島) 석도(石島)를 관할할 사' 라고 하며, 독도가 우리 영토임을 분명히 했다. (독도박물관 소장)

울릉경찰서(1905) 1902년 3월 부산 일본영사관은 일본 경부 1명과 순찰 3명 등 4명의 경찰관을 울릉도에 보내 일본 경찰관주재소를 설치했다.

당시 울릉도 주민을 형성하고 있던 전라도와 경상도 주민들은 독도를 독(돌)섬이라고 불렀다. 그래서 그 뜻을 한자로 옮기면 석도(石島)가 되고, 소리를 한자로 옮기면 독도(獨島)가 된다. 즉 울릉도 초기 개척민들의 방언인 독섬은 석도(石島)=독도(獨島)인 것이다.

현재에도 울릉도 사람들은 삼봉도나 가지도(독도의 다른 이름)라는 이름은 잘 몰라도 독섬(돌섬)은 잘 안다. 예전부터 독도를 독섬(돌섬)이라 불렀던 증거다.

개척령이 내려지고 1883년 4월 울릉도에 들어간 고(故) 홍재현 옹은 생전에 손자에게 "옛날 책에는 우산도 또는 석도로 기록되어 있는데, 그곳에 가서 보니 섬이 돌로 되어 있어서 그 섬을 돌섬으로 부르기로 했다"고 말했다고 한다. 홍재현 옹의 손자는 독도의용수비대 홍순칠 대장이다. 홍순칠 대장은 자서전에서 이렇게 술회했다.

"할아버지는 항상 한문으로 석도라 한 섬이 돌섬이며 또 형태도 돌섬인데, 생긴 모습이 의젓하고 절해고도라서 독도라 한 것이, 또 새로운 이름으로 부르는 것이 마음에 거슬려 93세에 돌아가실 때까지 여러 번 원망하신 적이 있다."

해방 후인 1948년 6월 30일 미 공군의 폭격으로 떼죽음을 당한 울릉도 어민들의 위령비를 세우기 위해 경상북도지사 일행과 함께 독도에 들어간 홍재현 옹이 낭독한 조사(弔詞)에도 돌섬이라는 명칭을 사용하고 있다.

"천지신명이시어. 이 섬은 하늘이 주신 우리의 땅이며 우리 동포의 생활의 터전이기에 우리 동포가 아끼고 지켜나갑니다. 오늘도 30여 명의 우리 동포는 돌섬의 수호신으로 이 섬을 지키고자 합니다."

즉 독섬을 한자로 옮기는 과정에 그 의미를 담은 경우에 석도(石島)로, 그 소리를 취한 경우 독도(獨島)가 되었다는 것을 알 수 있다. 결국 독도나 석도 모두 같은 이름이다.

독도는 이름이 많다. 한자를 잘못 봐서 생긴 이름에서부터 섬의 특징에서 비롯된 이름, 독도를 발견한 외국인이나 배의 이름을 딴 것까지 무수하게 많다. 우산도(于山島), 간산도(干山島), 우산도(芋山島), 자산도(子山島), 삼봉도(三峰島), 가지도(可支島), 석도(石島), 독도(獨島), 송도(松島), 죽도(竹島), 리앙쿠르(Liancourt Rocks), 메날레·올리우차(Manalai & Olivutsa Rocks), 호넷(Hornet Rocks) 등 뒤에 자세히 설명하겠지만 이 모두가 독도의 이름이다.

1905년 도동전경

"율 브린너 할애비가 울릉도 나무 다 베어갔어"

울도 군민들은 1901년 학교를 설립하고 일본인들의 도벌을 막기 위해 싸웠다

『율 브린너』

율 브린너 홍순칠 대장은 율 브린너의 할아버지가 울릉도 나무들을 베어갔다고 주장했다.

1900년 울도군이 설치되어 울도 군수가 울릉도·죽도·독도를 관할한 후에도 일본인들의 침탈은 끊이지 않았다. 울도 군민들은 1901년 학교를 설립하고 일본인들의 도벌을 막기 위해 싸웠다.

하지만 일본의 침략야욕 역시 점점 구체화되고 있었다. 1901년 말 일본은 일본인 단속을 구실로 일본경찰관을 울릉도에 파견하는 계획을 세운다. 1902년 3월에는 부산 일본영사관 소속 경부 1명과 순찰 3명 등 4명의 경찰관을 울릉도에 보내 일본경찰관주재소를 설치했다.

대한제국 정부도 1903년 4월 심흥택*(沈興澤)을 군수로 임명하여 일본의 침탈에 맞서도록 했다. 울도 군수 심흥택은 울릉도에 부임한 후 일본인의 벌채를 일체 금지하도록 명령했다. 일본인들은 "일본인의 울릉도에서의 벌목은 이미 십수 년의 관습이기 때문에 벌목 금지를 요구하는 것에는 응할 수 없다"고 거부했다.

이런 일본의 울릉도 침탈에 대해 우려했던 것은 러시아다. 울릉도 삼

림에 눈독을 들이고 있던 러시아는 울릉도의 전략적 가치에도 관심을 가지고 있었다. 1903년 음력 7월에는 러시아 군함 1척이 울릉도에 정박하고 장교 1명이 27명의 병정을 인솔하여 상륙했다. 러시아 장교는 심홍택 군수에게 "일본인의 벌목과 일본 경찰관이 울릉도에 상주하고 있는 것이 조선 정부의 어느 조약에 의거한 것인가"를 묻고 돌아간 일도 있었다.

조선 조정은 혼신의 힘으로 외적의 침탈에 맞섰지만 힘이 없었다. 일본과 러시아 모두 제국주의적 속셈을 감추지 않았다. 러일전쟁을 앞두고 있던 일본과 러시아는 울릉도와 독도를 노골적으로 침탈하기 시작했던 것이다. 야만의 20세기는 이렇게 시작되고 있었다.

그런데 홍순칠 대장의 수기 〈이 땅이 뉘 땅인데〉를 보면 흥미로운 내용이 나온다. 영화 '왕과 나'에서 인상적인 연기를 보였던 배우 율 브린너의 할아버지가 울릉도 삼림채벌권을 획득, 500년 이상 된 나무들을 수없이 베어 러시아로 실어갔다는 내용이다. 그로 인해 울릉도 개척민들은 러시아 사람들의 행패에 시달려야 했으며, 일본 낭인배들의 노략질에 이중삼중의 고통을 겪어야 했다고 한다.

율 브린너는 1915년 러시아 블라디보스토크에서 태어났으며, 그의 할아버지는 압록강 목재벌채권을 미하이로비치 대공에게 팔아 거부를 챙겼다고 한다. 그의 아버지 쥴리어스 이바노비치 브리너는 대한제국 말기에 당시 블라디보스토크에서 대규모의 수출입상사를 운영하다가

도동항의 옛모습

울릉도의 울창한 숲은 이제 저 동에 일부 남아있을 뿐이다.

한국의 약 200만 에이커의 광활한 목재벌채권을 얻어낸 사람이라고 한다. 율 브린너 가문은 조선의 삼림을 기반으로 막대한 부를 챙겼던 것이다.

그런데 러시아는 왜 직접 나무를 베어가지 않고 브린너라는 개인에게 삼림채벌권을 주었을까하는 의문이 남는다. 이미 울릉도의 전략적 가치에 눈을 뜬 일본은 왜 침묵을 지키고 있었을까? 당시 울릉도에서는 무슨 일이 벌어지고 있었던 것일까?

이 같은 의혹을 풀기 위해 최문형 교수가 쓴 〈제국주의 시대의 열강과 한국〉이란 책을 들춰 볼 필요가 있다. 최 교수의 연구에 따르면 당시 러시아는 얼지 않는 항구, 즉 부동항을 확보하기 위해 혈안이 되어 있었다고 한다.

이에 러시아가 노린 첫 대상이 한반도였다. 하지만 영국과 일본의 강력한 저항에 직면해야 했다. 러시아는 영국과 일본의 이중 견제를 유발하지 않는 상태에서 그 목적을 달성해야 했다.

따라서 민간인 사업가를 내세워 울릉도 삼림채벌권을 따내기로 했다. 정부가 아닌 한 민간인이 울릉도를 얻은 양 꾸며 영국과 일본의 의혹을 피하고자 했던 것이다. 그와 동시에 삼국간섭 이후 크게 증강된 일본해군에 대항, 울릉도를 자국의 해군기지로 활용하려고도 했다. 결국 러시아는 1896년 주한 외교진을 통해 블라디보스토크 상인 브린너(Y.I. Brynner)에게 압록강·두만강 삼림채벌권과 아울러 울릉도 삼림채벌권도 얻게 해주었다.

이완용과 조병식이 1896년 8월 28일자로 서명하고 이튿날 폴리아노프스키가 확인서명한 울릉도 임차계약서의 제16조는 이 사실을 뒷받침해주고 있다. 이 조문은 조차기간을 20년이라는 짧은 기간으로 잡아 놓은 후, 그 뒤에는 권한자인 브린너가 아무에게나 마음대로 양도할 수 있도록 규정해 놓은 것이다. 결과적으로 모든 것을 러시아 정부의 자유재량에 맡긴 것이나 다름없는 조치였다.

하지만 러시아의 조심스러운 행동도 일본의 눈길을 피할 수는 없었다. 일본은 오래전부터 울릉도의 삼림을 벌채하는 가운데 자연스럽게 울릉도의 경제적 가치와 아울러 전략적 가치까지도 면밀하게 파악하고 있었던 것이다.

최문형 교수는 일본의 전략적 구상에 대해 이렇게 풀이하고 있다.

'울릉도에 대한 일본의 관심은 경제적인 것이라기보다는 어디까지나 러일전쟁에 대처하기 위한 전략적 거점으로서의 것이었다. 일본은 독도와 울릉도를 자국의 오끼(隱岐)와 중간거점으로 삼아 동해를 횡단, 러시아의 진출을 저지하려 한 것이다. 일본에게 울릉도와 독도는 결과적으로 블라디보스토크 함대의 남하를 막는 요충으로서, 그리고 대마도 해전 직후에는 발틱함대의 패주를 막는 해전의 종결지로서 그 구실을 다한 것이다. 또한 92km에 불과한 독도와 울릉도 사이의 해상거리는 언제나 두 섬을 동일한 전략해역에 속할 수밖에 없도록 하였던 것이다.'

그러나 일본 역시 드러내놓고 울릉도와 독도를 탐낼 수는 없는 일이었다. 다른 나라에게 한국병합의 야욕이 있음을 보여줘서는 안됐기 때문이다. 그래서 훗날 일본도 오끼섬에 거주하던 나카이 요사부로(中井養三郎)를 내세워 울릉도의 강치를 잡아들이게 함으로써 이 같은 국제적인 의혹을 피해가려고 했다. 러시아가 블라디보스토크 상인 브린너에게 울릉도를 빌리게 한 것과 그 궤를 같이한 것이다.

보물선과 러일전쟁

80조원에 달하는 보물을 가득 실은 러시아 배가 침몰해 있다

『드미트리 돈스코이호』

"울릉도 저동 앞 바다에는 80조원에 달하는 보물을 가득 실은 러시아 배가 침몰해 있다."

울릉도 사람들은 오래 전부터 보물선 이야기를 알고 있다. 상당히 정확한 역사적 증거들까지 있고, 독도의용수비대 홍순칠 대장까지 보물 탐사를 시도했던 것으로 미루어 볼 때 그 가능성은 한층 높다.

그런데 말로만 떠돌던 러시아 보물선의 존재가 2003년 초, 또 다시 화제가 되었다. 동아건설이 "울릉도 저동 앞 바다에 대한 탐사작업을 끝낸 결과 해저 400m 지점에서 바다에 가라앉은 이상 물체를 확인했다"고 밝힌 것이다. 동아건설의 발표는 한국해양연구원의 탐사 결과를 바탕으로 한 것이어서 더욱 힘을 얻었다. 러시아 보물선 드미트리 돈스코이(Dmitry Donskoi)호와 관련한 탐사 결과가 구체적으로 드러난 것은 그것이 처음이었다.

몽고의 러시아 침략을 막은 전쟁영웅 드미트리 돈스코이*(Dmitri

* 드미트리 돈스코이(Dmitrii Ivanovich Donskoi · 1350~ 1389) : 이반 2세의 아들로 어려서 즉위. 서쪽의 대국 리투아니아의 공격을 격퇴하고, 1380년 9월 8일에는 종주국인 몽골 정벌군을 돈강 상류 쿨리코보 전투에서 대파하였다.

Donskoi)의 이름을 딴 돈스코이호는 러시아 발틱함대 소속의 수송선이었다. 러일전쟁 막바지인 1904년 러시아는 일본과의 결전을 위해 발트 해에 주둔하던 무적 발틱함대에 동원령을 내렸다. 발틱함대로 대한해협을 봉쇄, 일본의 보급로를 차단한다는 전략이었다. 러시아 황제는 발틱함대가 대한해협, 서-동해 등 한반도 주변 해안을 봉쇄해 만주주둔 일본군의 보급로만 차단하면 러일전쟁에서 승리할 수 있을 것이라고 판단했다.

따라서 34척의 전투함과 보급-병원선 등 38척으로 구성된 발틱함대는 지중해를 지나 대서양-아프리카 희망봉-인도양-동남아시아에 이르는 긴 항해에 올랐다. 프랑스 식민지 베트남에 도착했으나 영국의 눈치를 보던 프랑스정부는 병사들의 하선을 허락하지 않았다.

함대는 석탄만 공급받고 바로 항해를 재개할 수밖에 없었다. 결국 러시아 수병들은 6개월여 만인 1905년 5월 26일 대한해협에 도착했는데, 당시 지칠 대로 지친 이들에게 일본 해군은 전면 공세를 가했다. (일본은 우리 해안지대와 울릉도에 망루를 설치하고 러시아 함대를 기다리고 있었다.) 4일간 계속된 전투에서 세계 최강 발틱함대는 힘 한 번 제대로 써보지 못하고 허망하게 전멸했다.

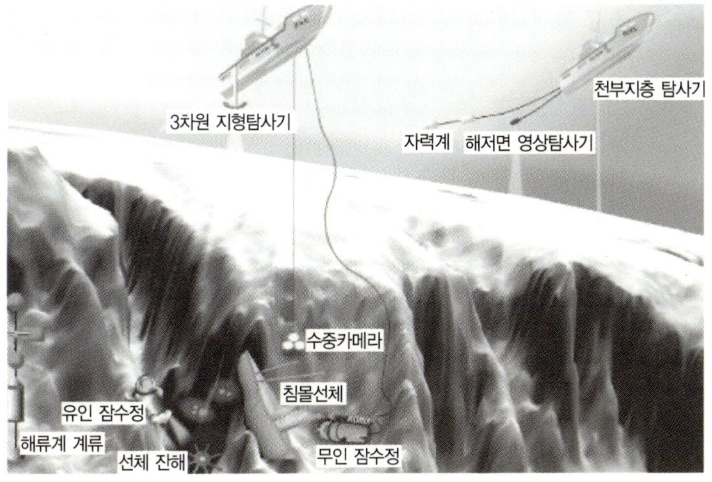

보물선 탐사(한국해양연구원)

홍순칠 대장의 할아버지 홍재현 옹이 러시아 수병들을 구해 주고 감사의 뜻으로 함장으로 부터 받은 청동주전자. 이 속에 는 금화가 가득 들어 있었다고 한다.

무인잠수정

그런데 침몰한 배중엔 나히모프호라는 순양함이 있었다. 이 배는 러일 전쟁의 군자금으로 사용할 금괴를 싣고 있었다. 러시아군은 이 배를 회계함이라고 불렀다. 이 회계함 역시 일본의 포탄에 가라앉고 말았 다. 러시아군은 포격을 받은 회계함이 완전히 가라앉기 전 금괴들을 필사적으로 드미트리 돈스코이호에 옮겨 실었다.

그리고 드미트리 돈스코이호는 전투를 포기했다. 전속력으로 대한해 협을 빠져나온 돈스코이호는 울릉도로 방향을 잡았다. 최종 목적지는 블라디보스토크 항. 그러나 이 배는 추격해 온 일본군함에 의해 5월 29 일 오전 6시 46분 울릉도 저동 앞 바다에서 격침되고 말았다.

그렇다면 드미트리 돈스코이에 실려 있다는 금괴의 양은 어느 정도일 까? 인양작업을 시도했던 독도의용수비대 홍순칠 대장은 약 80조에 달 하는 것으로 추정했다.(홍순칠의 할아버지 홍재현 옹은 수병들을 구해 준 감사의 뜻으로 함장으로부터 금화가 가득 든 청동주전자를 선물로 받기도 했다.) 홍재현 옹의 도움으로 생명을 건진 러시아 병사들이 금 화가 들어 있는 주머니를 내보이며 '저 배에 금은보화가 가득 있다' 는 몸짓을 하는 것을 목격한 주민들도 있었다고 한다.

드미트리 돈스코이호는 과연 언제쯤 실체를 드러낼 것인가. 그 배에는 정말로 금은보화가 가득 들어 있을까? 울릉도 앞 바다에서 펼쳐지는 보물선 찾기 작업은 흥미진진한 일이 아닐 수 없다.

독도야 어디 있니?

울릉도 동남쪽 뱃길 따라 2백리

『한국령 독도』

"울릉도 동남쪽 뱃길 따라 2백리"

'독도는 우리 땅' 노랫말 그대로 독도는 울릉도에서 92km 거리에 있
다. 사방을 둘러봐도 보이는 것이라곤 수평선뿐이다. 수심은 매우 깊
어 2,000m에 이르는 망망대해에 몇 개의 점으로 외롭게 떠 있는 돌섬
이다.

그런데 독도는 하나의 바위섬이 아니다. 깎아지른 절벽에 둘러싸인 제
법 큰 섬 2개(동·서도)와 주위에 작은 부속섬, 암초들이 흩어져 있다.
그것들에는 각각 가제바위, 독립문바위, 구멍바위, 지네바위, 미륵바위
등의 이름들이 붙어 있다. 이렇게 볼 때, 독도는 아주 작은 규모의 군도
라고 할 수 있겠다.

면적도 넓지 않다. 동·서도와 수십 개에 이르는 부속섬과 암초를 모두
합쳐봐야 여의도공원의 절반 정도에 지나지 않는다. 1952년 11월 12일
에 한국산악회 조사단이 측량한 결과에 따르면 약 6만4,416평 정도였

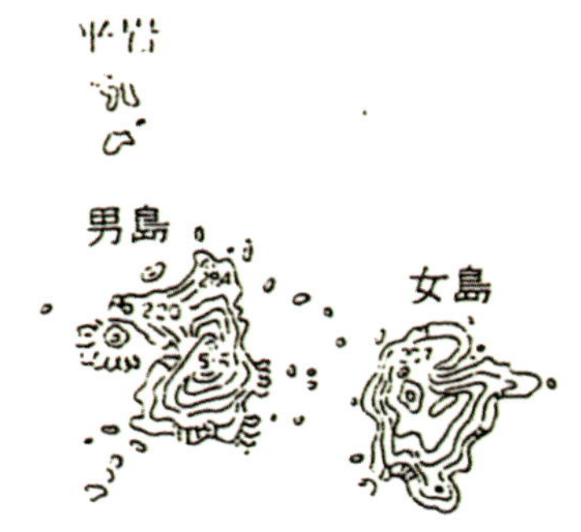

수섬(♂)이라 표기된 서도와 암섬(♀)으로 표기된 동도(한수당 연구자료집)

다. 그런데 2005년 7월 대통령 산하 '동북아의 평화를 위한 바른역사정립기획단' 의 조사결과 독도의 면적은 기존에 알려진 것보다 6650㎡ 정도 넓은 18만 7453㎡인 것으로 확인됐다. 독도의 부속 도서도 기존에 알려진 36개가 아니라 89개인 것으로 나타났다.

동·서도 중에는 서도가 크다. 둘레도 넓고 면적도 넓으며, 높이는 동도가 98m인데 비해 서도는 168m이다. 서도에는 작은 암초와 바위들도 더 많다. 이처럼 서도가 여러 모로 크기 때문에 수섬(♂)이라고 불리고 동도는 암섬(♀)이라고 불린다.

하지만 크기만으로 암수를 구분한 것은 아니다. 서도는 남성의 성기와 같이 뾰족한 특징을 갖고 있고 성기와 비슷하게 생긴 탕건*봉까지 갖고 있다. 뱃사람들은 이 바위를 남근바위라고 한다. 반면 동도는 섬의 중앙이 분화구처럼 뚫려 있어 여성적인 특징을 갖고 있다. 이 구멍의 바닥은 해식동굴을 통해 바닷물이 드나들 정도이다. 이것은 그동안 분화구로 알려져 왔으나 화산 폭발로 생긴 것이 아니라고 밝혀졌다. 전문가들은 독도의 전체적인 지질구조로 볼 때 차별침식으로 만들어진 것이라고 보고 있다.

동도와 서도는 너비 110~160m, 수심 10m 이내의 해협(파식대)을 사이에 두고 마주보고 있다. 이 파식대에서 보는 바다는 바닥이 훤히 들여다보이는 진한 비취빛이다.

행정구역상으로는 대한민국 경상북도 울릉군 울릉읍 독도리 산 1~37번지. 2000년 3월 20일 경북 울릉군 의회에서 〈독도리(里) 신설과 관련된 조례안〉이 의결, 4월 7일 공포되면서 새롭게 얻게 된 주소지다. 기존의 주소는 울릉군 울릉읍 도동 산 42~76 번지였다.

'독도는 우리 땅' 노래에서처럼 '경상북도 울릉도 남면 도동 1번지' 는 아니다. '남면 도동 1번지' 는 울릉도 앞에 있는 죽서도의 주소지였다.

독도의 지리적 위치는 동경 131°51′ ~ 131°52′, 북위 37°14′ ~ 37°15′

에 해당된다. 한반도의 본토로부터는 경상북도 울진군과 가장 가깝다. 울진군의 죽변으로로부터 동쪽으로 직행하면 약 120해리(약 215km)가 된다.

그렇다면 일본으로부터는 얼마나 떨어져 있는가? 일본 오끼섬으로부터 약 160km 거리에 있다. 울릉도-독도의 거리가 92km임을 감안하면 독도는 일본의 오끼도보다 대한민국의 울릉도에 68km나 더 가까운 것이다. 그런데도 일본은 본토와의 거리를 따져 독도가 일본에 더 가깝다고 주장한다.

● 지리적 위치

1. 독도의 북단 · 남단 · 동단 · 서단의 위치를 기준으로(울릉군 자료)
   - 동경 : 131°51′ ~ 131°52′
   - 북위 : 37°14′ ~ 37°15′

2. 독도 삼각점의 위치를 기준으로(1989. 7. 22, 교통부 수로국 측량자료)
   - 동경 : 131°52′ 22.715″
   - 북위 : 37°14′ 12.883″

1952년 독도를 조사한 한국산악회

김정명 作

울릉도는 독도의 손자

독도는 언제 만들어졌을까?

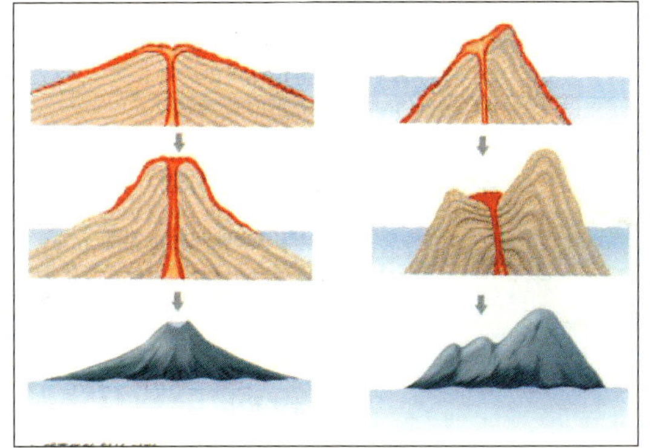

독도는 언제 만들어졌을까? 울릉도, 제주도와 비슷한 시기에 이뤄진 화산섬이라고 생각하면 오산이다. 울릉도와 독도가 만들어진 시기도 비슷할 것이라는 학자들의 추측도 빗나갔다. 독도는 겉으로 보기엔 울릉도와 비슷하고 크기가 작지만 사실은 제주도나 울릉도보다 훨씬 나이가 많다.

독도와 울릉도는 깊은 바다에서 분출한 화산이 솟아 만들어진 해저산이다. 경상대 손영관(화산학) 교수가 독도 암석시료들의 절대연령을 측정한 결과에 따르면 신생대 제4기에 형성된 섬이 아니라 제3기 플라이오세[*] 전기부터 후기(약 460만 년 전 ~ 250만 년 전)에 형성된 것이라고 한다.

울릉도가 약 250만 년 전~1만 년 전에 만들어지고, 제주도가 120만 년 전~ 1만 년 전에 만들어진 것을 감안하면 독도가 이들의 할아버지 격인 셈이다. 다만 독도에 화산체(화산 활동으로 이루어진 땅)의 흔적이 남아 있지 않은 것은 오랜 세월동안 파도의 침식으로 화산체의 원형이 대부분 파괴됐기 때문이다.

그리고 수많은 세월에 걸친 '파랑에 의한 해식작용' (거센 파도에 의해 바위가 서서히 깎여 들어가는 현상)에 의해 하나이던 섬이 동도와 서도로 나누어졌고 주변의 바위섬도 생겨났다.

손 교수에 따르면 애초 만들어진 화산체는 동도에서 서도를 지나 북쪽의 물개바위로 이어지는 선을 따라 원형 또는 타원형을 이루고 있었는데, 대부분 침식되고 남은 것이 현재의 모습이라고 한다.

흥미로운 것은 이 일대에 다섯 개의 해산(海山)이 있다는 사실이다. 우선 산꼭대기가 바다 위로 나와 있는 울릉도와 독도를 꼽을 수 있고, 산꼭대기가 바다 속에 잠겨 있는 해산으로 울릉도 동방 38km 지점에 1개, 독도 동남방 45km 지점에 1개, 독도 동남방 50km 지점에 1개가 있다. 이 5개의 해산들이 동쪽과 서쪽으로 줄지어 서 있다. 이들이 대마해분의 북쪽 경계를 이룬다.

독도의 지질은 해저산이 해수면 위로 솟아오르며 대기와 접촉할 때 생기는 독특한 암상을 보여준다. 일반적으로 해저산은 밑바닥에서부터

* 플라이오세(Pliocene Epoch) : 2개의 세로 구분된 신제3기 후반에 해당되는 지질시대. 선신세(鮮新世)라고도 한다. 지금으로부터 약 1200만 년 전에 시작되어 약 200만 년 전까지 계속되었다.

형성되어온 벼개용암과 급격한 냉각으로 깨어진 부스러기인 파쇄각력 암이 쌓여 올라오다가 해수면 근처에서 폭발하는 과정을 거친다. 이런 폭발 시 기존의 암석이 대기와 접촉하면서 조면암, 안산암, 관입암 등이 생기는데 독도가 바로 이런 과정을 거쳐 만들어진 해저산이다.

하지만 독도의 토양층은 바람의 영향을 받아 표토층이 매우 얇고, 모래가 유난히 많다. 반면 유기물은 15% 정도인 척박한 토양이다. 어쨌든 세계적으로 해저산의 진화과정이 모두 보존되어 있는 지질은 매우 드문데 독도가 바로 그런 곳이다. 따라서 독도는 영토적인 의미 외에도 해저산이 성장, 진화하는 과정을 한 눈에 관찰, 확인할 수 있는, 세계적으로 보기 드문 지질유적이기도 하다.

● 독도(獨島)의 자연

◆ 행정구역 : 경북 울릉군 울릉읍 독도리 산1~산37번지(37필지)
- 총면적:187,453m²
- 대표지번은 독도경비대가 소재하고 있는 동도의 산35번지
- 동도, 서도, 기타 89개의 부속도서 및 암초로 구성

◆ 천연기념물 제336호(1982. 11. 4. 지정, 해조류 보호구역)
- 독도는 철새들이 이동하는 길목에 위치하고, 동해안 지역에서 바다제비, 슴새, 괭이갈매기의 대집단이 번식하는 유일한 지역으로 1982년 11월 4일 '독도 해조류 번식지'로 지정하여 보호해 왔다. 그러나 독특한 식물들이 자라고, 화산폭발에 의해 만들어진 섬으로 지질적 가치 또한 크고, 섬 주변의 바다생물들이 다른 지역과 달리 매우 특수하므로 1999년 12월 '독도 천연보호구역' 으로 명칭을 변경하였다. (1999.12.10. 문화재청 고시 제1999-25호)

◆ '국토이용관리법' 에 의한 자연환경보전지역(건설부 고시 제487호:1990. 8. 6)

◆ '독도 등 도서지역 생태계보전에 관한 특별법(1997.12.13.)' 에 의한 특정도서 지정 고시 : 2000. 9. 5.(환경부 고시 제2000-109호)

물밑의 독도는 울릉도의 2배

동해물이 다 마른다면 독도는 어떤 모습을 하고 있을까?

『수중비경』

동해물이 다 마른다면 독도는 어떤 모습을 하고 있을까? 흔히 독도는 울릉도의 부속섬으로 불린다. 그 크기도 울릉도(73km²)가 독도(0.187km²)에 비해 무려 400배나 넓다. 하지만 물밑 사정을 보면 실상은 사뭇 다르다. 물밑에서는 독도가 울릉도보다 오히려 2배 이상 크다. 독도는 자그마한 바위섬이 아니라 높이 2,000m가 넘는 거대한 산의 꼭대기인 것이다. 지질학적으로 보면 독도는 동해 해저의 지각활동에 의해 불쑥 솟구친 용암이 오랜 세월동안 굳어지면서 생긴 화산성 해산*이다.

이 같은 사실은 한국해양연구소 한상준 박사팀이 1998년 지질학회지에 발표한 〈동해 울릉분지 북동부(울릉도와 독도 주변) 해역의 분지구조〉 논문에서 밝혀졌다.

한상준 박사팀은 종합연구선 온누리호에 장착된 정밀해저지형 탐사장비인 다중 빔과 정밀음향측심기를 이용해 울릉도와 독도 주변 해역 총

* 해산(海山 · sea mount) : 심해저에서 고립적으로 1,000m 이상 융기해 있는 해저지형. 높이가 1,000m 이하인 경우에는 해구(海丘)라고 한다.

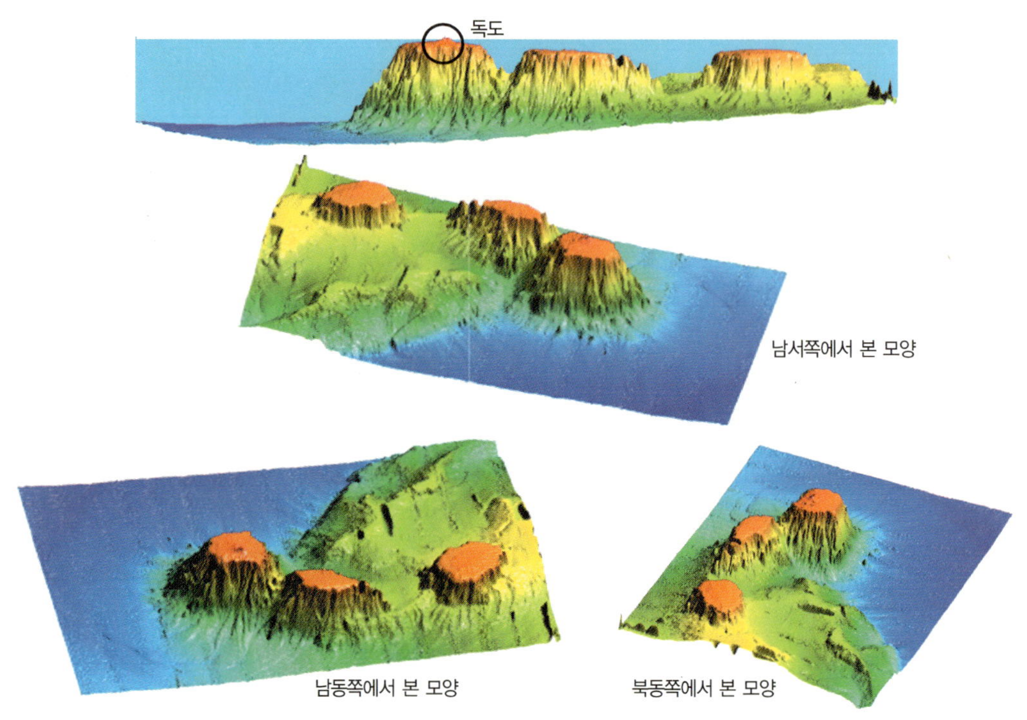

독도 주변 해저지형도
(한국해양연구원)

2만 1,500km²에 대해 마치 항공사진 찍듯이 2차원 및 3차원 정밀 해저 지형도를 작성하는 데 성공했다.

그 결과 울릉도는 해저기반의 너비가 좌우로 25km이지만, 독도는 특이하게도 쌍둥이 화산 폭발에 의해 만들어진 두 개의 바위 덩어리로 이루어져 해저기반의 너비가 50km에 가까운 것으로 나타났다.

또한 한국해양연구소의 조사에 앞서 1981년에도 독도 해역에 대한 조사가 있었다. 당시 서울대 박동원 교수(지리학과)팀은 독도의 지질조사를 통해 독도 해역의 항해에 대해 유추했다.

조사를 통해 독도에는 서풍이나 북서풍이 일정하게 불고 있는 것으로 나타났다. 즉 바람을 등지면 돛단배를 타고도 본토나 울릉도에서 독도로 항해하는 일이 어렵지 않다는 얘기다. 이를 통해 선조들의 독도 항해도 어렵지 않게 이뤄졌으리라 짐작할 수 있다.

섬 전체가 천연 기념물

독도의 기후는 해풍이 심한 해양성 기후이다

「독도 해국」

육지에서 멀리 떨어진 덕분에 독도는 인간에 의한 환경 훼손이 심하지 않아 해양 생태계가 잘 보전되어 있다.

우선 독도의 기후는 해풍이 심한 해양성 기후이다. 연평균 기온이 12℃의 해양성 기후로 1월 평균 기온이 1℃, 그리고 8월의 평균기온이 23℃이다. 연평균 강우량은 1,400mm이며, 연중 맑은 날은 겨우 47일, 흐린 날은 168일, 비오는 날은 86일, 안개 낀 날 60일 등 대부분의 날이 흐리다.

연근해의 표면수온은 3~4월에 10℃ 정도로 가장 낮고, 8월에는 25℃이다. 한류인 북한 해류가 이 섬 부근에서 돌고 있다. 난류인 쓰시마해류는 더 북상하여 선회한다. 표면수의 염분농도는 33~34%로 비교적 높고, 표층 산소량은 6.0㎖, 투명도는 17~20m로 상당히 맑은 수역이다. 여기에 한·난류가 교차하며, 플랑크톤이 많은 천혜의 조건을 갖춰 회유성 어족 자원이 풍부하다.

독도조사단 1947년 8월 20일 이영노박사 일행이 독도에서 5종의 나무와 36종의 풀을 찾아냈다.

따라서 섬 주변에는 전복, 소라, 미역, 김, 잡어 등 수자원이 풍부하여 동해 어민들의 출어장이 되고 있다. 이 같은 독도의 황금어장은 일본이 끊임없이 독도 영유권을 주장하고 있는 이유 가운데 하나가 되고 있다. 30~40년 전만 해도 독도에는 강치*가 많이 서식하고 있었으나 사람들의 접근과 일본인들의 무분별한 포획으로 자취를 찾아볼 수 없다.

바다 밑에는 수많은 다랑어 떼와 혹돔, 망성어 등이 자유롭게 노닐고 있다. 1987년 한국외국어대학교 '독도연구회' 조사결과 이제껏 울릉도 근해에만 서식하는 것으로 알려졌던 해조류인 대황의 대량 서식이 밝혀지기도 했다.

해양 무척추동물은 산호의 강장동물 1과 1종, 전복, 밤고동, 소라 등 연체동물 9과 19종, 바위게, 부채게 등 절지동물 11과 17종, 불가사리, 성게 등 극피동물 5과 5종 등 모두 26과 42종이 조사, 보고되고 있다. 이 중 전복과 소라, 게는 독도에서 가장 중요한 수산자원으로 꼽힌다.

독도의 해양 생물상에 대한 연구가 처음 진행된 것은 지난 1981년. 서울대 이인규 교수(식물학과)는 독도의 해조식생이 북반구의 아열대지역이나 지중해 식생형으로 볼 수 있다고 했다. 따라서 독도를 별도의 독립생태계 지역으로 분할하자고 주장했다.

그뒤 본격적인 조사연구는 1990년에 들어서면서 시작되었고, 현재 '섬연구회', '자연보호중앙협의회', '독도연구보전협회' 등에 의해서 활발한 연구 활동이 이루어지고 있다.

1991년 6월 '섬연구회'는 독도 근해의 해양세균, 식물플랑크톤에 의한 기초생산력, 해조군락, 연체동물을 조사했다. 조사 결과 독도 근해의 식물플랑크톤 일차 생산력은 속초나 포항과 같은 연안에서 측정된 수치와 비슷했다. 해조류는 총 43종이 채집되었으며, 녹조류 5종, 갈조류 16종 및 홍조류 22종이었다. 1995년 여름조사에서는 녹조류 18종, 갈

* 강치(Otaridae) : 물개, 바다사자와 비슷한 동물. 식육목(食肉目) 강치과에 속하는 포유류로 수명은 약 20년. 몸길이는 2.5m 내외로, 군집을 이루어 생활한다. 낮에는 바위에서 휴식을 취하거나 먹이를 사냥한다. 먹이는 멸치·오징어·꽁치·고등어 등이며, 일부다처제이다.

조류 32종, 홍조류 115종 등 모두 165종의 해조류가 조사됐다.

독도는 강한 해풍과 암석류의 척박한 토질을 갖고 있어 식물이 자라기 힘든 땅이다. 독도의 식물은 바위틈에서 어렵게 생명을 유지하는 풀이 대부분이다. 그래도 서도에서 갯강활로 보이는 풀 등 식물 3종이 발견되었고, 남방식물인 번앵초도 많이 보이고 있다. 흰 꽃을 피우는 섬 패랭이도 많이 발견됐고, 용화떼로 불리는 2㎡ 가량의 호장은 다년생 풀이다.

동도에서는 그 중턱에서 섬괴불 나무 32그루가 가냘픈 생명을 이어가고 있다. 동도의 사철나무는 육지의 것보다는 잎이 크고 둥근데, 분화구 사면에 몇 그루가 자라고 있다. 또한 1989년부터 푸른독도가꾸기모임에서 심은 동백, 해송 등 800여 그루의 나무들이 자라고 있다.

현재까지 독도에는 소나무과, 노랑덩굴과, 장미과 등 목본식물 3종과 명아주과, 비름과, 질경이과, 섬 괴불나무, 해송, 왕거미풀 등 초본식물 50여 종이 자생하는 것으로 조사되고 있다. 쥐명아주, 번행초, 갯패랭이꽃, 대나물, 가는기린초, 붉은 가시딸기, 무룬 나무, 구절초, 참김의털, 달뿌리풀, 노간주비짜루, 날개하늘나리 등은 울릉도에도 없는 풀들이다.

독도에 서식하는 주요 해조류(바다새)는 바다

위로부터 섬괴불나무, 술패랭이, 섬기린초, 벌

희기종 나비 독도에서 채집된 '남방남색꼬리부전나비'

제비, 슴새, 괭이갈매기 등이다. 괭이 갈매기는 텃새이며 슴새와 바다제비는 여름 철새로 3종이 모두 천연기념물로 지정되어 있다. 하지만 슴새는 그 수가 급격히 줄어 현재는 발견하기 어렵다. 반면 바다제비는 늘어나는 추세이다. 괭이갈매기도 동도의 서쪽과 남쪽의 암벽에 집중 번식하고 있다. 이들 조류는 동북아시아 일대에서만 번식하고 있어 정부로부터 보호받고 있다.

정부에서는 1982년 11월 16일 독도를 천연 기념물 제336호 '독도 해조류 번식지' 로 지정했다.

독도의 곤충상은 다른 도서지방에 비해 잘 알려지지 않고 있다. 최초로 곤충상이 보고된 것은 프랑스 곤충학자 쥴리베(Jolivet · 1974)에 의해서다. 쥴리베는 독도에서 긴발벼룩잎벌레(Longitarsus succineus Foudras)(발표 시 학명:독도잎벌레: ongitarsus amiculus Baly)를 발견했다고 발표했는데, 표본의 채집경위 또는 그 출처가 전혀 알려지지 않고 있다. 그 후 1981년 한국자연보존협회에서 주관하는 울릉도 및 독도 종합학술조사에서 7(8)목 26과 35속 37종이 기록되고 있다.

1996년 자연보호중앙협의회가 주관한 종합학술조사에서 1목 9과 13속 16종이 새로 추가되어, 모두 9목 35과 48속 53종이 분포하고 있는 것으로 밝혀졌다.

2005년 6월 희귀종 나비인 '남방남색꼬리부전나비' 가 국내에서 처음으로 독도에서 발견되었다. 이 나비는 독도학술조사(동아일보)에 참가했던 경북대 대학원생 임재영(응용생물학부) 씨가 6월 22일 동도 자갈밭 부근에서 채집했다.

지금까지 독도에서 기록된 곤충들은 잠자리목 2종, 집게벌레목 1종, 메뚜기목 2종, 노린재목 9종, 매미목 8종, 풀잠자리목 1종, 딱정벌레목 15종, 파리목 8종, 나비목 7종으로 딱정벌레목 곤충이 28.3%로 종다양성이 높은 것으로 나타났다.

살벌한 독도 깔따귀

온 몸이 가렵고 붓기 시작하며 물집까지 생긴다

『독도 의용수비대』

전남 무안 성재마을에는 고양할미샘이라는 우물이 있다. 이 우물에는
재미있는 전설이 하나 전해내려 온다. 전설에 따르면 무안 현화리에
어느 때부터인가 깔따귀 떼가 사람들을 괴롭히기 시작했다. 이때 그
지방을 지키는 고향할미신이 깔따귀를 치마로 싸서 바다에 뿌렸다고
한다.

그런데 치마에 조금 남은 깔따귀를 성재마을에 털어버렸고 그때부터
이 마을 사람들은 깔따귀 때문에 온 몸이 성할 날이 없었다. 그러자 고
양할미신이 깔다귀에 물려 생긴 종기 등 피부병을 고쳐 주고자 샘을
팠고 이곳이 고양할미샘이 되었다.

깔따귀는 바다낚시를 즐기는 사람들이라면 한번쯤은 그 악명을 경험
했을 것이다. 모기와 비슷하게 생긴 것인데 모기는 이놈에 비하면 양
반이다. 모기 반만한 크기의 이놈에게 한번 물렸다하면 모기와는 다르
게 피부 깊숙이까지 영향을 받는다. 백과사전에 찾아보면 물지 않는다

어민 숙소의 옛 모습

고 하는데, 독도의 깔따귀는 어떤 종류인지 거침없이 사람을 공격한다. 해질 무렵부터 맹렬하게 활동하는 이 녀석들이 한 번 공격하고 나면 온 몸이 가렵고 붓기 시작하며 물집까지 생긴다. 어지간한 약으로는 치료도 되지 않는다.

독도에서 하룻밤을 청해본 사람들은 하나같이 치를 떠는 것이 바로 이 깔따귀의 공격이다. 1990년 독도탐사대로 독도에서 며칠간 묵었던 류경훈 씨는 깔따귀의 흉포함에 치를 떤다.

"도무지 방법이 없었다. 첫날밤은 아무 것도 모르고 당할 수밖에 없었다. 밤새 물어뜯는 이놈들 때문에 잠을 청할 수가 없었다. 다음날은 집에서 나와 배 위에서 잤더니 조금 덜했다. 그런데 그 때 물린 상처가 15년이 지난 지금도 여름만 되면 되살아난다."

독도에서 3년이나 머물렀던 의용수비대는 어땠을까? 독도의용수비대를 가장 괴롭혔던 것도 일본의 침략이 아니라 내부의 적, 바로 깔따귀의 습격이었다.

그때 의용수비대 대원들이 찾은 비방은 피부를 단련시키는 방법이었다고 한다. 이들은 수평선에 해가 떠오르면 근무자와 식사당번만 제외하고 전원 알몸으로 바다에 뛰어들었다. 수영이라기보다는 바다에서 먹을 것도 줍고, 모기와 깔따귀가 물지 못하도록 피부를 단련시키기 위한 것이었다. 그렇게 바다를 들락거리다 올라와 아침 햇볕을 쪼이면 몸에는 가루 같은 소금만 남게 되고, 손바닥으로 문지른 알몸뚱이는 구릿빛 윤기가 흐르는 탄력 있는 몸으로 변신했다. 그렇게 햇빛과 소금, 바닷바람으로 단련된 피부 덕분에 깔따귀의 습격에도 견딜 수 있었다고 한다.

독도에 생활터전을 마련한 최종덕 씨와 김성도 씨 등도 깔따귀의 습격에는 속수무책이었다. 모기장이나 약도 소용이 없었다. 두꺼운 옷을 입어도 어느새 그것을 뚫고 들어오기 일쑤였다고 한다.

이들도 의용수비대처럼 피부를 단련하는 방법을 사용했지만, 간혹 독도 인근에 널려있는 폭탄의 황을 이용하기도 했다. 미군의 독도 폭격 당시의 불발탄이 바닷가에 있었고, 수십 년이 흘러 녹슨 부분에는 노란 황이 그대로 드러나 있었다. 이 황을 긁어와 태우면 아주 고약한 냄새가 났다. 그 지독한 냄새는 깔따귀 떼에게도 고약했던 것이다.

김성도 씨는 "밤만 되면 이놈의 깔따귀 떼가 달려들어 도저히 잠을 잘 수가 없었다. 약을 뿌려보아도 소용이 없었다. 그러다 황을 태우면 어떨까하는 생각이 들었다. 태워보니 지독한 냄새가 났다. 하지만 황을 태울 때만큼은 깔따귀 떼가 달려들지 않았다"고 밝힌다.

우산(于山)과 무릉(武陵)

독도만큼 여러 이름으로 불린 섬은 없을 것이다

『울릉도에서 본 독도』

독도만큼 여러 이름으로 불린 섬은 없을 것이다. 우산도(于山島), 간산도(干山島), 우산도(芋山島), 자산도(子山島), 삼봉도(三峰島), 가지도(可支島), 석도(石島), 독도(獨島), 송도(松島), 죽도(竹島), 리앙쿠르(Liancourt Rocks), 메날레·올리우차(Manalai & Olivutsa Rocks), 호넷(Hornet Rocks). 파란 많은 역사만큼이나 다양한 이름들을 가지고 있다. 그런데 독도 영유권 문제를 논의하는데 있어 이 이름만큼 중요한 것이 없다. 일본 정부나 학자들은 독도 명칭상의 허점을 끈질기게 붙잡고 늘어지며 '독도(獨島)와 다른 명칭과의 동일성'을 입증할 것을 요구하고 있기 때문이다.

영유권을 판결하는데 결정적인 근거는 역사적인 고증이므로 우리는 역사상 이 많은 명칭들이 모두 독도를 의미한다는 것을 입증해야 한다. 먼저 삼국유사에는 신라(新羅)의 이사부 장군이 서기 512년 우산국(于山國)을 정복했다는 기록이 나온다. 여기서 우산국은 울릉도를 말한다. 당시 울릉도의 명칭은 우산국, 우릉성(羽陵城), 울릉도(蔚陵島) 등으로 불리었고, 독도는 우산국 영역 안에 있는 섬으로 알려져 왔다. 그러다가 울릉도가 무릉(武陵), 무릉(茂陵) 등으로 불리면서 이번에는 독도가 우산으로 불리기 시작했다.

독도를 우산도로 부르기 시작했다는 공식 기록은 15세기 초엽이 되어야 등장한다. 조선 태종이 공도정책을 확정하는 과정을 기록한 〈태종실록〉이 그것이다. 〈태종실록〉에는 조선 조정이 김인우를 무릉등처안무사(武陵等處按撫使)로 임명하여 우산(于山)·무릉(武陵)에 들여보내 거주민들을 육지로 쇄환*시킬 것을 결정했다고 기록하고 있다. 그리고 태종 17년 2월 실록에는 '김인우가 우산도로부터 돌아왔다' 고 기록되어 있다.

흥미로운 것은 김인우가 떠날 때의 직함이 무릉등처안무사이고, 목적지는 울릉도와 주변일대였는데 돌아올 때는 우산도로부터 돌아왔다고 되어있는 점이다.

그렇다면 〈태종실록〉은 울릉도를 우산도로 기록한 것일까? 아마도 그랬을 가능성이 많다. 이때까지만 해도 우산과 무릉이라는 이름이 뒤섞여서 사용되고 있었기 때문이다.

그리고 또 하나 주목할 점은, 조정이 우산과 무릉을 하나의 섬이라고 생각했다면 김인우를 보낼 때 굳이 '우산(于山)·무릉(武陵)'을 다녀오라고 할 필요가 없다는 것이다. 우산과 무릉을 각기 다른 섬으로 보았기 때문에 두 개의 이름으로 표현했다고 볼 수 있다.

당시의 지리를 기록한 각종 역사문헌에도 독도는 우산으로 기록된다. 〈세종실록지리지(1454년 권153)〉 강원도 울진현조에는 이렇게 기록되어 있다.

于山武陵二島 在縣正東海中 二島相距不遠 風日淸明 則可望見
(우산무릉이도 재현정동해중 이도상거불원 풍일청명 즉가망견)

"우산, 무릉 두 섬은 현(울진현)에서 바로 보이는 동쪽 바다 가운

* 쇄환(刷還) : 조선 시대에, 다른 나라나 변방에서 떠도는 자기 나라 백성을 데려오던 일을 말한다.

데 있으며, 두 섬은 거리가 멀지 않아 날씨가 맑으면 가히 바라볼
수 있다.”

즉 우산과 무릉은 두 개의 섬이며, 울진현에서 동쪽으로 바다 한가운
데 있다는 것이다. 또한 ‘두 섬의 상호 거리가 멀지 않아 날씨가 청명
한 날에는 볼 수 있다’는 주(註)까지 붙여놓고 있다.

날씨가 청명한 날 울릉도에서 볼 수 있는 섬은 독도 외에는 없다. 무릉
(武陵)이 울릉도의 또 다른 이름이라는 것은 이미 확인된 사실이다. 그
렇다면 여기서 우산(于山)이란 독도가 분명하다.

우산이 울릉도 저동 앞에 있는 죽서도(죽도)를 말한다는 일본 측의 주
장도 있지만, 죽서도는 폭풍우가 치는 날에도 볼 수 있다. 반면 울릉도
에서 독도가 눈으로 볼 수 있는 시기는 1년 중 일기가 가장 청명한 9월
부터 이듬해 2월 사이의 며칠뿐이다.

조선후기에 인쇄된 지도첩에는 간혹 독도를 천산도(千山島), 우산도
(牛山島), 자산도(子山島), 간산도(干山島) 등으로 기록한 것도 있지만,
모두 우산(于山)의 ‘우(于)’ 자를 잘못 옮겨 적는 과정에서 생긴 것으로
보인다.

한편 안용복 사건 때(숙종실록 1696년) 등장하는 자산도(子山島)는 또
다른 의미를 갖는다. 조선 숙종 때 안용복은 일본 측이 ‘마쓰시마(송도
(松島)·독도)’가 그들의 땅이라 주장함에 대해 이렇게 말한다.

松島卽子山島 此亦我國地 汝敢住此耶
(송도즉자산도 차역아국지 여감주차야)

“송도는 즉 자산도이다. 이 역시 우리나라 땅이거늘 너희가 감히
이곳에 사는가?”

이에 대해 학자에 따라서는 모도(母島)인 울릉도에 대해 자도(子島)관
계에 있는 독도의 다른 이름 가운데 하나라고 설명하기도 한다.

우산도는 독도가 아니다?

역사적 문헌은 누구 손을 들어주는가?

『천장굴』

역사적 문헌은 누구 손을 들어주는가? 물론 우리 측이다. 그렇기 때문에 일본 측은 자체적인 자료를 가지고 영유권주장을 하기 보다는 우리 측 자료의 허점을 물고 늘어지는 방법을 쓰고 있다.

우리 측에서는 앞서 말했던 〈세종실록지리지(1454년)〉와 〈신증동국여지승람(1531년) 등의 역사문헌에서 독도가 한국의 영토임을 입증한다고 주장한다.

다시 한 번 말하자면, 〈세종실록지리지〉에는 "우산(독도), 무릉(울릉도) 두 섬은 현(울진현)에서 바로 보이는 동쪽 바다 가운데 있으며, 두 섬은 거리가 멀지 않아 날씨가 맑으면 가히 바라볼 수 있다"고 기록되어 있다. 또한 〈신증동국여지승람〉에서도 우산도(독도)와 울릉도를 강원도 울진현에 속한 조선 영토임을 명확하게 규정하고 있다. 그리고 부속지도에서도 울릉도와 우산도를 동해 가운데에 표기하고 있다.

이에 대해 일본 측에서는 독도가 한국 본토보다 일본 본토에서 가까워

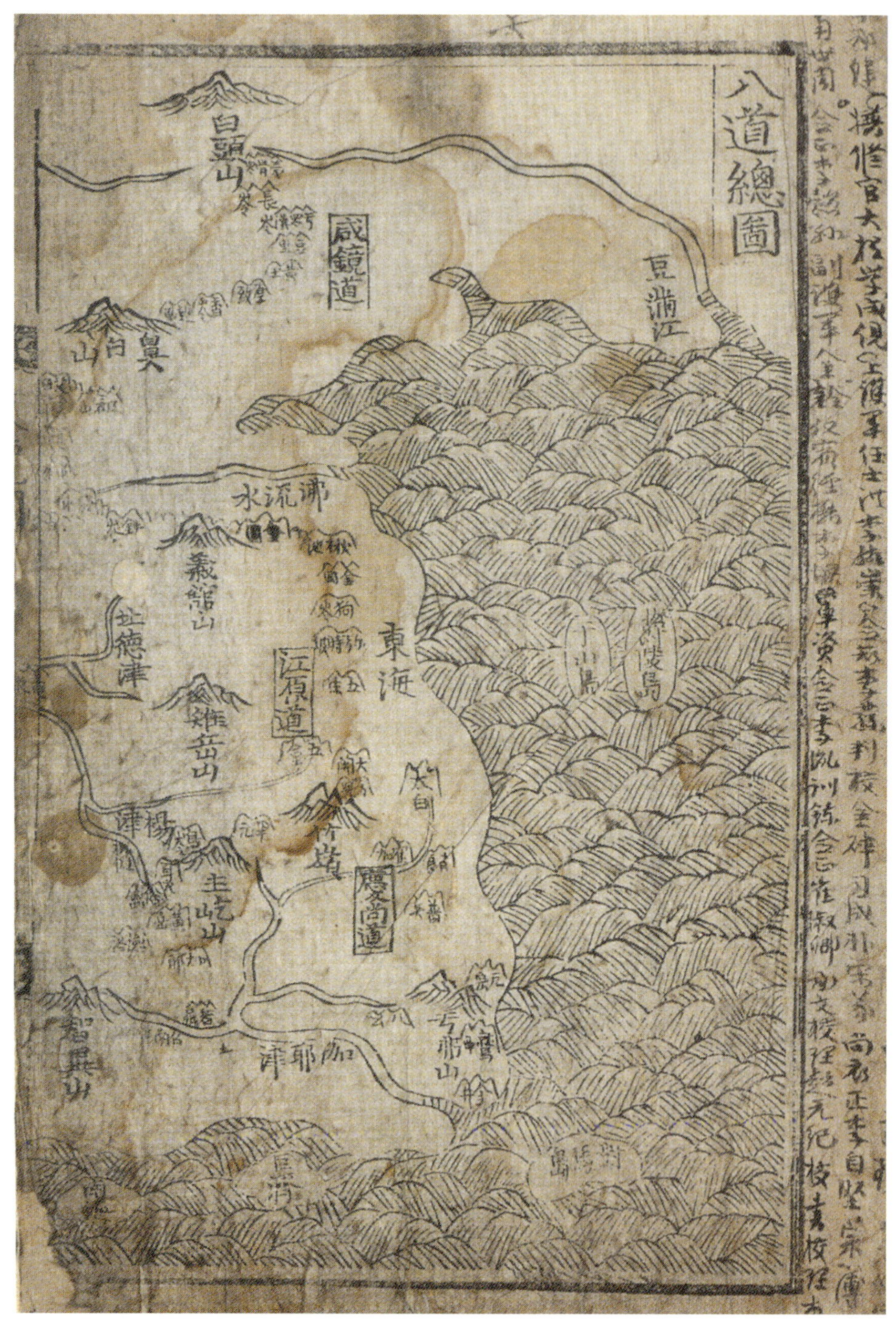

八道總圖
白頭山
咸鏡道
豆滿江
臭山
白山
水流浦
義舘山
土德津
難岳山
東海
江原道
楊津
主屹山
慶尙道
智異山
加耶津
鬱陵島

일본 어민들이 이용해왔다고 주장한다. 물론 이 논리는 억지에 가깝다. 각각 한국과 일본 본토에서가 아니라 한국 측에서는 울릉도를, 일본 측에서는 오끼도(隱岐島)를 기준으로 삼아야 하기 때문이다. 그럴 경우 울릉도-독도간의 거리는 92km, 독도-오끼도 간의 거리는 약 160km로 일본의 오끼도보다 한국의 울릉도가 약68km 가깝다는 것을 알 수 있다.

일본 측은 또 〈세종실록지리지〉와 〈신증동국여지승람〉에 나오는 우산도(于山島)가 죽도(독도)인가에 대해 의문을 제기한다.

〈신증동국여지승람〉에는 '우산, 울릉이 본래 하나의 섬(本一島)' 이라고 기록하고 있는 것으로 볼 때 두 개의 섬으로 볼 수 없으며, 〈신증동국여지승람〉의 부속지도에는 우산도를 한반도와 울릉도 사이에 그리고 있어 위치관계가 죽도(독도)와 맞지 않는다는 논리다.

그러나 〈신증동국여지승람〉의 본일도(本一島)란 독도와 울릉도가 우산국 소속의 섬이라는 뜻이며, 지도상의 허점은 당시 지도에서 종종 나타나는 것으로, 정확한 위치보다는 조선 영토임을 확실히 했다는 것에 의미를 두어야 한다는 것이 학계의 분석이다.

그런데 우산이라는 명칭은 어원적으로 볼 때 도대체 어디서 출발한 것인가? 사학자 이병도[*]는 우산이라는 말의 기원을 울릉도와 왕래가 가장 빈번했던 강원도의 울진에서 찾는다. 울진은 고구려시대에는 우진야현(于珍也縣)으로 불렸다. 이 우진야(于珍也)의 '우(于)' 가 울릉도와 독도로 건너가 우산으로 불리게 되었다는 것이다. 그 후 울진(蔚珍)의 '울(蔚)' 이 울릉도에 건너가 '울릉(蔚陵)' 으로 불리게 되면서, 우산은 독도만을 지칭하는 이름이 되었다고 한다. 즉 우산은 원래 울릉도를 가리키는 이름이었는데, 이 섬이 울릉도란 이름으로 굳어지면서 울릉도의 옛 명칭인 우산도가 독도의 명칭이 되었다는 것이다.

신용하 교수는 이병도 박사와는 다른 주장을 펼친다. 신 교수에 따르면 한자가 신라에 들어오기 이전에 본래 우산국의 다른 명칭은 '우르뫼' 였다고 한다. 이를 한자로 바꿀 때 '于山(우산)' 이라는 것이다. 우

신증동국여지승람　팔도총도 강원도 전도에 우산도와 울릉도를 표기하고, 강원도 울진현 조에 울릉도와 우산도에 대해 설명하고 있다.

[*] 이병도(李丙燾 · 1896~1989) : 1919년 일본 와세다대학을 졸업하고 1934년 진단학회(震檀學會) 이사장에 취임하였다. 1945년 서울대 교수, 1960년 문교부장관에 선임되었다.

산국의 영토인 울릉도가 본도(本島)이고 독도는 울릉도에 부속한 속도(屬島)이므로, 원래는 우르뫼를 우산도라고 번역하여 울릉도(본도)를 가리키는 호칭으로 사용했다고 한다.

그러나 이 본도(本島)의 명칭이 울릉(鬱陵)·울릉(蔚陵)·무릉(武陵)·무릉(茂陵)·우릉(芋陵)·우릉(羽陵) 등의 한자로 정착되자, 그 부속 섬인 독도(물론 당시에는 다른 명칭이었지만)가 우산도(于山島)의 명칭을 갖게 되었다는 것이다.

독도가 한국에서 1882년까지 공식적으로 우산도라는 명칭을 가지고 있던 것은 바로 이 섬 독도가 우산국 영토였음을 다시 한 번 명백하게 증명해주는 것이라는 게 신용하 교수의 설명이다.

죽도 일본은 세종실록지리지에 등장하는 우산이 죽도를 가리킨다고 주장한다.

세 개의 봉우리 사이로 바다가 흐르고

독도는 삼봉도(三峰島)라 불렸던 적도 있었다

『태풍 속의 독도』

독도는 삼봉도(三峰島)라 불렸던 적도 있었다. 성종 원년 영안도[*](永安道) 관찰사의 보고에 대해 임금이 내린 글에 삼봉도가 등장한다. '삼봉도(三峰島)에 거주하는 사람들은 배역도들이니 탐문하여 보고하라'는 내용이 그것이다. 이를 통해 동해 가운데 삼봉도(三峰島)라는 섬이 있고, 영안도 사람들이 그 곳으로 이주하였다는 것을 알 수 있다.

그런데 삼봉도(三峰島)는 과연 실제로 존재하는 섬이었을까? 실재한다면 어느 정도의 사람들이 살고 있었을까? 울릉도를 잘못 알고 말한 것은 아닐까?

조선 조정에서도 이런 문제에 대해 논란이 있었다. 성종 3년에는 박완원을 삼봉도 경차관(敬差官)으로 임명하고 삼봉도 조사를 시작했다. 박완원은 4척의 배에 병력을 싣고 울진을 떠났으나 태풍을 만나 모두 흩어지고 말았다. 표류하던 박완원의 배는 5월 29일 새벽 무릉도를 발견하였으나 닻을 내리지 못하고 육지로 돌아오고 만다. 삼봉도에 대한

* 영안도 : 함경남도(咸鏡南道)의 옛 이름. 면적 3만 1977km². 인구 211만 5755명(1943). 함북과 함께 관북(關北) 또는 북관(北關)이라고도 한다.

첫 조사 작업은 실패에 그쳤다.

하지만 이들의 실패로 인해 적어도 삼봉도가 울릉도를 가리키는 말은 아니라는 것을 알 수 있다. 무릉도(울릉도)에 닻을 내리려 했으나 못하고 돌아왔다고 기록하고 있기 때문이다.

성종 6년 5월에는 김한경 등이 육지에서 떠난 지 3일 만에 삼봉도에 도착했으나 상륙하지 못하고 돌아왔다. 이들이 올린 보고서에 의하면 섬 안에 7~8명의 사람이 있었다고 한다.

성종은 다시 삼봉도를 조사하도록 명령을 내린다. 영안도(오늘날 함경도) 관찰사 이극균의 지시에 따라 김자주 등이 9월 16일 출발하여 9월 25일 삼봉도에 도착한다. 이들이 본 섬의 형태는 북쪽에 3개의 암석이 서 있으며, 섬과 섬 사이에 바닷물이 흐르고 있었다. 이들은 섬의 모습도 그려왔는데, 섬은 세 개의 봉우리를 갖고 있었다.

김자주가 전하는 섬의 외형은 현재 독도와 매우 유사하다. 동도와 서도 그리고 삼형제바위, 탕건바위, 독립문바위, 가제바위 등으로 불려지는 36개의 암초들로 구성된 독도는 멀리서 보면 3개의 봉우리로 보인다. 그리고 동도와 서도, 삼형제 바위 사이는 폭 110~160m로 이 사이로 바닷물이 흐르고 있다.

삼선암 일본은 울릉도 옆에 있는 삼선암을 삼봉도라고 주장한다.

김자주가 보고 온 섬이 독도라고 단정 지을 수 있는가? 다른 섬일 가능성은 없는가? 트집 잡기에 혈안이 되어 있는 일본인들은 이렇게 주장한다.

"김자주가 보고 온 삼봉도는 현재의 독도를 지칭한 것이 아니고, 울릉도 연안에 있는 삼형제바위를 두고 말한 것이다."

어렵게 꼬투리를 찾아낸 일본 측에 미안한 말이지만 울릉도에는 삼형제바위가 없다. 굳이 비슷한 것을 찾자면 삼선암(三仙岩)이다. 삼선암은 울릉도 본토에서 수 십 미터도 안 되는 거리에 있으며, 섬이라고 말할 수 없다.

삼봉도가 울릉도라고 주장하는 일본 학자도 있다. 〈죽도사고(竹島史稿)〉를 쓴 오오꾸마(大態良一)는 "성인봉에서 바라본 울릉도의 형상을 지칭한 것이 삼봉도"라고 주장한다. 하지만 아무리 그럴듯하게 생각해도 울릉도 성인봉에 올라 '세 봉우리 사이로 바닷물이 흐른다'고 할 수는 없는 일이다.

동해 바다에는 3개 정도의 섬이 있다. 울릉도와 죽서도(죽도), 그리고 독도가 그것이다. 그런데 섬과 섬 사이에 바닷물이 흐르고 있었다는 점에서 볼 때 울릉도는 확실히 아니다. 물론 저동 앞의 죽서도(죽도)도 아니다. 삼봉도로 추정할 수 있는 섬은 동해에서 독도 외에는 없다. 결국 삼봉도라는 이름은 독도의 외형을 보고 붙인 것으로 보인다.

〈신증동국여지승람(권45)〉 울진현조(중종26년 1531년)에는 다음과 같이 적고 있다.

"우산도와 울릉도 두 섬은 울진현의 정동에 있다. (우산도) 세 봉우리가 하늘로 곧게 솟았으며 남쪽 봉우리가 약간 낮다. 날씨가 맑으면 (울릉도에서도) 세 봉우리 위의 나무와 산 밑의 모래톱이 역력히 보이고, 바람이 잦아지면 이틀에 도착할 수 있다."

일본 군함 니다카호(新高)의 행동일지에는 '송도(울릉도) 동남쪽 망루대에서 망원경으로 바라본 리앙쿠르도' 라 하여 그림을 그렸는데 완전한 삼봉의 형상을 하고 있다.

강치가 뛰놀던 섬 가지도(可支島)

강치는 울릉도 주민에게 가제 혹은 가지로 불려졌다. 지금은 찾아보기 힘들지만 강치는 독도에 지천으로 널려있었다고 한다. '가지도' 는 독도에 강치가 많이 살고 있는 섬이라 해서 붙여진 이름이다. 가지도라는 명칭은 〈정조실록(권40 1794년)〉에 처음 등장한다.
"갑인년 6월 26일에 가지도(可支島)에 가보니 가지어(可支漁) 네댓 마리가 놀라 뛰어나왔다. 그 생김새는 물소(水牛)를 닮았는데, 포수가 두 마리를 쏘아 잡았다."
오늘날에도 울릉도 사람들은 강치를 가제라 부른다. 이를 한문으로 음역하여 가지어라고 부른 듯하다. 또한 독도의 서도 북서쪽에는 가지바위(가제바위)라 불리는 바위가 있다. 의용수비대가 이 바위 위에 수많은 강치들이 뛰노는 것을 보고 붙여준 이름이다. 독도는 한국에서 유일한 강치 서식지였다.

가제바위 위의 강치

독도(獨島)는 홀로 섬이 아니다

동해바다 한 가운데 외로이 있는 고독한 섬

『홀로섬?』

동해바다 한 가운데 외로이 있는 고독한 섬. 사람들은 그 섬을 독도(獨島)라 부르는데 어색함이 없다. 하지만 독도라는 명칭은 외롭게 홀로 있다는 이유로 붙여진 이름이 아니다. 그다지 유래가 깊은 이름도 아니다.

우리나라에서 독도라는 명칭이 공식적으로 사용된 것은 광무 10년(1906년) 음력 3월 5일 울도군수(鬱島郡守) 심흥택의 보고서에서였다. 그런데 일본은 그보다 1년 먼저인 1905년 1월 28일 내각회의 결정을 거쳐, 2월 22일 시마네현 고시 제40호를 통해 독도를 일본 영토로 일방적으로 편입했다. 그 뒤 1906년 3월 28일에 이르러서야 그 사실을 울도군수 심흥택에게 알렸으며, 이에 놀란 심흥택 군수는 강원도 관찰사 서리 이명래에게 "본관 소속 독도가 일본영토에 편입되었다는 말을 들었다"라는 보고를 하였다.

당시 참정대신은 1906년 4월 29일 지령 제3호를 통해 "독도가 일본인

第五編

日本海及朝鮮東岸

磁針偏差　明治四十年

日本海〔Japan sea〕

元山　六度二三分西

東及南ハ日本ニ西及北西ハ朝鮮及露領沿海州ニ界シ南北ノ長約九百浬東西ノ幅ハ其最廣部ニ於テ六百浬アリ四周陸地ニ包圍セラレ唯ニ三ノ狹海峽ニ由リテ外海ニ通ス即チ南ハ對馬海峽ニ由リテ東海ニ通シ東ハ宗谷海峽〔La Pérouse strait〕及ヒ津輕海峽ニ由リテ太平洋ニ通シ北ハ間宮海峽ニ由リテ Okhotsk sea ニ通ス〇此海ニハ左記ノ島嶼高岩アルノ外暗岩險礁ナシ

竹島〔Liancourt rocks〕

一八四九年佛船「リアンコール」之ヲ發見セシヲ以テ Liancourt rocks ト稱ス其後一八五四年露艦「パルラス」ハ之ヲ Menalai and Olivutsa rocks ト名ッケ一八五五年英艦「ホーネット」ハ之ヲ Hornet islands ト呼ヘリ韓人ハ之ヲ獨島ト書シ

第五編　日本海　竹島

四百五十一

일본 군함 니다카호의 행동일지(1904년 9월 25일)에 기록된 독도 명칭. 한국에서 독도라는 이름은 1906년 3월 29일 울도 군수 심흥택의 보고서를 보도한 5월 1일자 대한매일신보에 처음 등장한다.(한수당 연구자료집)

* 망루(望樓) : 방어 · 감시 · 조망(眺望)을 위하여 잘 보이도록 높은 장소에 또는 건물을 높게 하고 사방에 벽을 설치하지 않은 건물 또는 그와 같은 장소를 말한다.

의 영토라는 것은 전혀 근거 없는 것이며, 독도의 형편과 일본인들이 어떠한 행동을 하고 있는지에 다시 조사하여 보고하라"고 지시하였다.

일본은 이것을 근거로 조선에서 독도라는 명칭이 처음으로 나타나는 1906년 심흥택 군수의 보고서보다 한해 먼저(1905년) 자신들이 독도를 시마네현으로 편입했다고 주장하고 있다.

그렇지만 1904년의 일본 측의 기록에도 독도는 조선의 영토로 규정되어 있다.

신용하 교수는 독도라는 이름이 문헌에 처음 등장한 시기가 러일전쟁 때인 1904년 9월이라고 한다. 당시 일본은 러시아 군함활동을 정찰하기 위해 울릉도에 2개의 군사용 망루*를 설치했는데(1904년 8월), 독도에도 설치할 목적으로 군함 니다카호(新高)를 파견하여 조사토록 하였다. 그 결과 9월 25일자로 올린 보고서에 의하면 '리앙쿠르 암을 한인들은 독도라고 쓰고, 일본 어부들은 리앙코 도(島)라고 부른다'는 기록이 있다.

또한 1904년 9월 25일 울릉도에 기항한 니다카호의 행동일지에도 '울릉도에 거주하는 한인은 독섬(獨島)으로 부르고 있다'고 적고 있다. 조선이 일본보다 먼저 독도라는 명칭을 사용했다는 것이 일본 측 자료에서도 입증되고 있는 것이다.

독도의 동도　육당 최남선은 섬의 형태가 항아리 모양이라는데 착안했다. 그는 "근세 부근 주민들 사이에 섬의 형태가 마치 독(甕)과 비슷하다고 하여 독섬이라고 부르고 있다. 근래의 독도(獨島)라는 문자는 '독'이라는 음을 위하였을 뿐 '獨'의 자의에는 아무 관계가 없는 것"이라고 주장했다. 독(항아리)과 비슷한 형태의 섬이라고 하여 독섬이라고 했고, '외로울 독(獨)'과는 아무런 상관이 없다는 것이다.

송도(松島·마쓰시마)

일본은 1870년대 말까지 독도를 마쓰시마(松島)로 불렀다

一竹島松島朝鮮附屬ニ相成候始末
此儀ハ松島ハ竹島ノ隣島ニテ松島ノ儀ニ付是迄掲載セシ
書留モ無之竹島ノ儀ニ付テハ元祿度後ハ暫クノ間朝鮮ヨ
リ居留ノ爲差遣シ置候處當時ハ以前ノ如ク無人ト相成竹
木又ハ竹ヨリ太キ葭ヲ產シ人參等自然ニ生シ其餘漁產モ
相應ニ有之趣相聞ヘ候事

현재 일본은 독도를 다케시마(竹島)로 부른다. 그런데 그들은 1870년대 말까지 울릉도를 죽도(竹島·다케시마)로 불렀다. 독도(우산도)는 송도(松島·마쓰시마)였다. 이것은 메이지(明治) 시대 초기까지 계속되었다.

일본 측 자료인 〈은주시청합기(隱州視廳合紀)〉에도 그 기록이 있다. '隱州在北海中 政隱岐島 … 二日一夜 有松島 又一日程 有竹島'라고 기록하고 있어 그 당시 독도를 마쓰시마(松島)로 부르고, 울릉도를 다케시마(竹島)로 불렀던 것을 밝혀준다.

우리 측 자료에도 이는 잘 드러난다. 1808년에 편찬된 〈만기요람*(萬機要覽)〉 군정편(軍政編)에는 '여지지(輿地志)에 이르기를 울릉도와 우산도는 모두 우산국 영토이다. 우산도는 왜인들이 말하는 송도(松島·마쓰시마)다'라고 기록하였다. 즉 울릉도와 독도는 옛 우산국의 영토로 조선의 영토이며, 우산도(독도)를 일본에서는 송도라고 부른다

는 사실을 기록하고 있는 것이다.

이처럼 독도는 1808년 이전에 조선에서는 우산도라고 불리던 우리 고유의 영토였다.

〈숙종실록(肅宗實錄)〉에도 같은 기록을 찾을 수 있다.

안용복이 두 번째로 일본에 건너가기 직전인 1696년(숙종 22년) 봄의 일이다. 그는 어부들을 이끌고 울릉도에 들어가서 이곳에 침입한 일본 어부들을 쫓아냈다. 이때 일본 어부들이 '우리는 본래 송도(松島)에 사는데 고기를 잡으러 왔다'고 말하자, 안용복은 "송도(松島)는 곧 자산도(독도)인데 이 역시 우리나라 땅이다. 어떻게 너희가 감히 여기에 산다고 하느냐"고 호통치고 쫓아냈다.

안용복 일행이 다음날 새벽에 배를 저어 자산도(독도)에 들어가 보니 일본 어부들이 솥을 걸어놓고 물고기를 삶고 있었다. 그래서 몽둥이로 두드려 부수며 큰 소리로 꾸짖으니 일본 어부들이 쫓겨 갔다고 기록되어 있다.

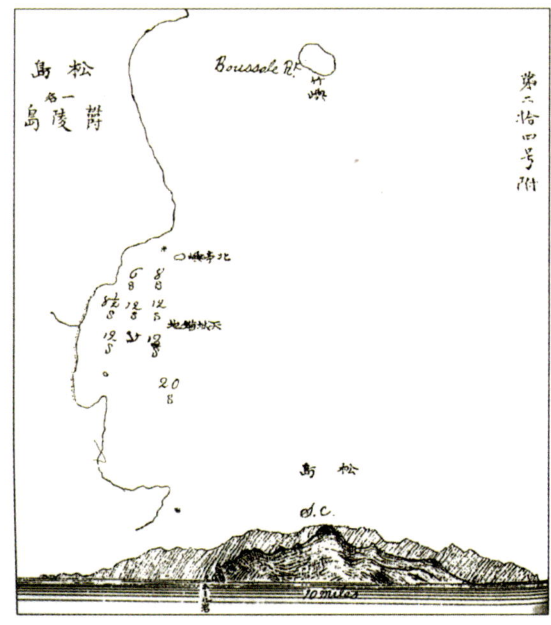

마쓰시마(松島)　　울릉도를
송도(松島)라 한 일본측 기록

대나무 없는 대섬 죽도(竹島)

울릉도를 죽도(竹島)로, 독도를 송도(松島)로 부르던 일본이 …

『독도 표석』

울릉도를 죽도(竹島)로, 독도를 송도(松島)로 부르던 일본이 메이지(明治) 유신 이후부터는 명칭을 바꿔 부르기 시작했다. 그것이 공식적으로 사용된 것은 1905년의 일이다.

일본은 1905년 1월 28일 내각 결의로 리앙쿠르암(Liancourt Rocks)을 죽도(竹島)로 이름 붙이고 시마네현(島根縣)에 편입했다. 이 편입조치는 같은 해 2월 22일 시마네현 고시(告示) 제40호로 이루어졌다. 하지만 한국정부 등에는 통고되지 않았으며, 내부 회람*용으로 만들어졌다. 자기들끼리 돌려보는 수준에서 영유권을 결정한 것이다.

자신들이 오랫동안 불러오던 송도(松島)라는 명칭을 울릉도에 붙이고, 죽도(竹島)라는 명칭을 독도에 붙인 것은 나름대로 이유가 있다. 당시 프랑스 세계지명사전, 영국해군수로지 등에서 울릉도를 Matsu Sima(마쓰시마 · 松島)라고 했기 때문이다. 이에 일본해군수로지도 고스란히 송도라는 명칭을 울릉도에 사용한 것이다. 자신들이 불러오던

* 회람(回覽) : 차례로 돌려 가며 보는 글을 말한다. 비교적 경미한 안건에 대하여 편의적 수단으로 글을 돌려봄으로써 의결할 때 회람을 이용한다.

동판조선전도(銅版朝鮮全圖)
1882년 일본에서 제작된 지도로 죽도(울릉도)와 송도(독도)를 조선과 동일한 색채로 표시하고 있다.(독도박물관 소장)

송도라는 이름을 버리고 서양인들이 정한 이름을 따른 것이다.

그런데 죽도라는 명칭 역시 독도와 같은 뜻을 가진 이름이라는 주장도 있다.

독도는 나무가 자라기 힘든 돌섬이다. 나무가 자라지 않는 돌섬을 흔히 '대머리 섬' 이라고 부르기 때문에 돌섬은 석도(石島)나 독도로 표기된다는 것이다. 또한 '대머리 섬' 이 줄어 '대섬' 이 되고 대섬을 한 자어로 옮기는 과정에서 죽도가 되었다는 주장이다. 어찌됐든 독도의 일본식 명칭인 죽도는 대나무와는 전혀 관계가 없다.

리앙쿠르에서 호넷까지

독도는 리앙쿠르, 메날레 · 올리우차, 호넷 등 서양이름을 가진 적도 있었다.

『독도와 어부』

독도는 리앙쿠르, 메날레 · 올리우차, 호넷 등 서양이름을 가진 적도 있었다. 1849년 프랑스 고래잡이 선박 리앙쿠르(Liancourt)가 동해를 항해하던 중 북위 37°14′, 동경 129°35′의 위치에서 독도를 발견했고 그들은 배의 이름을 따서 리앙쿠르도(Liancourt Rocks)라고 이름 붙였다. 이후 세계지도상에는 이 명칭이 널리 알려져 독도의 서양이름이 되었다.

일본에서는 강치 사냥꾼 나카이 요사부로(中井養三郎)가 독도의 어업권을 쟁취하기 위해 영토편입안을 제출할 때 리앙쿠르란 이름을 사용한다. 그는 '리앙코도 영토편입 및 대하원(貸下願)'을 제출, 한일 영토문제의 시발점을 만들었다.

메날레 · 올리우차(Manalai & Olivutsa Rocks)라는 이름은 러시아에서 붙여준 이름이다. 1854년 러시아의 프챠친(Putiatin) 제독은 우리나라의 동해에 관심이 매우 많았다. 그는 팔라다(Pallada)호로 하여금 동해

* 기선(氣船) : 증기 · 기계력 등을 동력으로 하여 추진하는 배. 증기기관을 갖춘 배를 증기선(蒸氣船)이나 기선이라고 하였다. 기선은 기계력(機械力)에 의하여 추진하는 배를 총칭하게 되었다.

를 조사해 오도록 명령을 내렸으나 뜻을 이루지는 못했고 실제 독도를 발견한 배는 올리우차(Olivutsa)호였다. 따라서 배 이름을 따서 메날레·올리우차라고 이름 붙였다.

호넷(Hornet Rocks)이라는 명칭은 영국 기선*에 의해 붙여진 이름이다. 이 명칭은 1855년 4월 25일 영국의 중국함대소속 기선인 호넷(Hornet)호의 선장인 찰스 코링톤 포시스(Charles Codrington Forsyth)가 동해를 항해하던 중 북위 37°14′, 동경 131°55′ 위치에서 독도를 발견하고 배 이름을 따서 '호넷(Hornet Rocks)' 이라고 부른 것이다.

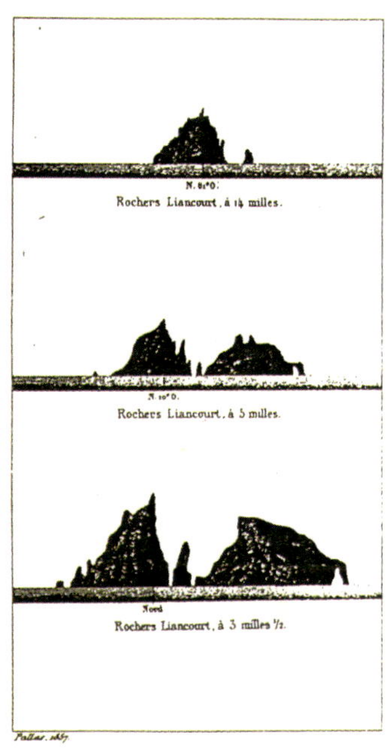

1860년에 그려진 독도의 모양
프랑스 수로지에 실려 있는 당시 독도의 모습이다.

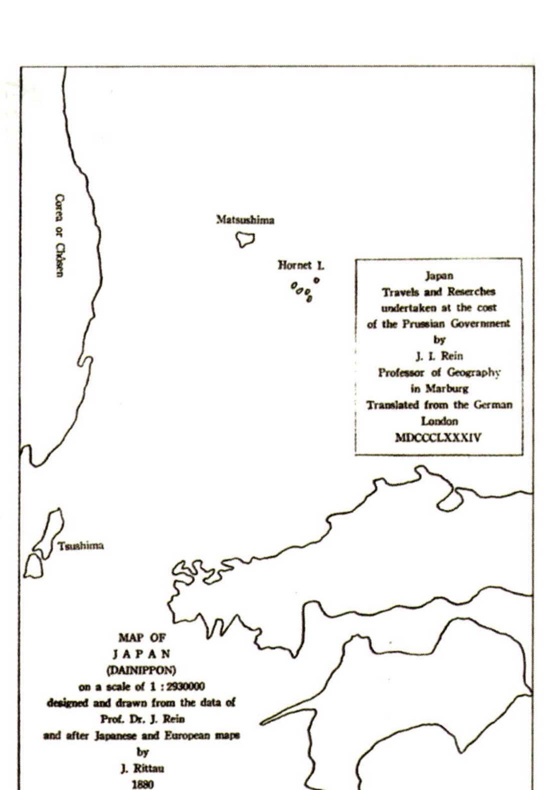

호넷   1855년 4월 25일 영국의 중국함대소속 기선(氣船)인 호넷(Hornet)호가 독도를 발견, 호넷이라 이름 붙였다.

팔도총도(八道總圖)의 우산도(于山島)

독도 문제를 다루는데 있어 지도는 매우 중요하다

『팔도총도(八道總圖)』

독도 문제를 다루는데 있어 지도는 매우 중요하다. 현재 한국과 일본의 지도는 독도를 모두 자국의 영토로 표시하고 있기 때문이다.

그래서 과거의 지도에는 어떻게 기록되어있냐가 중요하고, 한국과 일본을 제외한 제3국의 지도에는 어떻게 표기되어 있느냐도 중요하다. 독도가 객관적으로 어떻게 보여지고 있느냐의 문제이기 때문이다.

우선 과거의 지도 중에서 우리 측이 자신 있게 내세울 수 있는 증거는 〈신증동국여지승람(新增東國輿地勝覽)〉. 간행된 해가 명확한 이 책에는 〈팔도총도(八道總圖)〉라는 지도가 첨부되어 있다. 성종 25년(1530년)에 제작된 이 지도에는 독도가 우산도(于山島)라는 이름으로 기록되어 있다. 그런데 이 지도는 우산도(독도)를 조선 본토와 울릉도 사이에 표시하고 있다. 현대의 지도 개념으로 본다면 확실히 잘못된 것이다. 일본 학자들이 가만히 있을 리 없다. 그들은 이것으로 "우산도는 울릉도 동쪽에 부속도로 있는 죽서도를 가리키는 것이며, 독도로 볼 수 없다"고 주장한다.

하지만 우리는 〈팔도총도〉에서 독도를 울릉도와는 별개의 섬으로 보고 있다는 사실에 주목한다. 독도를 하나의 독립적인 섬으로 인정하고 있기 때문이다. 1762년 펴낸 〈환영지*(寰瀛誌)〉에는 우산도를 울릉도의 동남쪽에 그리고 있다. 그 크기도 울릉도보다 크게 그리고 있다. 이것 역시 독도를 하나의 독립된 섬으로 보았다는 것을 의미한다. 또한 〈동국여지승람(東國輿地勝覽)〉 권44의 강원도도(江原道圖)에도 우산도와 울릉도의 그림이 실려 있는데, 이는 〈신증동국여지승람〉에 있는 것과 같다.

그리고 서울대 이찬 교수에 의하면 〈신증동국여지승람〉보다 훨씬 오래된 기록도 있다고 한다. 세조9년(1463년)에 간행된 〈조선지도(朝鮮地圖)〉와 〈조선증도(朝鮮繪圖)〉는 울진 동쪽에 독도와 울릉도 두 개의 섬을 표기하고 있다고 한다.

동국지도(東國地圖) 18세기 말의 조선 전국지도로 우산도가 울릉도의 동쪽에 그려져 있는 지도이다(호암미술관 소장).

17세기 초에 작성된 〈천하여지도(天下輿地圖)〉는 울릉도와 독도를 강원도 동해안 바로 인근에 표시하고 있다. 이 지도는 병인양요(1866년) 때 프랑스 해군이 강화도 외규장각에서 강탈해 가 지금은 프랑스 국립도서관에 보관되어 있는데, 이 지도가 왕실의 서고인 규장각에 있었다는 사실과 가로 195cm, 세로 185cm의 초대형 지도라는 점으로 볼 때 집권층은 독도를 우리 땅으로 인식하고 있었음이 분명하다.

그런데 이 지도는 울릉도와 독도를 강원도 동해안 바로 인근에 있는 것처럼 표시하고 있다. 명칭은 울릉도는 울릉도로, 독도는 정산도(丁山島)로 표기하고 있다. 독도를 정산도로 표기한 것은 우산도(于山島)

* 환영지(寰瀛誌) : 조선 정조 때의 학자 위백규(魏伯珪·1727~1898)가 지은 일종의 백과사전. 천문·지리·강역·국도·산천·병진(兵陣)·관직·궁실 등을 조항에 따라 설명하였다. 64개의 도해(圖解)가 첨부되었다.

의 우(于)자를 정(丁)자와 착각했기 때문이다. 이런 착각으로 인해 정(丁)자 뿐 아니라 간(干), 천(千)자 등과도 혼용되어 쓰여 온 것이 바로 독도의 명칭이다.

물론 이들 지도에도 약점은 있다. 이들 지도가 모두 우산도를 그리고 있는 것은 사실이지만, 울릉도와 조선 본토 사이에 그려져 있다는 점이 아쉬운 점인 것이다.

그러나 고지도(古地圖)는 그 시대 사람들의 의식을 나타낸다. 바닷길은 육지 통행보다 시간이 훨씬 적게 걸려 바닷길에 대한 거리감을 상대적으로 못 느꼈기 때문에 실수가 있을 수 있었다. 고지도에서 종종 호남지방과 중국을 실제보다 가깝게 그린 것도 그런 이유다. 당시의 지도들은 바닷길은 아주 가깝게 묘사하는 것이 일반적이었다.

김대건 신부의 〈조선전도(朝鮮全圖)〉 (독도박물관 소장)

현재와 같은 측량을 통해서 만들어지지 않았다는 점도 고려해야 한다. 조선의 지도에서 독도의 위치가 점차 제대로 잡아나간 것만 봐도 알 수 있다. 훗날 지도의 발달과 더불어서 독도는 울릉도와 한국 본토 사이, 울릉도의 북쪽, 때로는 울릉도의 남쪽에 그려지다가 결국 동쪽으로 정착되었다.

우리나라에서 독도를 우산으로 표기하여 서구에 소개한 지도는 김대건 신부의 〈조선전도(朝鮮全圖)〉를 들 수 있다. 김대건 신부는 1845년 조선 지도를 그려 해외로 보냈다. 이 지도가 조선전도이며, 상해 프랑스 총영사 몽띠니(de Montigny)의 손을 거쳐 파리 왕립도서관에 기증되었다. 이 지도에는 울릉도가 'Oulengto', 독도가 'Ousan' 즉 우산으로 표기되어 있다. 이 지도를 통해 조선시대 말기까지 독도가 우산으로 인식되어 있었음을 알 수 있다.

대동여지도에는 독도가 없다?

우리나라 고지도의 대명사이며, 우리나라 지도의 고전

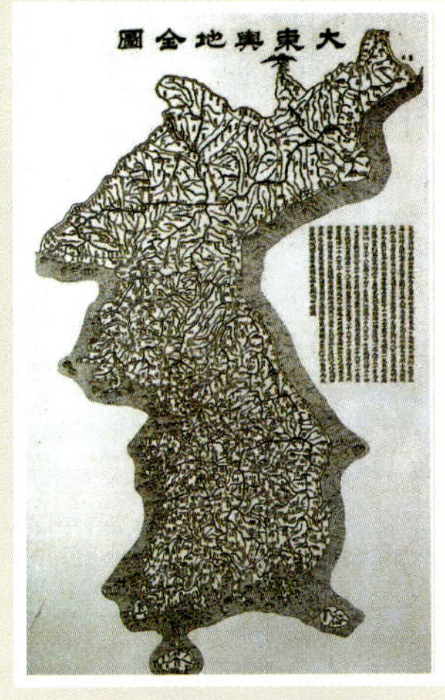

『대동여지도』

우리나라 고지도의 대명사이며, 우리나라 지도의 고전. 초등학생을 붙들고 물어봐도 모르는 이가 없는 것이 바로 김정호*의 〈대동여지도(大東輿地圖)〉다.

잠시 〈대동여지도〉가 얼마나 정밀하고 정확한지를 보여주는 일화 한 토막을 살펴보자면, 1898년 일본 육군은 조선 침략의 기초 단계로 경부선을 부설하면서 측량기술자 60명과 한국인 200~300명을 비밀리에 고용하여 1년 간 조선을 샅샅이 조사해 5만분의 1 지도 300장 정도를 만들었다고 한다. 그런데 그렇게 만든 지도가 〈대동여지도〉와 큰 차이가 없다는 것을 알고 그 정확성에 감탄했다고 전한다.

그래서 일제는 청일전쟁과 러일전쟁, 그리고 이어진 일본의 한국 토지 측량에 〈대동여지도〉를 활용했다고 한다. 일본 국회도서관에는 일본 육군에서 군사지도(兵圖)로 사용하였던 〈대동여지도〉가 보관되어 있어 이 이야기가 전설이 아님을 입증하고 있다.

대동여지도

그런데 문제는 한국인들이 모두 자랑스러워하는 〈대동여지도〉에 독도가 그려져 있지 않다는 점이다. 일본은 시마네 현의 고시를 근거로 독도를 자기네 영토라 주장하는데, 한국 침탈 시기에 나온 시마네 현의 고시만으로는 궁색했던지 〈대동여지도〉에 독도가 없음을 들어 자기 땅이라고 우기고 있다.

국내에서는 그동안 '〈대동여지도〉는 실측지도이기 때문에 김정호가 독도에까지 직접 가지 못해 그리지 않았다' 는 이야기들이 있었다. 전해 오는 일화로 그가 〈대동여지도〉를 만들기 위해 전국을 세 차례나 답사하고 백두산을 일곱 번이나 등정했으며, 〈대동여지도〉가 완성된 후에는 당시 실권자였던 대원군에게 탄압을 받아 옥사했다는 내용을 믿어왔기 때문이다.

하지만 이러한 내용들마저도 대부분이 허구이거나 일제에 의해 조작된 것으로 밝혀졌다. 최근의 연구결과 김정호가 전국을 답사했다는 기록은 없고, 단지 기존의 지도를 두루 모아 좋은 점만을 취해서 집대성하였다는 사실이 밝혀지고 있는 것이다.

나라의 비밀인 지리를 공개했다는 이유로 대원군에 의해 〈대동여지도〉는 불살라지고 김정호는 옥중에서 사망했다는 일제의 주장도 지난 2004년 지도의 목판본이 발견됨으로써 날조로 밝혀진 게 그나마 다행이다.

어쨌든 그동안은 독도가 빠진 대동여지도가 일본의 주장에 이용되어 왔지만 이제 더 이상은 불가능한 일이 되었다. 최근 일본 국회 도서관에서 독도가 한국 땅으로 표시된 〈대동여지도〉가 발견되었기 때문이다. 필사본인 이 지도에는 독도가 엄연히 표시되어 있다.

국사편찬위원회 이상태 연구원은 1997년 11월 9일 언론을 통해 "일본 국회도서관에서 울릉도 동쪽에 〈우산〉이라고 표시된 독도가 나타난 대동여지도 필사본을 발견했다"며 문서번호는 '292,1038 ki 229 d' 라고 밝혔다.

필사본은 "영종11년(1735년) 강원감사 조최수가 울릉도를 시찰, '땅이 넓고 토지가 비옥하며 사람이 산 흔적이 있고 그 서쪽에 우산도가 있는데 역시 광활하다'고 적었다. 그러나 소위 서쪽이라고 썼지만 이 섬은 동쪽에 있어 차이가 난다"라며 독도가 울릉도 동쪽에 있다는 부연 설명까지 하고 있다고 한다.

이상태 연구원은 "〈대동여지도〉 목판본을 만들 때 독도가 빠진 것은 판각 범위를 벗어났기 때문에 어쩔 수 없던 것"이라며 "이 필사본은 판각 범위와 상관없기 때문에 울릉도 동쪽에 독도가 있다는 주석까지 달아 독도의 존재를 설명했다"고 말했다.

日 고지도에도 독도는 한국 땅

일본은 독도를 어느 나라 영토로 표기했을까?

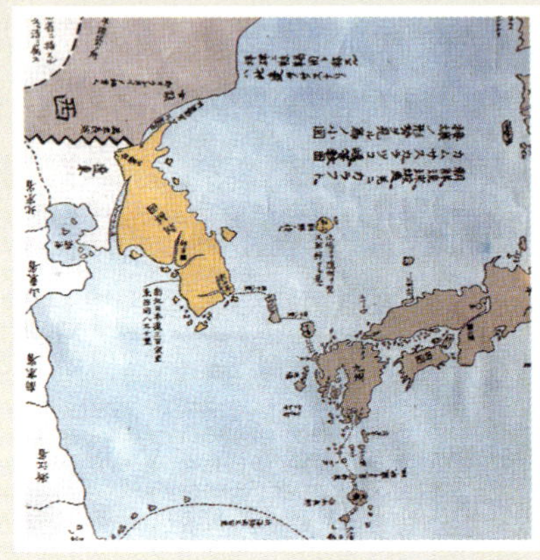

『삼국접양지도(三國接壤之圖)』

하야시 시헤이(林子平·1738~1793)가 그린 〈삼국접양지도(三國接壤之圖)〉 지도는 국경과 영토를 명료하게 구분하기 위해 나라별로 채색했는데, 조선은 황색으로 일본은 녹색으로 칠했다.

하야시는 울릉도와 독도(우산도)를 정확한 위치에다 그려 넣었고, 울릉도와 독도를 모두 조선색깔인 황색으로 채색하여 조선 영토임을 명백하게 표시했다. 그리고 울릉도와 독도 두 섬 옆에다가 다시 '朝鮮ノ, 持二(조선의 것으로)'라는 문자를 적어 넣었다(독도박물관 소장).

일본은 독도를 어느 나라 영토로 표기했을까? 물론 고지도에서 말이다. 지금이야 억지를 쓰고 있지만 일본도 처음부터 그랬던 것은 아니다. 독도를 조선의 영토로 인정하고 있었다.

일본지도에서 분명하게 표시된 것 중 가장 오래된 것은 1773년 나가쿠보 세키스이(長久保赤水)가 제작한 〈일본여지로정전도(日本輿地路程全圖)〉. 20년이나 걸려 완성된 이 지도는 국가 간의 경계선을 기입했다는 특징이 있다.

나가쿠보 세키스이는 1775년 〈일본로정여지도〉를 다시 간행했는데, 이 지도에도 울릉도와 독도를 그려놓고 있다. 울릉도는 다케시마(竹島)로, 독도는 마쓰시마(松島)로 기입하고 있다.

이 지도는 일본 본토에는 색을 칠하면서, 울릉도와 독도에 대해서는 색을 칠하지 않았다. 이것은 울릉도와 독도를 자신의 영토가 아니라고 인정한 것이나 다름없다. 이 지도가 만들어지기 얼마 전인 1697년 막

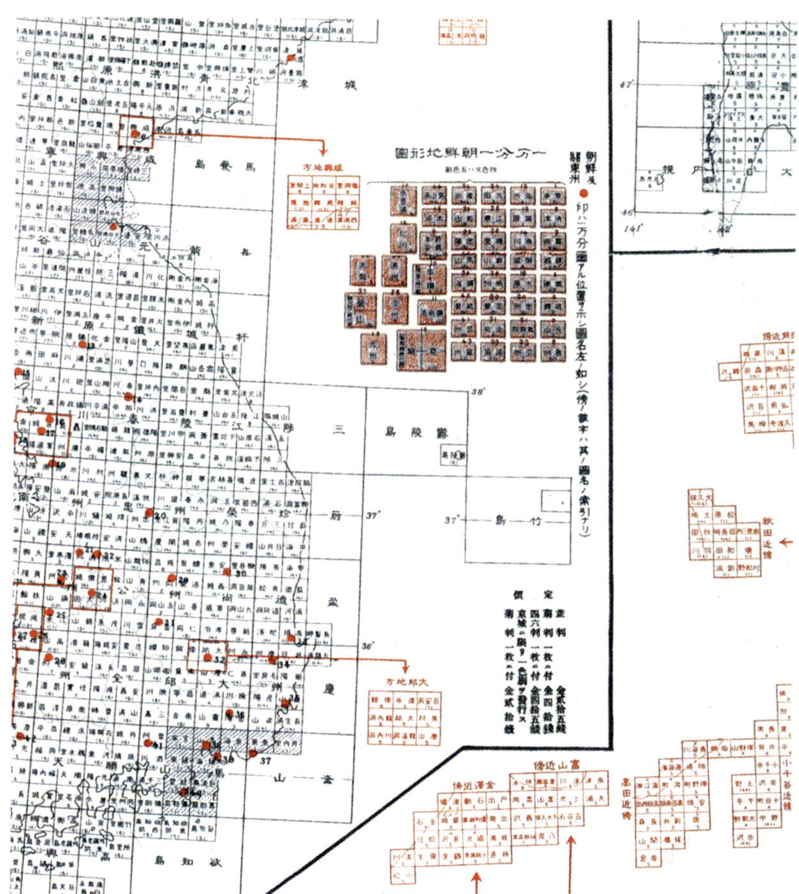

육지측량부 발행지도 구역일람 표 1(1936년) 일본에서 가장 권위있는 육지측량부가 발행한 지도로 지도 구역을 조선, 일본, 북해도, 대만 등으로 나누어 구획하였는데 조선부분은 울릉도와 죽도(독도)를 표기하였다(독도박물관 소장).

부에서는 울릉도와 독도에 대해 일본인의 출어를 금지한 역사적 사실도 있었다.

그런데 이 지도는 울릉도에 '견고려유운주망은주(見高麗猶雲州望隱州)'라는 설명문을 붙이고 있다. 이것은 일본의 이즈모지방(出雲地方)에서 일본령인 오끼(隱岐)가 보이는 것과 같이 울릉도에서 한국 본토가 보인다는 의미다.

일본 실학파의 최고 학자인 하야시 시헤이(林子平·1738~1793)가 1785년경에 그린 〈삼국통람도설(三國通覽圖說)〉도 중요한 자료 중 하

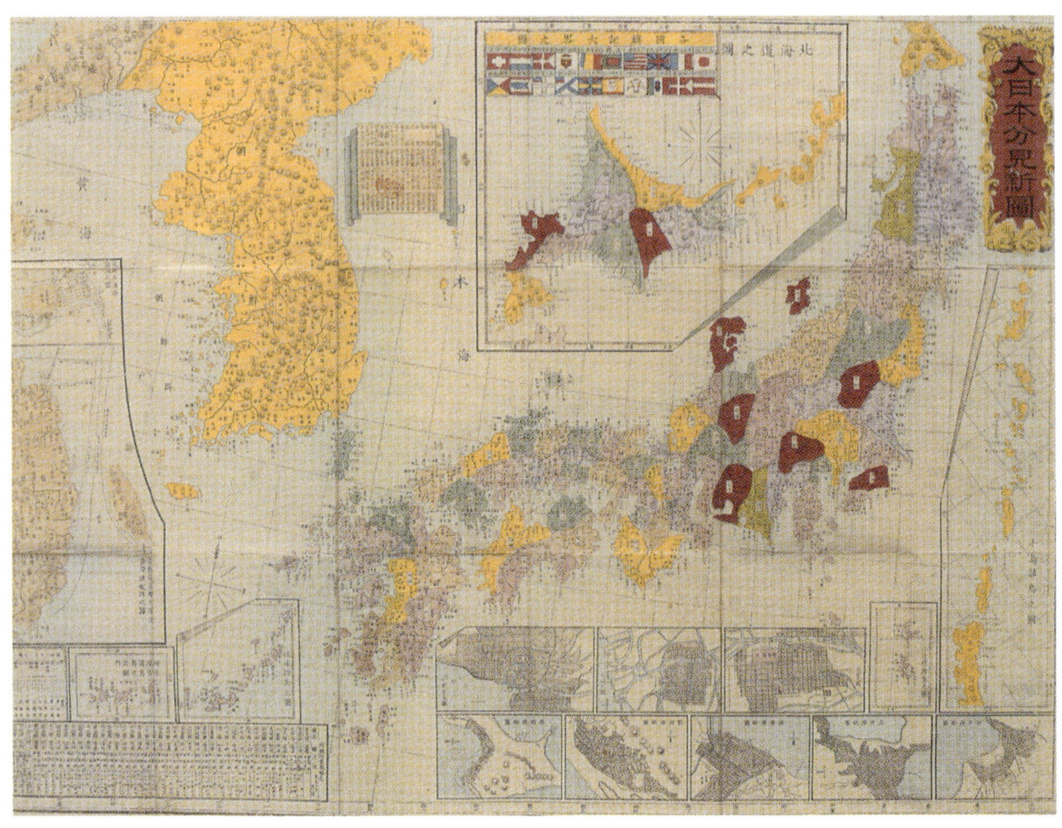

대일본분견신도(大日本分見新圖, 1878년) 일본도 좌측상단에 조선을 그려넣고, 일본과는 달리 단일색채로 표기하였다. 죽도(울릉도), 송도(독도)를 조선영토로 나타내고 있다(독도박물관 소장).

나다. 이 책의 부록인 〈삼국접양지도(三國接壤之圖)〉와 〈대일본지도(大日本地圖)〉에는 국경과 영토를 명료하게 구분해서 나타내기 위해 나라별로 색깔을 달리했는데, 조선은 황색으로 일본은 녹색으로 칠했다. 울릉도와 독도(우산도)는 정확한 위치에 그려졌으며, 모두 조선의 색깔인 황색으로 채색되어있다. 조선 영토임을 명백히 한 것이다.

또한 그렇게 해놓고서도 무엇을 염려했는지, 울릉도와 독도 두 섬 옆에다가 다시 '朝鮮ノ, 持ニ(조선의 것으로)' 라는 문자를 적어 넣었다. 울릉도와 독도가 조선 영토임을 거듭해서 강조한 것이다. 이것은 독도가 논쟁의 여지없이 조선 영토임을 증명하는 결정적 자료라고 볼 수 있다.

하야시*와 같은 시기 도쿠가와 막부의 일본 지도인 〈총회도(總繪圖)〉

역시 국경과 영토를 명백하게 구분하고 있다. 이 지도에도 울릉도와 독도를 정확한 위치에 그려 넣고 울릉도와 독도를 모두 조선을 표시하는 색깔인 황색으로 채색하였다. 이 지도에도 울릉도와 독도 옆에 문자로 '朝鮮ノ, 持=(조선의 것으로)'라고 써넣음으로써 울릉도와 독도가 조선 영토임을 거듭 명확하게 표시하였다.

1804년 일본 곤도 모리시게(近藤守重)가 그린 〈변계분계도고(邊界分界圖考)〉지도에도 울릉도와 독도가 한국령으로 표시되어 있다. 막부의 제작관리인 다까하시(高橋景保)는 서구의 지도를 참고하여 1809년에 〈일본변계략도(日本邊界略圖)〉를 세계 지도와 함께 간행하였는데, 이 지도에도 독도와 울릉도를 한국 본토에 붙여 그리고 있는 것이다.

도쿠가와 막부에 이어 메이지(明治) 정부도 조선 왕조의 독도 영유권을 지속적으로 인정하고 있다. 최고 국가기관인 태정관(太政官), 외무성, 내무성, 해군성은 우산도 또는 리앙쿠르라 불리는 독도를 조선의 부속령이라고 밝히고 있다.

흥미로운 지도는 〈시마네현 전도(島根縣全圖)〉이다. 1903년 발간된 지도에는 독도가 포함되지 않았다. 최소한 1903년까지 시마네현에서는 독도를 자신들의 영토로 생각하지 않았다는 것을 알 수 있다. 일본은 1905년 2월 22일 독도를 시마네현에 강제 편입시켰다. 그렇지만 그 이후에 제작된 시마네현 지도에서도 독도는 일본 영토로 그려져 있지 않다. 1917년, 1935년 발행된 시마네현 지도에도 독도는 없다. 이 사실은 시마네현이 독도를 강제 편입시킨 후에 실제적으로 행정 관리를 해오지 않았다는 것을 입증하는 증거가 된다. 독도에 대해 주소를 부여한 것도 1953년 6월의 일이다. 즉, 시마네현이 독도를 강제적으로 편입은 시켰지만 실효적으로 지배하지는 않았다는 것을 의미한다.

* 하야시 시헤이(林子平 · 1738~1793) : 하야시는 강호 시대 막부의 신하로 일본사와 군사지리학에 정통했다. 1786년 나가사키에서 네덜란드인 페이테를 만나 러시아의 남방정책 등에 관한 정보를 듣고 〈삼국통람도설〉, 〈해국병담〉 등을 지었다.

시마네현 지도
1903년 발간된 시마
네현 지도

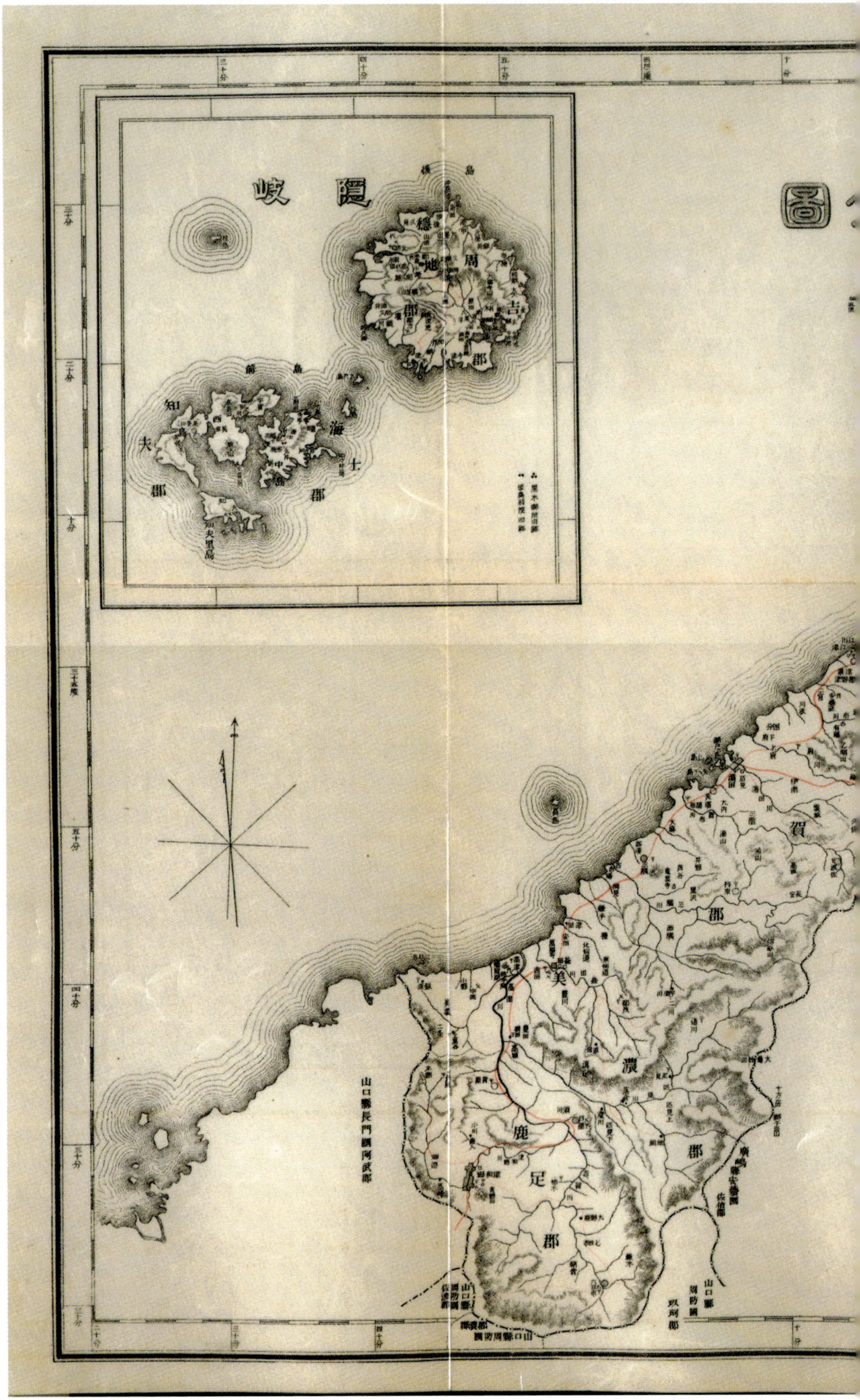

島根
島根縣備後圖幅第三
廣島縣備後圖幅之七
縮尺 三里
東郡
能義郡
大原郡
意宇郡
仁多郡
飯石郡
島根縣
川郡
安濃郡
邇摩郡
邑智郡
那賀郡
石見郡
鳥取縣
伯耆國
西伯郡
鳥取縣
伯耆國
日野郡
宍道湖
凡例
郡界
縣界
國界
山
河
川
岳
沼
郡役所
市役所
町村役場
全國
郡界
縣界
分界
裁判所
區裁判所
温泉
燈臺
寺院
神社
病院

태정관은 독도의 조선영유를 인정한 적 없다?

최고 국가기관인 태정관이 독도의 조선령을 인정

『조선국지리도(朝鮮國地理圖)』

조선국지리도(朝鮮國地理圖)
임진왜란 당시 도요토미 히데요시(豊臣秀吉)의 명령으로 구끼(九鬼) 등이 제작한 지도다. 일본에서 최초로 울릉도와 독도를 우리식 명칭으로 표기한 지도다(독도박물관 소장).

* 메이지유신(明治維新) : 일본 메이지 왕(明治王) 때 막번체제(幕藩體制)를 무너뜨리고 왕정복고를 이룩한 변혁과정. 19세기 후반의 시점에서 일본 자본주의 형성의 기점이 된 과정. 그 시기는 1853년에서 1877년 전후로 잡고 있다.

최고 국가기관인 태정관이 독도의 조선령을 인정한 후 130여 년이 흐른 지금, 일본은 지난 역사를 잊어버리고 역사 왜곡을 일삼으며 또 다시 독도가 자기 땅이라고 주장하고 있다. 그들은 '태정관은 조선의 독도영유를 인정한 적이 없다' 고 시치미를 떼는 것이다. 그들의 기억을 되살리는 입장에서 다시 한 번 당시 기록들을 들춰, 보여줄 필요가 있을 것 같다.

메이지 유신* 직후(1869년 12월) 일본 외무성과 태정관(太政官·총리대신부)은 조선 사정을 내탐하기 위하여 사타 하쿠보(佐田白芽) 등을 파견, '죽도(울릉도)와 송도(독도)가 조선부속으로 되어 있는 시말(始末)' 을 조사해 오라고 지시했다.

1876년 일본 시마네현(島根縣)은 죽도(울릉도)와 송도(독도)를 자기현(縣) 지도(地圖)와 지적조사(地籍調査)에 포함시킬 것인지에 대해 내무성(內務省)에 질의하였다. 내무성은 이에 대해 "이 문제는 이미 원록12년 (1699년)에 끝난 것으로 죽도(울릉도)와 송도(독도)는 조선영토이므로 일본은 관계가 없다”고 결론을 내리고 일본지도와 지적조사에서 빼기로 결정하였다. 내무성은 이를 태정관(太政官)에도 질의하였는데, 태정관 역시 ‘죽도 외(外) 일도(一島·독도)’는 일본과 관계가 없다는 지령문을 1870년 3월 20일 내렸다.

이에 대해 일본 측에서는 〈조선국교제시말내탐서(朝鮮國交際始末內探書)〉에 ‘죽도·송도가 조선부속으로 있게 된 시말(始末)’ 이라고 제목을 붙인 한 항이 있을 뿐, 죽도·송도가 조선부속(령)으로 된 시말(경위)은 적혀 있지 않다고 주장한다.

그러나 내무성에서 올린 보고서에 대해 태정관 우대신(右大臣)은 내무성안대로 ‘죽도 외 하나의 섬(一島)’ 는 일본과 무관하다고 지시했다. 송도(독도) 또한 일본과 관계가 없다고 지시한 것은 부인하기 힘든 사실이다.

19세기 후반이 되면서 일본인들은 울릉도에 불법침입, 삼림벌채를 자행했다. 대한제국 정부는 1900년 10월 25일 칙령 제41호를 발표한다. 이 칙령의 제2조는 울도군수의 관할구역을 ‘울릉 전도(全島)와 죽도(竹島), 석도(石島)를 관할할 사’ 라고 했다. 여기서 죽도는 울릉도 바

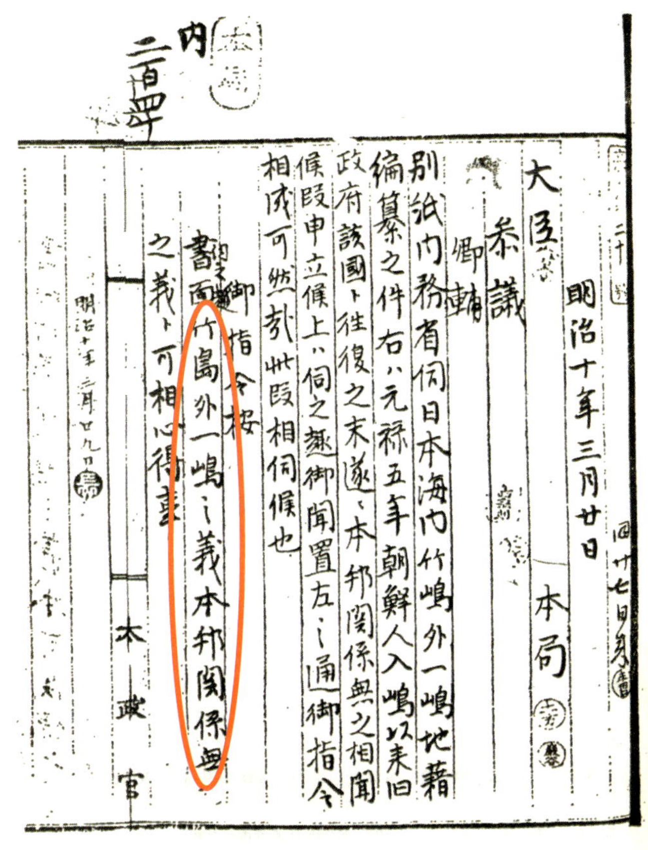

태정관 공문서 일본 국가최고 기관인 태정관이 1877년 울릉도와 그 외 1도(독도)가 조선영토라고 판단하고, ‘울릉도와 독도는 일본과 관계 없는 곳’ 이므로 일본 지적에 포함시키지 말라는 결정을 내려 내무성에 보낸 공문서(일본 국립공문서관 소장)

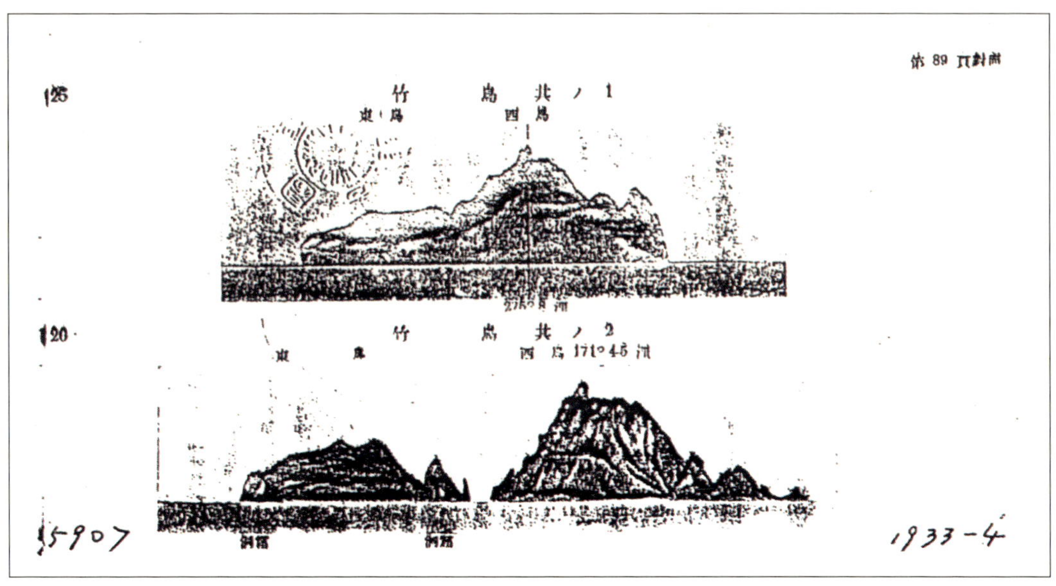

조선연안수로지 제1권(1933년)에 있는 독도 모습(한수당 연구자료집)

로 옆의 바위섬 죽서도(竹嶼島)를 가리키고, 석도(石島)는 독도를 가리키는 것이다. (당시 울릉도 주민 사이에서는 석도(石島)와 독도(獨島)가 같이 쓰이고 있었다.)

하지만 일본은 여기의 석도가 울릉도 옆의 죽서도나 주변에 있는 암초들을 가리킨다고 주장한다. 울릉도 해안 가까이에는 죽서도, 관음도 등을 비롯해 몇 개의 암초들이 있는데, 칙령의 석도(石島)가 바로 그러한 암초들을 말한다는 것이다.

서양지도에 기록된 독도

'Tchian-chan-tao'는 천산도(千山島)를 중국식으로 발음한 것을 로마자로 표기한 것이다

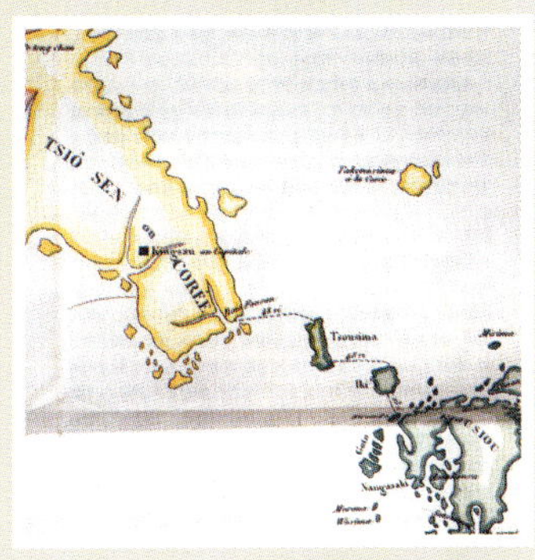

『클라프로트의 삼국총도(三國總圖)』

서양지도 가운데 울릉도와 독도가 명확하게 표기되어 있는 것은 당빌 (D'Anville)의 〈조선왕국전도〉가 최초라고 알려져 있다. 1737년 제작 된 이 지도는 동해 북위 37°가까운 곳에 두 섬이 그려져 있고, 울릉도 를 'Fan-ling-tao'로, 독도를 'Tchian-chan-tao'로 표기하고 있다. 'Tchian-chan-tao'는 우산도의 '우(于)'자를 '천(千)'자로 잘못 보고 기록한데서 오는 표기였다. 'Tchian-chan-tao'는 천산도(千山島)를 중 국식으로 발음한 것을 로마자로 표기한 것이다.

그러나 최근 이 지도보다 111년이나 앞서 독도를 우리 땅으로 표기했 던 지도가 세상에 알려졌다. 2005년 4월 20일 고구려연구재단은 "1594 년에 중국인 왕반(王泮)이 초판 제작한 '왕반지여지도(王泮只輿地 圖)'에 독도가 조선 땅이라는 사실이 뚜렷이 나타나 있다"며 지도를 공개했다.

이 지도는 1994년 중국 정부가 국책사업으로 만든 지도 서적인 '중국

클라프로트의 삼국총도(三國總 圖) 하야시의 삼국통람도설을 번역한 클라프로트는 그 책안 에 부록 지도첩으로 삼국총도 와 조선팔도지도를 첨가했다. 독도가 한국영토임을 문자로 명기하고 있다.

당빌의 조선왕국 전도 프랑스 지리학자 당빌이 1737년에 발간한 〈신 중국 지도첩〉안에 있는 우리나라 지도로서 갓 쓰고 인삼을 들고 있는 사람의 형상이 그려져 있다.

고대지도집'에 수록돼 있으며, 1594년에 처음 제작된 이후 1603~1626년 사이에 증본됐고 이번 자료는 증본된 것으로 추정된다고 밝혔다. 이 지도에는 독도를 가리키는 우산도의 '우(于)'를 '정(丁)'으로 잘못 읽어 '정산도(丁山島)'로 표기돼 있다.

서양인들 중 독도를 제일 먼저 발견한 선박은 앞서 말했다시피 프랑스의 고래잡이 배 리앙쿠르호(Liancourt)다. 그래서 서양에서는 이 배의 이름을 딴 '리앙쿠르'란 명칭이 널리 사용되고 있다.

하지만 얼마 전엔 리앙쿠르호보다 9개월 앞서 독도를 발견한 배가 있었다는 사실도 새롭게 밝혀졌다. 1848년 4월 17일 미국의 포경선 체로키(Cherokee)호가 독도를 최초로 발견하였다는 사실이 독도박물관 설립자 이종학 선생에 의해 새롭게 밝혀진 것이다.

체로키(Cherokee)호 선장 제이콥 L.클리브랜드의 항해일지(4월 16일자) 종반(終盤)에는 'two small islands'를 보았다는 기록이 있다. 두 개의 작은 섬, 그것은 바로 독도다. 체로키호는 4월 17일 오전 4시에서 12시 사이에 독도를 발견하였으며, 이는 독도 발견에 관한 서양 최초의 기록이 된다.

1854년 4월에는 러시아 군함 올리우차호가 독도를 목격하고, 섬 이름을 올리우차로 짓고 섬을 묘사한 그림 3점을 그렸다. 이 그림은 나중에 러시아 해군이 펴낸 조선 동해안도에 포함되었다. 그 다음해에는 영국 군함 호넷호가 군함 이름을 따 호넷섬이라 이름 붙였다.

어쨌든 서양의 지도 제작자들은 프랑스가 제일 먼저 독도를 발견했다는 사실을 인정, 리앙쿠르섬이란 명칭을 애용했으며 특히 한·일간의 영유권 분쟁이 일면서 서양인들은 중립적이라 생각하는 리앙쿠르라는 명칭을 더욱 선호하게 되었다.

다시 지도 이야기로 돌아가서, 프랑스 리옹3대학 이진명 교수에 따르면 1850년부터 간행한 각종 서양해도와 수로지는 울릉도와 독도를 한 묶음으로 표시하고 있었다고 한다. 독도를 울릉도의 부속도서로 인식하고 있었던 것이다. 이는 역사적으로 독도가 분명히 조선 땅임을 알려주는 증거라는 것이 이 교수의 설명이다.

그런데 프랑스 해군 수로지는 1850년부터 1855년까지 독도를 울릉도와 함께 한국의 동해에 분류했음에도 불구하고 1855~1871년에는 독도를 울릉도에 소속시키면서 동시에 일본의 오끼(隱岐)섬의 부속도서에 집어넣었다. 그러다가 1871년 개정판부터는 독도를 울릉도에서 분리시켜 일본의 오끼섬과 함께 분류했다.

이 점에서는 영국도 마찬가지. 영국 해군 수로지는 1858년~1913년에 독도를 울릉도에 딸린 섬으로 표기했으나 1913~1982년에는 독도를 울

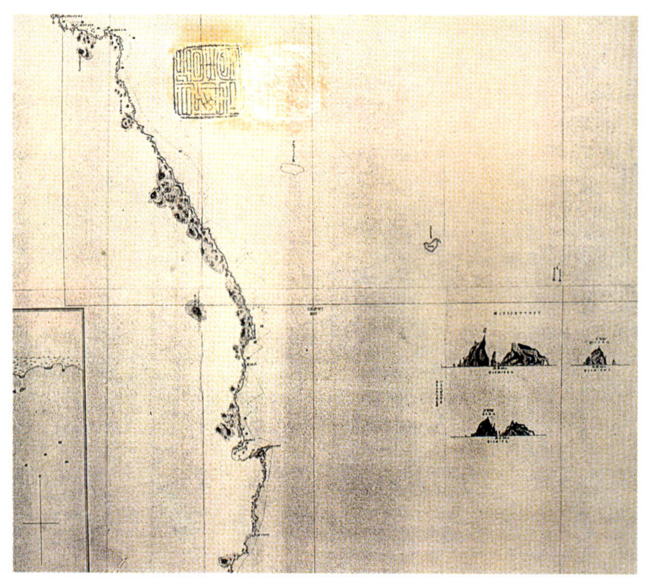

조선동해안도(1876년) 러시아 함대 파라다호가 작성한 지도를 1876년 일본해군성에서 작전용으로 재발행한 것이다. 한반도 동부 해안의 포구와 해안선, 울릉도와 독도 등 부속도서가 상세히 그려져 있으며, 독도의 경우 거리와 방향에서 바라 본 모습을 그림으로 나타냈다(독도박물관 소장).

릉도와 오끼섬에 이중으로 넣었다. 그리고 1983년부터는 아예 독도를 오끼 쪽에 부속된 것으로 기록했다. 미국 해군은 일관되게 독도를 한국 영토로 인정하고 있으며 다만 명칭은 독도(Tok Do) 대신에 리앙쿠르로 적고 있다.

해군의 수로지는 그 나라의 공식문서 취급을 받는다는 점에서 그 나라의 공식적 입장을 반영하는 것으로 받아들여진다. 때문에 해군수로지에 독도가 어떻게 기록되느냐는 매우 중요한데, 이처럼 점차 일본 쪽으로 기울어지고 있는 것이 현실이다.

그래서 이진명 교수는 국제지도에서 독도의 위치가 위태롭다고 설명한다.

'현재 서양지도에는 대부분 독도가 다케시마라는 일본명으로 게재돼 있다. 이것은 일본과 한국간의 국력 차이를 반영하는 것이기도 하지만, 한국 쪽의 국제적 노력 부족 때문이기도 하다. 독도만이 아니다. 대한해협의 경우 아직은 서양지도에 대한해협으로 표기되어 있기는 하지만, 어떤 지도에는 쓰시마해협으로 표기된 경우도 있다. 자칫 마음을 놓고 있다가는 독도는 물론이고 대한해협도 어느 샌가 쓰시마해협으로 바뀌게 될지도 모른다.'

일본의 독도최초기록

독도에 관한 일본의 기록들 가운데 최초의 것은 1667년에 편찬된 〈은주시청합기(隱州視廳合紀)〉이다

『삼형제굴 바위』

독도에 관한 일본의 기록들 가운데 최초의 것은 1667년에 편찬된 〈은주시청합기(隱州視廳合紀)〉이다. 이 책은 이즈모슈(出雲州)의 관리 사이토호센이 상관의 명령을 받고 1667년 가을에 오키시마를 순시한 뒤 자신이 보고 들은 것을 종합해서 〈은주시청합기〉라는 이름으로 올린 보고서이다.

그런데 이 책에는 일본의 서북 경계에 관한 언급이 있다. 원문은 다음과 같다.

隱州在北海中 故云隱岐島 女安倭訓海中
言遠故名與 南方至雲州美穗關[....]
戌垓間行二日一夜有松島 又一日程有竹島
此二島 無人之地 見高麗 如自雲州望隱州
然則 日本之乾地以此州爲限矣

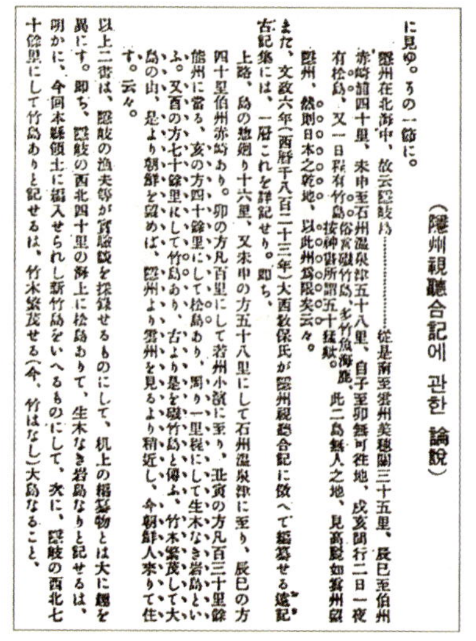

（隱州視聽合記に關する　論說）

に見ゆ。ろの一節に。

隱州在北海中、故云隱岐島……從是而至雲州美穗關三十五里、辰巳至伯州赤崎浦四十里。来申至石州溫泉郡五十八里、自子至卯無可往地、戌亥間行二日一夜有松島、又一日程有竹島。俗言磯竹島、多竹魚海鹿。按神書所謂五十猛歟。此二島無人之地、見高麗如雲州望隱州、然則日本之乾地、以此州爲限矣云々。

また、文政六年（西暦千八百二十三年）大西敎保氏が隱州視聽合記に倣へて編纂せる遠記右記集には、一層これを詳記せり。即ち、

上略、島の惣廻り十六里、又来申の方五十八里にして石州溫泉郡に至り、辰巳の方四十里伯州赤崎あり。卯の方凡百里にして若州小濱に至り、北寅の方凡百三十里餘熊州に當る、亥の方四十餘里にして桧島あり。周り一里程にして生木なき岩島といふ。又百の方七十餘里にして竹島あり、古より是を磯竹島と傳ふ、竹木繁茂して大島の山、是より朝鮮を眺めば、隱州より雲州を見るより精近し、今朝鮮人来りて住す。云々。

以上二書は、隱岐の漁夫等が貿駿盤を採錄せるものにして、机上の搞纂物とは大に趣を異にす。即ち、隱岐の西北四十里の海上に松島ありて、生木なき岩島なりと記せるは、明かに、今岡本縣領土に編入せられし新竹島をいへるものにして、次に、隱岐の西北七十餘里にして竹島ありと記せるは、竹木繁茂せる（今、竹はなし）大島なること、

은주시청합기 이 기록은 단순한 견문기이다.

이것을 신용하 교수는 아래와 같이 풀이한다. 참고로 여기에는 두 개의 섬이 나오는데, 하나는 마쓰시마(松島)이고, 다른 하나가 다케시마(竹島)이다. 당시 일본은 독도를 송도라고 불렀고 울릉도를 죽도라고 불렀다.

"은주는 북해 가운데 있다. 그러므로 은기도(오끼 섬)라고 말한다. […] 술해 사이에 두 낮 한 밤을 가면 송도가 있다. 또 한 낮 거리에 죽도가 있다. 이 두 개의 섬들은 무인도인데, 이 두 개의 섬들로부터 고려를 보는 것이 마치 운주(이즈모슈)에서 은기를 보는 것과 같다. 그러므로 일본의 서북 경계는 은주로써 끝을 삼는다."

이 글에 따르면 일본의 서북 경계는 은주라고 했다. 따라서 서북 경계 너머에 있는 두 개의 섬 다케시마와 마쓰시마, 곧 울릉도와 독도는 일본의 영토가 아님을 인정한 셈이 된다. 독도에 관한 최초의 일본기록이 독도를 조선의 영토로 인정한 것이다.

하지만 일본은 우리와는 다르게 읽는다. 그들은 '이 두 개의 섬들로부터'라는 부분을 '앞에서 말한 이 두 개의 섬들로써'라고 읽어 '이 두 개의 섬들로써 일본의 서북부의 한계로 삼는다'고 해석하는 것이다. 과연 어느 쪽의 해석이 옳을까?

일본의 주장이 옳다고 하더라도 문제는 여전히 남는다. 일본의 주장대로라면 울릉도까지 자신들의 영토가 되어야 하기 때문이다.

신용하 교수는 "이 자료는 독도가 한국영토라는 것에 대한 명확한 증명이다. 그러므로 이것은 오늘날 일본 정부가 일본의 서북쪽 국경을 울릉도와 독도 사이에 설정하려는 것 또한 얼마나 황당무계한 억지인지를 입증하는 자료가 된다"고 밝힌다.

시마네현(島根縣) 고시 40호는 불법

주인이 없는 독도를 자신들이 먼저 차지했다는 것이다

『독도의 밤하늘』

일본 측이 전가의 보도처럼 휘두르는 것이 무주지 선점론(無主地先占論)이다. 주인이 없는 독도를 자신들이 먼저 차지했다는 것이다. 일본은 시마네현(島根縣)에 거주하는 나카이 요사부로(中井養三郎)란 어업가가 독도를 영토로 편입하여 빌려주길 바란다는 청원(請願)을 받아들여 독도를 편입했다고 주장한다.

일본 정부는 시마네현(島根縣)의 의견을 들은 다음, 1905년 1월 28일 내무대신의 청의(請議)에 의해 죽도의 영토편입을 각의에서 결정했다. 따라서 시마네현 지사는 1905년 2월 22일 시마네현 고시*(島根縣告示) 제40호로 '독도를 오끼도사(隱岐島司)의 소속(所管)'으로 정한다고 고시했다.

시마네현 고시 40호는 일본의 논리를 뒷받침 해주는 가장 중요한 문건이다. 시마네현(島根縣) 고시 40호의 내용은 다음과 같다.

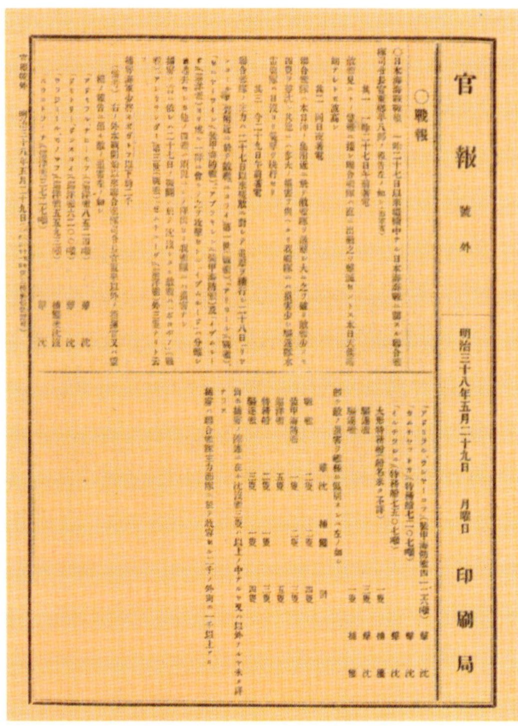

시마네현(島根縣) 고시 40호
시마네현 지사(島根縣 知事)는 1905년 2월 22일 시마네현고시(島根縣告示) 제40호로 '독도를 오끼도사(隱岐島司)의 소속(所管)'으로 정한다고 고시했대(독도박물관 소장).

"북위 37도 9분 30초 동경 131도 55분. 오끼도와의 거리는 서북 85리에 달하는 도서를 죽도(竹島·다케시마)라 칭하고, 지금부터 본현 소속 오끼도사(隱岐島司)의 소관으로 정한다."

이 같은 일본의 독도 강탈은 러일전쟁이 끝난 뒤인 1906년 음력 3월 5일에야 대한제국에 알려졌다. 일본은 무주지 선점론에 입각하여 독도강탈이 국제법적으로 정당하다는 중요한 증거로 이 고시를 제시하고 있다.

그렇다면 이 고시의 법적효력은 어떤가?

이 고시가 정당성을 갖기 위해서는 먼저 독도가 주인이 없는 섬이어야 한다. 그래야 무주지 선점론에 해당된다. 그렇지만 독도는 주인 없는 땅이 아니었다. 1900년 대한제국 칙령 41호로 울릉도에 군수를 파견할 때, 이미 석도(당시에는 독도를 돌섬이라 불렀다)라는 이름으로 그 관할 구역에 명시되어 있었다.

독도는 신라 지증왕 13년(서기 512년) 우산국이 신라에 통일된 이래 지금까지 한국영토로 존속해왔다. 그 동안 한국의 자료뿐만 아니라 심지어 일본정부 공문서들 속에서도 독도는 한국의 섬이라는 사실을 발견할 수 있다. 그렇기 때문에 무주지 선점론에 의거하여 독도를 일본영토에 편입한다는 1905년 1월 28일의 일본 내각회의 결정은 불법이며, 국제법상 성립되지 않는다.

회람에 불과한 고시

만약 독도가 고유의 영토였다면 왜 영토편입조치가 필요했는가?

『어민 숙소 불빛』

시마네현(島根縣) 고시 40호에 의한 독도영토편입에 대해 한국 측은 "만약 독도가 고유의 영토였다면 왜 영토편입조치가 필요했는가?"라고 의문을 제기한다. 편입조치를 취했다는 것은 오히려 독도가 일본의 행정관할에 속하지 않았음을 반증하는 것이라는 말이다.

이에 대해 일본은 처음에는 주인 없는 땅을 먼저 점령했다는 논리로 맞섰다. 하지만 1905년 1월 이전에 독도가 무주지가 아니라 한국 영토라는 사실이 많은 증거자료에 의해 실증되자 또 다른 주장을 펴고 있다. 이번에는 독도가 역사적으로 일본 영토라고 주장하고 나오는 것이다. 즉 역사적으로 고유의 영토였던 것을 근대 국제법상의 형식에 맞추어 공시했다는 것이다. 각의결정을 거쳐 부현(府縣)이 고시하는 것은 적법한 편입조치였다고 한다.

이에 대해 신용하 교수는 "일본 정부의 주장대로 독도가 일본의 고유 영토라면, 일본정부는 1905년 1월에 와서야 그 이전에는 독도가 무주지였고 다른 나라 사람들이 이를 점유한 흔적이 없기 때문에 새삼스럽게 일본에 영토편입한다고 내각회의 결정을 할 필요가 없는 것"이라고 밝힌다.

선점(先占)을 했다는 주장도 마찬가지다. 주인 없는 땅을 편입한다는 사실은 국내외에 공표하게 되어 있다. 일본은 그런 절차를 편법으로 처리하였다. 편입사실도 철저히 비밀로 했다.

일본은 도서(島嶼)의 경우 자국의 영토로 편입할 때 각의(閣議)를 거쳐 해당 관공서와 신문에 고시해 왔다. 그런데 유독 독도의 경우(시마네현 고시 40호)는 당시 일본의 104개 신문 중 어디에도 고시되지 않았다. 또한 일본의 관보(官報) 조차도 1905년 6월 5일에 이르러서야 고시에 명시된 다케시마(竹島)라는 이름을 사용하기 시작했다.

島根縣告示第四十號

北緯三十七度九分三十秒東經百三十一度五十五分隱岐島ヲ距ル西北八十五浬ニ在ル島嶼ヲ竹島ト稱シ自今本縣所屬隱岐島司ノ所管ト定メラル

明治三十八年二月二十二日

島根縣知事松永武吉

독도박물관 이종학 선생이 찾아낸 이 고시의 원본은 시마네현청에 단 1장 보관되어 있다. 이 문건은 1905년 2월 22일 당시 시마네 현에서 발간됐던 '시마네현령(島根縣令)'이나 '시마네현 훈령(島根縣訓令)' 어디에도 수록돼 있지 않다. 더구나 이 문건에는 회람(回覽)이라는 도장(朱印)이 선명하게 찍혀 있다.

즉 시마네현 고시 40호는 일반에게 널리 알려진 고시가 아니라 관계자 몇몇이 돌려본 '회람(回覽)'에 불과하였던 것이다. 이 같은 사실을 통해 일본의 독도 영토 편입은 극비리에 불법적으로 진행되었던 침탈이었다는 것을 알 수 있다.

왜 그때는 항의하지 않았나?

일본 측은 독도의 일본 영토편입 후 1906년 3월 신서(神西)를 울릉도에 파견했다

심흥택 군수는 1906년 일본 조사단 방문에 울릉도와 독도의 영유권을 분명히 했다. 기념 사진을 찍자 대형 태극기를 내세워 놓고 있다.

일본 측은 독도의 일본 영토편입 후 1906년 3월 시마네현(島根縣) 제3부장 신서(神西)를 울릉도에 파견했다. 죽도(독도)조사 후 울릉도에 들린 신서는 심흥택 군수에게 죽도가 일본에 편입되었다고 알렸다. 대한제국 정부는 다시 조사하도록 지령을 내렸을 뿐 일본정부에 항의하지 못했다. 일본은 이것을 트집 잡고 있다.

만약 조선 땅이 분명하다면 대한제국 조정은 일본의 독도영토편입에 대해 강력하게 항의해야 하고 국제적으로도 영토편입의 부당성을 알려야 했는데 대한제국은 그렇지 않았다는 것이다. 대한제국이 입을 닫고 있었던 것으로 볼 때도 독도가 일본영토임이 분명하다는 논리다.

하지만 당시 대한제국 정부는 외교권을 강탈당하고 일제(日帝) 통감부[*] 지배아래 있었다. 일본 정부가 '1905년 당시 왜 항의 문서를 발송하지 않았는가'를 묻는 것은 타당하지 않다.

그렇다고 해서 대한제국 정부가 보고만 있었던 것은 아니다. 대한제국

* 통감부(統監府) : 1906년(광무 10) 2월부터 10년(융희 4) 8월까지 일제가 한국을 병탄할 목적으로 서울에 설치한 기관이다. 1906년 3월 2일에는 초대통감 이토 히로부미(伊藤博文)가 정식으로 취임, 통감부 정치가 본격적으로 시작되었다.

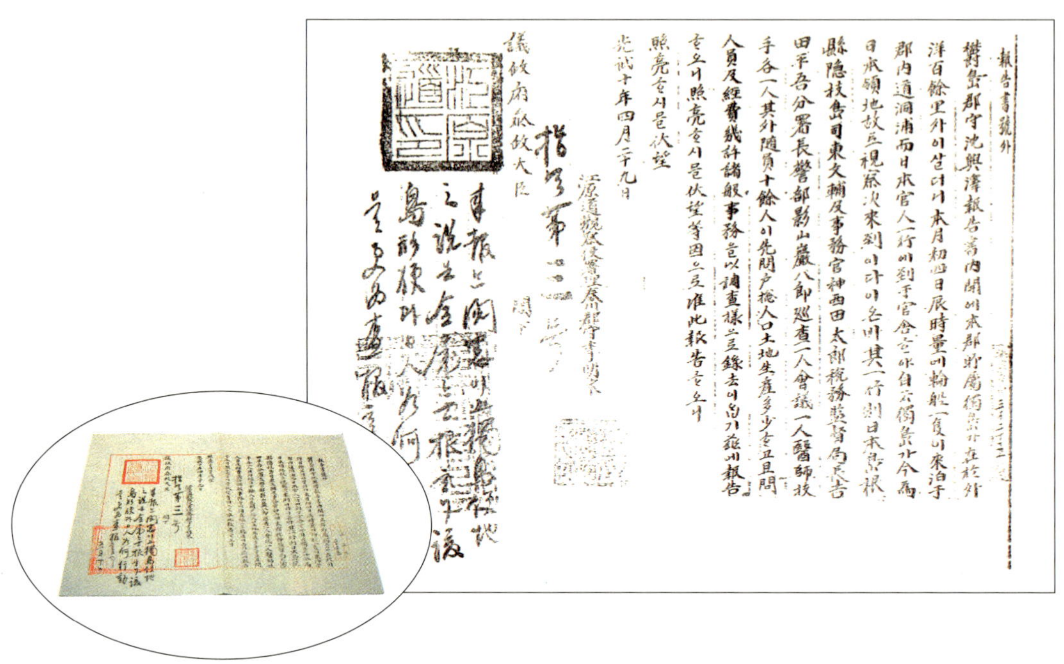

이명래 보고서 강원도관찰사 서리 이명래가 울도군수 심흥택의 보고서를 전재하여 참정대신에게 보낸 보고서(독도박물관 소장)

정부는 문서들을 통해 독도가 우리의 영토임을 분명히 했다. 1906년 3월 28일 시마네현(島根縣)의 독도 편입사실을 접한 울릉도 심흥택 군수는 1906년 3월 29일 "본군 소속(本郡所屬) 독도가 일본에 영토편입되었다는 말을 들었다"고 강원도 관찰사를 경유하여 내부에 보고했다. 내부대신은 '독도를 일본 속지(屬地)라고 말한 것은 전혀 이치가 없는 것이며 아연 실색할 일' 이라고 경악했다. 참정대신은 1906년 4월 29일 지령 제3호에서 '독도가 일본인의 영토라는 것은 전혀 근거 없는 것이며, 독도의 형편과 일본인들이 어떠한 행동을 하고 있는지 다시 조사하여 보고하라' 고 지시했다. 이 같은 문서들을 통해 당시 정부가 독도의 우리 영토임을 분명히 했음을 알 수 있다.

일본의 영웅, 강치 도살자 나카이

독도에 그 많던 강치는 어디로 갔을까?

『강치』

독도에 그 많던 강치는 어디로 갔을까? 1980년대 소련에서 열린 세계 자연보호 국제회의에서 한국은 독도 강치 학살 누명을 뒤집어 써야 했다. 일본 측 대표는 "세계적으로 희귀한 독도의 강치를 한국 측 경비대원이 모조리 잡아 멸종상태에 놓였다"고 공격했던 것이다. 사연을 몰랐던 한국 측 학자들은 아무런 반박도 할 수 없었다. 어처구니없는 모함이 아닐 수 없었다. 독도의 강치 멸종은 바로 일본인들이 저지른 일이었기 때문이다.

독도 강치 사냥의 역사는 일본의 독도 강탈과 맞물려 있다. 일본정부는 독도의 강치잡이 어업권을 독점하기 위해 교섭을 벌이던 나카이 요사부로(中井養三郎)의 청원서를 이용, 1905년 시마네현 고시로 독도를 자신들의 영토로 편입시켰다. 불법적으로 편입한 독도의 어업권은 당연히 나카이에게로 돌아갔다.

본래 강치 사냥꾼이었던 나카이는 1890년부터 외국 영해에 나가 잠수기 어업에 종사한 기업적인 어업가였다. 1891~1892년에는 러시아령 부근에서 잠수기를 사용한 강치잡이에 종사했고, 1893년에는 조선의 경상도·전라도 연안에서 물개잡이에 열을 올렸다.

나카이는 1903년 독도에서 강치잡이를 해서 엄청난 이익을 챙겼다. 그리고 아예 독도 어업권을 독점하고자 했다. 그는 일본 정부의 알선을 받아 대한제국 정부로부터 독도 어업권을 청원했다. 그 역시 독도가 조선의 영토임을 알고 있었던 것이다.

그런데 일본 해군성 수로국장(해군 제독) 간부(肝付)는 "독도는 주인이 없는 땅이다. 어업 독점권을 얻으려면 한국정부에 대하원(貸下願)을 신청할 것이 아니라 일본정부에 독도 영토편입 및 대하원을 제출하라"고 독려했다.

강치와 가제바위

이렇게 해서 1904년 9월 29일 나카이는 독도를 일본 영토로 편입해서 자기에게 대부해 달라는 '리앙코(리앙쿠르 · 독도) 영토편입 및 대하원'을 일본정부의 내무성 · 외무성 · 농상무성에 제출했다. 이렇게 해서 시마네현 고시 제40호가 등장하게 된 것이며, 일본은 나카이의 문서를 근거로 독도를 불법적으로 강탈하게 된다.

정부와 함께 남의 나라 영토를 강탈한 나카이는 자신이 원하던 독도의 어업권을 독점하고 무자비한 강치 살육전을 전개한다. 그의 강치 살육은 앞뒤를 가리지 않았다. 암컷은 그물로 잡고, 큰 것은 총으로 잡았다. 젖을 먹는 새끼는 몽둥이로 때려 죽였다. 나카이는 '움직이는 것은 그저 죽인다. 돈이 되는 것은 살려둬서는 안된다'는 신조로 독도를 강치 도살장으로 만들었다. 나라 잃은 백성의 고통을 독도의 강치들이 먼저 겪었던 것이다.

나카이는 이렇게 잡은 강치의 가죽을 벗기고 고기는 그대로 바다에 버렸다. 1904년 한 해에만 몸길이 2.5m의 강치가 2,750마리나 도살되었다. 그 고기와 뼈는 어림잡아도 381톤으로 추정된다. 강치 사체가 썩은 냄새는 북동풍을 타고 울릉도에까지 날아올 정도였다고 한다. 썩은 고기는 바다에 떠서 수십km까지 떠돌아 바다를 온통 황색으로 물들였다. 일본 정부조차 나카이에게 경고를 내릴 정도였다.

그런데 부끄럽지만 독도 강치 멸종의 책임은 나카이에게만 있는 것은 아니었다. 해구신을 얻고자 하는 대한민국 자유당 권력자들의 빗나간 정력욕도 무시할 수 없는 역할을 했기 때문이다. 해양 전문가들은 독도의 강치들이 러시아 쿠릴열도로 떠났다고 추정하고 있다.

日, 독도 이용으로 러일전쟁 승리

일본이 독도를 욕심내는 이유는 뭘까?

『러시아 발틱함대』

일본이 독도를 욕심내는 이유는 뭘까? 군사전략적 가치도 무시 못할 이유 가운데 하나로 꼽힌다. 우리 정부에서도 독도의 전략적 가치에 눈을 떠 1993년 레이더 기지를 건설했다. 그런데 일본은 이미 100년 전에 독도에 망루를 설치하여 러시아 발틱함대*와의 전쟁을 준비했다.

1904년 일본은 인천항과 여순항에 정박하고 있던 러시아 군함 4척을 선제 기습 공격하여 격침시켰다. 러일 전쟁은 이렇게 시작되었다. 러시아도 당하고만 있지 않았다. 블라디보스토크 함대는 1904년 6월 15일 대한해협에서 일본 군함 두 척을 격침, 동해를 장악했다. 위기를 느낀 일본 해군은 대대적인 반격을 준비했다. 모든 군함에 무선전신을 설치하고, 러시아 함대의 동태를 감시하기 위하여 울진군 죽변(竹邊)을 비롯하여 20개 장소에 해군 망루(望樓) 감시탑을 설치했다. 그 가운데 2개는 울릉도, 1개는 독도에 세우는 계획이 추진되었다.

한낱 바위섬에 불과하던 독도가 러일 전쟁을 계기로 군사상 전략지점으로 떠오른 것이다.

독도에 해군 망루를 설치하려는 공작은 일본 해군성과 외무성을 중심으로 전개되었다. 강치 사냥꾼 나카이에게 독도에서의 어업을 허락한 일본은 이를 빌미로 독도를 불법 점령하고, 망루 공사를 서둘렀다. 그런데 거센 해풍과 거친 날씨 때문에 공사는 미루어졌다. 그러던 중 러시아 발틱함대가 동해에 도착하자 1905년 5월27일 동해에서 해전을 치러 승리했다. 그러나 러시아는 여전히 막강한 군사력을 보유하고 있었다. 일본은 언제 다시 일전을 치러야할지 알 수 없는 상황이었다. 일본 해군성은 1905년 7월 25일 독도 망루 공사를 시작, 같은 해 8월 19일 준공하여 업무를 개시했다. 독도 망루에 배치된 인원은 요원 4명과 고용인 2명 등 모두 6명이었다.

야스쿠니 신사에 전시된 함포 (위)

장갑선 안에 장치된 일본의 함포(아래)   1904년 당시 일본군이 이 정도의 무기를 장비하고 있었다는 것은 놀라운 일이 아닐 수 없다(르 프티 주르날 1904년 3월 13일).

놀랄만한 사실은 일본 해군이 이 당시에 벌써 독도-울릉도 해저전선을 부설했으며, 독도-일본 송강(松江) 사이의 해저전선을 1905년 11월 9일 설치 완료했다는 점이다. 그 결과 일본 해군은 한국 동해안 죽변(竹邊)-울릉도-독도-일본 이즈모(出雲) 송강(松江)을 연결하는 해저통신망과 해상 감시 망루를 갖게 된 것이다.

독도의용수비대가 1953년 독도에 들어갔을 때 동도의 정상에는 일본 해군이 설치한 망루의 흔적이 있었다고 한다. 약 20여 평 가량 평평하게 다져놓은 땅도 발견되었다. 독도의용수비대는 이 자리에 막사를 짓고 독도방위에 나섰다. 현재의 독도경비대 숙소가 있는 곳이 바로 그곳이다. 일본이 다져놓은 땅에서 일본을 방어하고 있다는 것은 역사의 아이러니가 아닐 수 없다.

김정명 作

발틱함대를 궤멸시킨 이순신 장군의 학익진

해전 사상 그토록 완승을 기록한 전투는 찾아보기 힘들다.

『한산도대첩』

강철 군함을 가지고 사상 최초로 벌인 대규모 함대 전투는 바로 동해 바다에서 러시아와 일본이 벌인 러일해전(海戰)이다. 이 해전은 전쟁의 대세를 결정지었고, 함포와 어뢰 등 해상 무기의 성능 면에서 기술적 혁신을 촉진하는 계기가 된 전투로 평가받는다.

1905년 5월 27일~28일 일본 연합함대와 러시아 발틱함대가 일전을 겨룬 이 해전에서 일본이 승리, 세계를 깜짝 놀라게 했다. 무적의 발틱함대 38척 가운데 블라디보스토크*로 달아난 것은 겨우 순양함 1척과 구축함 2척 뿐이었다. 연합함대가 격침시킨 군함은 모두 21척. 장병 5,000명이 전사하고 6,106명이 포로가 되었다. 일본 연합함대는 어뢰정 3척을 잃고 사상자 700명을 내는데 그쳤다.

해전 사상 그토록 완승을 기록한 전투는 찾아보기 힘들다. 연합함대를 지휘한 도고 헤이하치로(東鄕平八郎·1846~1934) 해군 총사령관은 군신(軍神)으로 추앙 받는다. 그는 1903년 10월부터 연합함대 지휘권을

* 블라디보스토크(Vladivostok) : 러시아 연해주(沿海州)지방에 있는 항만도시로 인구는 61만 여명(1999)이다. 블라디보스토크란 '동방을 지배하라'라는 뜻이다. 동해 연안의 최대 항구도시 겸 군항으로 소련 극동함대의 근거지였다.

장악하고 있었는데, 그를 아는 사람들은 '악운에 강한 사나이' 라는 평을 했다고 한다.

도고는 몸집이 장대하지는 않았으나 말수가 적고 차분하며, 대담한 성품을 지니고 있었다. 그는 예하 지휘관의 권한과 재량을 존중했지만 훈련에 있어서는 철저했다. 특히 함포의 사격 기량을 높이는데 중점을 두고 함대를 지휘했다. 임진왜란의 영웅 이순신의 전법을 그대로 모방한 것이다.

러일전쟁을 승리로 이끈 도고 제독은 '정(丁)자 전법' 을 사용했다. 그런데 이것은 한산대첩의 이순신 병법에서 배워간 것이다. 일본 와키자카기(脇坂記)에 '초승달모양으로 둘러쌌다' 고 기록하고 있는 이순신의 전법! 바로 학익진이다. 이순신 병법은 메이지시대 일본 해군 창설과 함께 일본에서 활발하게 연구된 바 있다.

도고 제독은 스스로를 이순신의 제자라 칭하며 이렇게 말했다.

야스쿠니신사 도고 전시관
일본 야스쿠니신사에 전시되어 있는 도고 제독의 유물

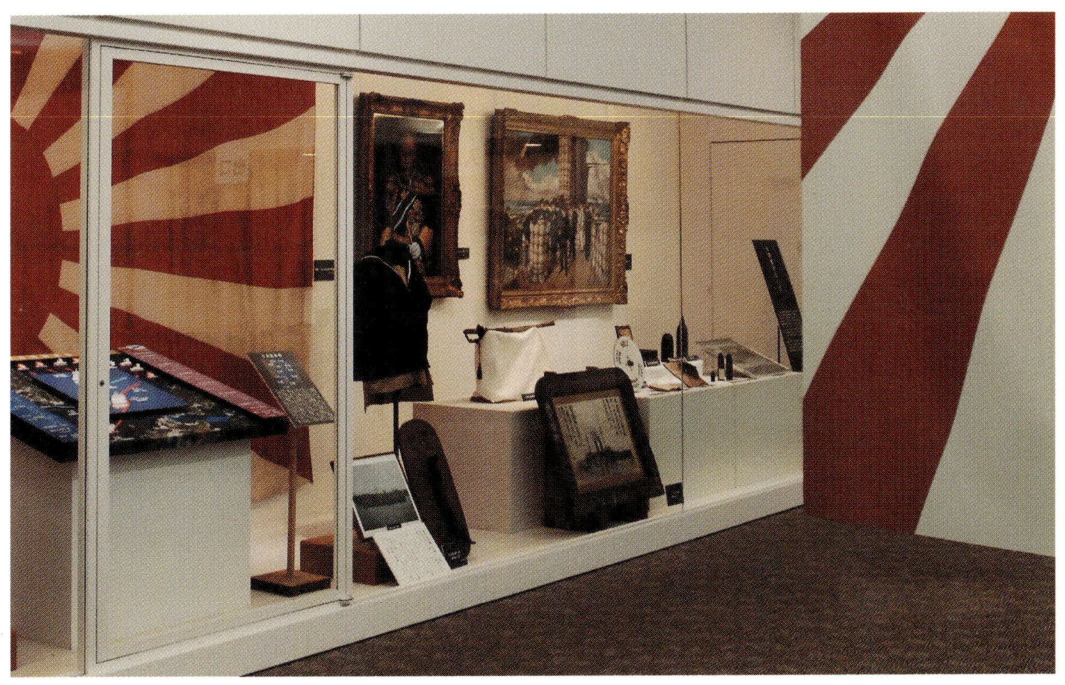

도고제독

"넬슨 제독에 비하는 것은 달게 받을 수 있으나 조선의 이순신 장군과는 견줄 수가 없습니다. 저는 우수한 군함과 용감한 군대, 충분한 군수보급을 받았으나 이순신 장군은 훨씬 더 나쁜 상황에서 승리를 이끌어 냈습니다. 신이 어찌 감히 이 제독의 우위에 서겠습니까. 이순신이 장군이라면 나는 하사관에 불과합니다."

이순신의 전략과 전술을 철저히 연구했기 때문에 나올 수 있는 말이다. 거북선과 학익진을 이용한 전법을 제대로 해독한 일본은 20세기 초 세계사의 지각변동을 가져온 러일해전에서 승리했다. 제1차 세계대전 당시 영국은 도고의 전술을 통해 접한 학익진의 원리를 연구해 독일을 제압했다. 제2차 세계대전에서는 미국이 일본을 분쇄하는데 학익진을 응용했다. 하지만 서구의 해군은 도고 전술의 뿌리가 이순신 전술이었다는 사실은 꿈에도 알지 못한다.

어쨌든 이순신으로부터 배운 전술로 무장한 일본 해군이 독도 앞바다에서 러시아 발틱함대로부터 항복을 받아냈다는 것은 역사의 아이러니가 아닐 수 없다.

도고신사　도고 제독은 일본에서 전쟁의 신으로 추앙받는다.

독도는 일본의 전승기념성지(戰勝記念聖地)

일본의 숨겨진 속셈

『쓰시마해전』

일본이 독도를 노리는 이유를 설명해놓고도 왠지 찜찜한 느낌이다. 그 정도 이익을 바라고 이웃나라와 얼굴을 붉힐까? 그들 스스로 판단해도 남의 나라 땅이 분명한 독도를 자기네 것이라며 억지를 부릴까?

아무래도 숨겨진 속셈이 있을 것 같다. 독도는 일본인에게 어떤 의미를 가진 섬일까? 단순히 영토의 의미일까, 아니면 또 다른 어떤 의미가 있을까? 만약 그것이 있다면 일본에게 독도는 우리가 생각하는 이상의 존재가 될 수 있다. 그 비밀은 앞서 얘기한 러시아 함대를 궤멸시켜버린 해전에 있다.

세계 최고 강대국의 하나로 꼽히던 러시아를 상대로 동양의 작은 나라 일본이 벌인 전쟁이 바로 러일전쟁이다. 이 전쟁에서 일본은 러시아에 승리함으로써 세계를 깜짝 놀라게 했다. 일본에서 해신(海神) 또는 군신(軍神)으로 추앙받고 있는 도고 제독은 러시아 무적의 발틱함대를 동해바다에 모조리 수장시켜 버렸던 것이다.

쓰시마해전 독도는 일본이 러일전쟁을 승리로 이끄는데 결정적인 역할을 했고, 작전권의 핵을 이루었던 섬이다.

쓰시마 해전*(Battle of Tsushima)으로 불리는 이 해전은 포전(砲戰)에 의하여 전함이 격침된다는 것을 증명한 최초의 전투였다. 양군의 전함과 장갑순양함은 서로 수천 미터(4,000~6,000미터)의 거리를 두고 격렬한 포화를 주고받았다. 이것은 장갑함이나 시조포가 탄생한 이래 약 반세기후에 치러진 최초의 대규모 대전이었다.

발트 해로부터 7개월 이상의 세월을 소비하면서 대한해협에 모습을 나타낸 러시아함대는 동해남부에서 일본함대의 공격을 받았다. 이 공격으로 대한해협에 진입한 러시아함대 38척 중 침몰이 21척, 포획으로 6척을 상실했다. 중립국 항구에 입항하여 무장 해제된 것이 6척, 블라디보스토크에 입항한 것이 3척, 본국으로 귀환한 것이 2척(그중 1척은 포

* 쓰시마 해전 : 쓰시마 해전은 3대 해전 가운데 하나. 1905년 5월 일본의 연합함대가 쓰시마 동북쪽 동해상에서 로제스트벤스키 중장이 이끄는 러시아의 발틱함대와 정면으로 맞붙어 대승을 거둔 것을 말한다.

획 후 석방된 병원선), 사령관과 그 막료는 포로가 되었다. 이에 비해 일본 측의 침몰선은 어뢰정 3척이라는 고금의 해전사에서 보기 드문 일방적인 전투였다.

당시 러시아의 발틱함대는 대마도해협에서 엄청난 타격을 입고 러시아 쪽으로 달아났다. 일부는 울릉도 방향으로, 또 일부는 독도방향으로 도주했다. 드미트리 돈스코이호는 울릉도 앞 바다에 침몰했다.

러시아 함대 지휘권을 갖고 있던 네보가토프(Nebogatov) 소장은 주력함대를 이끌고 5월 8일 오전 10시 30분 독도 앞 바다에서 항복했다. 항복 지점은 독도 동남방 18 마일이라고 한다. 또 자른 자료에서는 독도 남방 8마일이라고 하는 기록도 있다. 1905년 5월30일 자 〈더 타임스〉의 보도는 당시 상황을 다시 한 번 명확하게 밝혀주고 있다.

일본 연합함대의 주력은 27일 이래로 작전을 계속해 왔다. 그리고 28일에는 니콜라이 1세, 세니아빈(Seniavin), 아프록신(Aproxin) 그리고 이즈무르도(Izmurd) 등으로 구성된 함대에 대해 리앙쿠르(독도)에서 공격했다.

독도가 동해해전의 종결지점이 된 동시에 러일전쟁 자체의 종결지점이 된 것이다. 바로 이러한 역사적 사실을 주목해볼 필요가 있다. 독도는 일본이 러일전쟁을 승리로 이끄는데 결정적인 역할을 했고 작전권의 핵을 이루었던 것이다. 독도가 러일전쟁으로 명소가 되었다는 기사가 언론에 등장한 것도 이 때문이다.

일본해회전공보(日本海會戰公報)
대해보(大海報) 제121호
연합함대는 28일 리앙쿠르암(독도) 부근에서 패잔 적함대의 주력을 포위공격하여 항복을 받고 …

러일전쟁으로 명소가 된 독도
전보신문(1906년 5월 27일자)은 독도전경을 사진으로 싣고 동도와 서도 중간에 있는 섬을 관음암이라고 하고, 러일전쟁의 대전으로 명소가 되었다고 설명하고 있다(독도박물관 소장).

전보신문(電報新聞)
1905년 5월 31일
연합함대는 앞서의 전보와 같이 28일 리앙쿠르암 부근에서 패잔 적함대의 주력을 포위 공격하여 항복을 받고 …
일본해 해전에서 적의 제3함대를 공격하여 단숨에 항복받은 리앙쿠르암은 시마네현에서 180해리, 대마수도(對馬水道)에서

240해리되는 곳으로 울릉도 가까이 있다.

오사카시사신보(大阪時事新報)
1905년 5월 30일
리앙쿠르암(독도) 부근에서 우리 함대가 적 함대를 공격, 항복을
받고 …

요미우리신문(讀賣新聞)
1905년 6월 1일
리앙쿠르암(일명 竹島)은 예부터 무인도로서 세인들은 별로 모
르지만, 이 섬에 강치가 많아 시마네 현민들은 종종 건너가 이것
을 잡았다. 그러나 그 관할이 분명치 않아 본년 2월 내무성은 처
음으로 이 섬을 시마네현 관할로 정하고 죽도라 이름지어, 울릉
도인 송도와 구별하여 부르게 되었다는 마쓰나가 시마네현 지사
의 말. 이번 대해전으로 이 조그만 섬이 도고대장에 의해 세계에
빛나는 광영이 되었으며, 즉 이는 시마네현의 광영이기도 하다
고 싱글벙글.

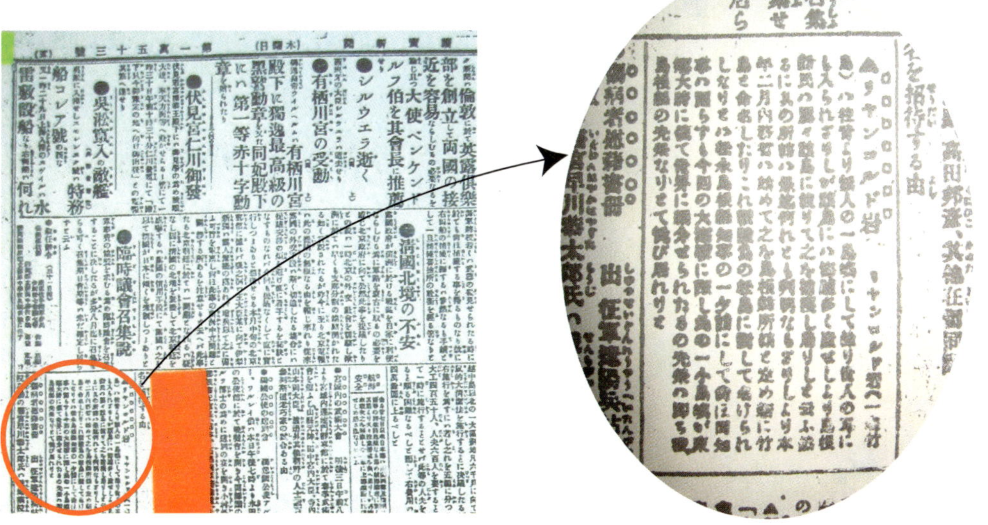

요미우리신문(讀賣新聞) 러일 전쟁의 대해전으로 독도가 일본의 광영의 섬이 되었다고 보도하고 있다(독도박물관 소장).

최초의 근대식 대규모 함대 전투, 함포와 어뢰 등 신무기의 기술적 혁신을 촉진하는 계기가 된 이 전투에서 일본은 세계 해전 사상 유래가 없는 완벽한 승리를 거두었다. 일본은 그 날의 감격을 간직하기 위해 5월 27일을 해군기념일로 정하고 있다.

일본인에게 러일전쟁은 약소국 일본, 비문명국 일본, 동양의 궁벽한 일본에서 일약 세계적인 강대국으로 신고식을 치른 전쟁이다.

그렇게 본다면 러시아의 항복을 받아낸 독도 앞 바다는 일본이 약소국에서 강대국으로 세계시장에 얼굴을 내민 전승기념성지(戰勝記念聖地)가 되는 셈이다. 독도는 '세계 최고 강대국을 상대로 싸워 승리했다는 일본인의 자존심' 을 상징하는 섬이다. 일본은 민족의 자존심, 즉 '정신적 가치' 를 찾기 위해 독도에 대한 미련을 버리지 못하고 있는 것이다.

제주 해녀들의 독도수호활동

제주 해녀의 독립적이며 강인한 생명력이 독도를 지켰다.

『의병대』와 해녀들

1953년 독도에는 의용수비대만 있는 것이 아니었다. 이 땅에서 가장 강인한 여성들인 제주 여성들이 독도에서 바다와 싸우고 있었다. 제주 여성의 상징인 해녀! 그녀들의 독립적이며 강인한 생명력이 독도를 지키고 있었던 것이다.

제주해녀가 독도에 물질 간 것은 언제부터일까? 독도에 처음 들어간 해녀는 고정순 할머니다. 고 할머니는 "17살 되던 1953년에 사촌언니 5명과 함께 독도에 갔다. 우리가 처음이었다. 그 다음부터 10명도 가고 20명도 가고 그랬다"라고 말한다.

김순하 할머니는 고정순 할머니를 뒤이어 독도에 들어갔다. 김순하 할머니는 "전쟁이 끝난 다음해니까, 아마 1954년 정도 일 것이다. 울릉도에서 해녀를 구한다기에 곧바로 지원해서 갔다"고 증언한다.

할머니는 30세가 넘은 나이에 독도로 떠났다. 3월부터 6월까지 약 3개월 정도 독도에 살았다고 한다.

의병대와 해녀들 해녀들의 독도수호 활동은 독도의병대 오윤길·윤미경 부부에 의해 밝혀진 소중한 역사적 사실이다.

서도 동굴 속에 움막을 짓고 생활하던 모습(위) 등을 보이고 있는 사람은 독도의용수비대원이었던 정원도 씨, 사다리 위에 앉아 있는 사람은 울릉경찰서 박춘환 경사.
김공자 할머니가 강치를 안고 찍은 사진(아래)

해녀들은 독도에서 전복, 소라, 미역 등을 채취했다. 특히 독도 미역은 질이 좋기로 유명했다고 한다. 할머니는 10여 년 간 제주도와 독도를 왕복하며 해녀활동을 했다고 한다.

이들 해녀들이 서도에 머물며 바다와 싸우는 동안 동도에는 독도의용수비대의 젊은 남자들이 있었다. 김순하 할머니는 그들과의 기억들을 떠올리며 "그 사람들을 처음 볼 때는 무척이나 무서웠다. 얼굴이 새까맣고 면도도 하지 않아 도깨비 같았다. 하지만 우리를 보면서 미소지을 때의 모습은 영락없는 장난꾸러기였다"고 술회한다.

당시 독도의 서도에는 제주에서 온 해녀 약 6-7명 정도가 움막을 짓고 살고 있었고, 독도의용수비대는 동도에 있었다. 생명수가 나오는 샘물은 서도에만 있다. 동도에 있던 의용수비대원들이 물을 구하기 위해서는 뗏목을 타고 서도로 건너가야 했다. 태풍이 오면 의용수비대원들은 빗물을 받아먹거나 갈매기알을 먹으면서 버텼다고 한다.

김순하 할머니는 "외롭고 사람이 그리우니 금방 친해져서 가족이 되버렸다. 그 양반들하고 음식도 나눠먹고, 제주에서 가져간 감자로 감자전도 만들고 빙떡(제주만두라 불리는 지역 고유토종식품)도 만들어 나누어 먹었다"고 기억한다.

독도의용수비대 홍순칠 대장의 수기 〈이 땅이 뉘 땅인데〉에도 해녀들에 대해 기록하고 있다. 수기에 따르면 당시 독도에는 울릉도에서 데리고 온 인부 10여 명과 제주도에서 출가해 온 해녀 5명이 미역을 따는 작업을 했다고 한다. 이들이 채취한 미역은 독도수호를 위한 군자금이 되었다.

1953년 한 해동안 독도수비대의 경비는 엄청난 비용이 소모되었고, 스스로 비용을 조달하기 위한 방안으로 독도미역채취를 생각한 것이다. 독도미역채취는 의용수비대의 활동을 지원하기 위해 경북지사였던 신현돈(申鉉敦)의 특별한 배려가 있었기에 가능한 일이었다.

일본 말뚝 제거 1953년 일본이 독도의 자국령임을 주장하며 박아놓은 말뚝을 제거하고 있다.

해녀들은 독도의용수비대 막사를 짓는 일에도 적극적으로 나섰다. 울릉도에서 실어온 통나무를 바다에 빠뜨리면 해녀들이 해변으로 끌어다 주었다고 한다. 배를 접안할 수 없는 형편이었기 때문에 해녀들이 나설 수밖에 없었다.

그런데 제주 해녀들의 독도수호 활동은 경북 구미에 본부를 두고 있는 독도의병대 오윤길·윤미경 부부가 발굴해낸 성과물이다. 독도의용수비대 활동을 입증하기위해 증거자료 수집활동을 꾸준히 벌이던 가운데 독도에서 물질을 하던 제주도 해녀들을 찾아내 의용수비대 활동과 그들의 지원활동 등에 대한 소중한 사료를 발굴한 것이다. 하마터면 우리 역사에서 묻혀버릴 뻔 했던 소중한 기록을 찾아낸 것이다.

의용수비대 창설 1등 공신

독도의용수비대 창설은 울릉도 주민들의 생존과 직접적인 관계가 있었다

「오징어 건조」

오징어 건조 중공군 포로의 배낭에서 오징어가 발견되어 홍콩 등지로 수출되던 울릉도 오징어에 대해 수출이 금지되어 울릉도 주민들의 생업이 막대한 타격을 입었다.

* 평화선(平和線) : 1952년 1월 18일 대통령 이승만(李承晚)이 한국 연안수역 보호를 위해 선언한 해양주권선. 이승만의 주장에 따라 선포하였다 하여 '이승만라인' 또는 '이라인(Lee Line)' 이라고도 한다.

독도의용수비대 창설은 울릉도 주민들의 생존과 직접적인 관계가 있었다. 조선시대의 의병들이 그랬듯이.

1952년 우리 측에서 평화선*을 선포하자 독도에는 일촉즉발의 긴장감이 감돌았다. 1953년 6월에는 일본 해상보안청 순시선이 30여 명의 관리와 경찰을 독도에 상륙시켜 '일본령 다케시마(죽도)' 임을 알리는 표지판과 게시판을 설치했다. 울릉도 주민들은 독도에서 생업에 종사할 수 없었다. 당시 울릉도는 전쟁으로 인해 육지로부터 식량의 공급이 급격히 줄고, 쌀이나 보리 등의 식량 자급률이 30%도 되지 않았던 때였다. 울릉도에서 생산되는 농산물로는 3개월 밖에 버틸 수 없었다. 나머지 9개월 분 양식은 수산물을 육지에 팔아 구해야 했다. 하지만 전쟁으로 육지로 가는 뱃길마저 끊어졌다. 울릉군에서는 군청직원을 곡창지대인 전라도로 급파하여 식량을 구해오기도 했다. 한정되어 있는 농업생산량과 울릉도 근해에서의 조업만으로는 살아가기 힘들었다. 울릉도

주민들의 생존은 위태로울 수밖에 없었다.

그런데 예기치 못한 사건이 또 있었다. 오징어 사건
이 그것이다. 중공군 포로의 배낭에서 오징어가 발
견된 것이다. UN군 사령부는 중공군이 가지고 있
던 오징어가 울릉도 오징어라는 것을 밝혀냈다.
그리고는 홍콩 등지로 수출되던 울릉도 오징어에
대해 수출 금지를 명령했다. 울릉도의 오징어잡이
배들은 오징어잡이를 포기할 수밖에 없었다. 대신
독도 근해로 나아가 오징어보다 수익성이 좋은 미
역이나 소라, 전복, 혹돔, 우럭 등을 잡아 생계를 이
어나갔다.

싱싱한 오징어는 울릉도를 대
표하는 먹을 거리다.

독도는 천혜의 황금어장이다. 울릉도 주민들에게
는 노다지나 마찬가지였다. 독도의 어업 현황에 대해 〈독도문제개론〉
은 '금년 봄에는 미역만도 2억 원 이상을 뜯고 소라와 전복도 많이 있
는 것을 확인하고….' 라고 적고 있다. 당시 그 정도의 수익을 올렸다는
것으로 볼 때 독도가 대단한 어장이었음을 알 수 있다.

그러던 중에 일본이 나섰다. 일본은 독도가 자기네 땅이라고 우기고
독도에다 푯말을 꽂았다. 독도 주변에서 어로 작업을 하던 울릉도 어
선들에게 '자기네 땅에서 나갈 것' 을 요구했다.

울릉 군수와 경찰서장 등은 이 같은 사실을 경북도지사에게 보고하고
대책을 요구했다. 뚜렷한 대책이 있을 리 없었다. 일본의 독도 침탈은
국가적으로는 영토침입이었지만, 울릉도 주민들의 입장에서는 생존에
중대한 위협이 아닐 수 없었다.

울릉도 주민들은 생존권 차원에서 대책을 세워야 했다. 전투경험이 풍
부하고 애국심이 투철한 울릉도 청년들이 나섰다. 군에서 특무상사로
제대한 홍순칠 대장을 중심으로 독도의용수비대가 창설되었다. 따지
고 보면 오징어 금수 조치가 독도의용수비대 창설의 숨은 공신인 셈
이다.

독도의용수비대와 홍순칠 대장

의용수비대에 대한 평가는 미흡하기 그지없다

『젊은 홍순칠』

한일 간의 독도분쟁이 빚어진 것은 1953년. 6·25 전쟁으로 일본까지 상대할 여력이 없던 시기에 일본은 독도를 침탈했다. 만약 독도의용수비대가 없었다면 지금쯤 일본은 실효적 점유를 들먹이며 여유를 즐기고 있을 것이다.

그런데 독도의용수비대의 활약상에 대해서는 그다지 알려져 있지 않다. 홍순칠 대장을 비롯한 33명의 젊은이들이 목숨을 걸고 3년 8개월 동안이나 지켜낸 것에 대한 평가는 미흡하기 그지없다.

정부가 1966년 방위포장을 수여했으나 대원들은 이를 거부했다. 일본 특파원들의 눈치를 보느라 수여했던 포장을 회수했다가 나중에 찾아가라는 정부의 한심한 행각에 화가 났던 것이다. 목숨 걸고 독도를 지킨 사람들로서의 자존심이기도 했다.

독도의용수비대는 우리 민족사에서 하나의 맥을 형성하고 있는 의병* 항쟁의 정신을 그대로 계승하고 있다. 이들은 삶의 터전을 지키고자한

* 의병(義兵) : 나라가 외적의 침입으로 위급할 때 국가의 명령을 기다리지 않고 민중이 스스로의 의사에 따라 외적에 대항하여 싸우는 구국 민병.

독도의용수비대

의병정신을 계승하여 외적의 침략에 자발적으로 무력 항쟁한 군사집단이었다. 우리 민족사에 있어 마지막 의병이라 할 수 있을 것이다.

독도의용수비대에 대해서는 기록이나 자료가 부족한 실정이다. 정부의 명령에 의해 창설된 조직이 아니라 울릉도 청년들에 의해 자발적으로 만들어졌기 때문에 공식적인 기록이 거의 남아있지 않기 때문이다. 그들의 활약상은 당시 한일 간에 오고간 항의서와 독도의용수비대를 창설한 홍순칠 대장이 〈월간 학부모지〉에 기고하였던 '독도에 숨은 사연들' 이란 글 정도에서 약간 확인할 수 있을 뿐이다.

독도의용수비대에 있어 홍순칠 대장은 매우 중요한 위치를 지니고 있다. 죽는 날까지 독도를 위해 한 평생을 바친 그는 독도의 살아있는 정신이 되고 있다. 그는 1925년 울릉도에서 태어났다. 그의 할아버지(홍재현)는 1883년에 울릉도에 들어온 개척 1세대였다. 홍순칠은 해방 직후 국방경비대에 입대, 한국전쟁에 참전하였다가 부상으로 제대해 울릉도로 돌아왔다. 일본의 침탈을 목격한 후 울릉도 청년들을 규합, 독도의용수비대를 창설, 1953년 4월 20일부터 1956년 12월 30일까지 3년 8개월 동안 독도를 수호했다.

독도의용수비대는 현지에 주둔한 제1전투대와 제2전투대로 각 조의 인원은 15명 씩, 울릉도 보급소 3명, 예비대 5명, 보급선 선원 5명 등 모두 45명으로 편성되었으나 여러 가지 사정으로 실제 활동한 사람은 33명이었다. 독도에 상주한 대원들은 전쟁에 참전했거나 공비토벌에 참여했던 노장들이었다. 전투경험이 풍부하고 애국심도 투철한 역전의 용사들이었기에 일본의 독도 침략에 맞설 수 있었던 것이다.

그렇지만 독도의용수비대의 무기는 빈약하기 이를 데 없었다. 박격포, 직사포, 중기관총 각 1정씩, M1 소총 10정과 실탄 2만 4천여 발, 수류탄 50발, 권총 2정, 독도에서 생활할 장비 및 현지에서 쓸 0.5톤 보트 1척 등을 당국으로부터 지원 받거나 직접 구입했다. 울릉도와 독도간의 연락은 집에서 기르던 벨기에산 전서구(훈련시킨 비둘기) 3마리를 사용했다.

독도에 도착한 그들은 야전용 대형천막을 설치하고 독도경비활동을

경비초사기념　독도의용수비
대 경비 초사를 완공한 후 기
념촬영

시작했다.

독도에서의 첫 전투는 1953년 7월 23일 새벽 5시에 있었다. 일본 해상
보안청 소속 함정은 독도를 향해 서서히 접근해왔다. 조상달, 이상국,
황영문 대원은 전마선에 기관총을 설치했다. 나머지 대원들은 2개조
로 나누어 공격했다. 신호탄과 함께 엄호사격을 부탁하고, 홍순칠 대
장은 결사대와 함께 함정 20m까지 돌진했다. 소총과 보트에 설치한 경
기관총에서 200여발의 실탄이 함정에 집중적으로 퍼부어졌다. 갑작스
런 총격과 육지에서 쏘아대는 총격에 놀란 일본 함정들은 황급히 뱃머
리를 돌려 도망쳤다.

첫 승리였다. 그러나 홍순칠 대장은 화기의 부족함을 절실히 느꼈다.
독도 근해에서 오징어를 잡던 강원도 배를 얻어 타고 묵호를 거쳐 대
구에 도착한 그는 경북병사구 사령부를 찾았다. 강치 생식기를 미끼로

홍재현 옹　손자인 홍순칠 대장에게 독도의용수비대를 조직하도록 하고, 자신이 가진 모든 재산을 내놓은 숨은 애국자였다.

M1 2정을 손에 넣었고, 소련제 직사포 1문과 조준대가 없는 박격포 1문을 얻었다.

그렇지만 문제는 실탄이었다. 실탄 없는 총이란 쇠붙이에 불과했다. 실탄을 구하기 위해 부산으로 달려갔다. 군자금이라야 현금 200만 환과 강치 수놈 생식기 1개가 고작이었다. 당시 임시수도 부산의 거리는 양공주들과 미군들로 흥청거리고 있었다. 홍 대장은 양공주들의 도움을 받아 무기들을 구할 수 있었다.

그는 자서전에서 "구멍가게 주인과 양공주들. 그들에게도 조국이 있고 나라를 사랑하는 마음이 있기에 엄청난 일을 벌이는 우리들을 돕지 않았을까? 누가 그들에게 돌을 던지랴? 누가 그들에게 침을 뱉으려 할 것인가"라며 심경을 토로하고 있다. 강치 수놈의 생식기와 양공주의 도움으로 독도를 지킬 수 있었다는 사실은 아이러니하다.

일본 해상보안청 소속의 함정들은 주기적으로 독도 주변에 그 모습을 나타냈다. 1954년 11월 21일 일본 해상보안청 소속 PS 9, 10, 16 3척의 함정과 비행기 1대가 독도를 침범해왔다. 독도의용수비대는 그들과 결사적으로 싸워 마침내 격퇴시켰다. 일본 함정을 명중시킨 대원은 6·25 때 명사수로 이름을 떨쳤던 특무상사 출신 서기종 대원이었다. PS 10함은 먹구름 같은 연기를 뿜어내면서 동쪽으로 달아났다.

독도의용수비대의 활약상에 대해서는 당시 일본 NHK 방송 보도에서도 확인된다. NHK는 정오 뉴스 시간에 "다케시마(독도)에서 한국 경비대가 발포를 해서 일본 해상보안청 함정들이 피해를 입고 16명의 사상자가 발생했다"고 보도했다. 일본 정부는 즉각 한국 정부에 항의각서를 제출하고, 독도우표가 붙은 우편물을 일본에서 한국으로 반송시켰다. 1954년 8월26일 자 일본 외무부 각서에는 다음과 같은 내용이 기록되어 있다.

해상보안청 소속 순시선 오끼(隱岐)는 1954년 8월 23일 다케시마 부근에서 서도 동북방 700m 지점에 도착하자 오전 8시 40분

서도해안에 있는 경비대로부터 총격을 받았다. 발사는 약 10분간 계속되었는데, 그 동안 600발이 발사되었다. 총탄 중의 일부는 순시선의 좌현에 명중되었다.

며칠 뒤 독도에는 비행기가 나타났다. 홍 대장은 며칠 고민을 거듭하다 묘안을 떠올렸다. '실탄 없이 적을 위협하는 가장 원시적인 방법', 가짜 대포가 생각났던 것이다. 시작한 지 1주일 만에 멋진 대포가 완성되었다. 포구 직경이 20cm, 포신이 자유롭게 빙빙 돌고 미제 페인트로 단장된 신형 대포였다. 독도 목대포는 이렇게 탄생했다.

일본에서 발간된 〈KING(킹)〉이란 월간지에는 '독도에 거포 설치'란 제목의 기사가 실렸다. 일본 함정에서 망원렌즈로 촬영한 사진은 수비대원들이 봐도 진짜 같았다고 한다. 나무사자로 우산국을 정벌한 이사부의 지혜가 전해진 것은 아닐까?

홍순칠 대장을 위시한 독도의용수비대는 이처럼 온갖 악조건을 극복하고 독도를 지켜냈다. 이들은 1956년 12월 30일 독도경비임무를 경찰에 인계해주고 울릉도로 돌아왔다. 만약 그들이 없었더라면 지금쯤 독도는 일본의 손아귀에 놓여 있었을 것이다.

독도의용수비대 편성 및 명단 (1956년 12월 25일 해산당시)

대장 홍순칠   **부관** 황영문

제1전대 대장 서기종
　　　　대원 김재두, 최부업, 조상달, 하자진, 김현수, 김장호, 이형우, 양봉준, 김용근

제2전대 대장 정원도
　　　　대원 이상국, 이규현, 김경호, 김영복, 김수봉, 허신도, 김영호

교육대 대장 유원식   대원 오일환, 고성달

보급대 주임 김인갑   대원 구용복

후방지원대 대장 김병렬
　　　　대원 한상용, 정재덕, 박영희

수송대 대장 정이관(선장)
　　　　대원 안학률(기관장), 이필영(기관사), 정현권(갑판장)

독도의용수비대의 정신적 지주

지휘관이란 비겁해서는 안 된다

『독도의용수비대』

독도의용수비대를 창설한 홍순칠 대장의 할아버지 홍재현*은 독도로 들어가는 홍 대장에게 청동주전자 하나를 건네주었다. 이 청동주전자는 사연이 많은 물건이었다.

"순칠아. 이 청동주전자를 너에게 주는 것이니 명심하거라. 이 주전자는 러시아 발틱함대 선장으로부터 받은 것이다. 1905년 5월 말의 일이다. 발틱함대가 아프리카의 희망봉을 거쳐 대한해협을 통과하고 울릉도 앞바다까지 오는 데는 6개월이란 긴 시간이 걸렸다. 수병들은 긴 항해 속에 지칠 대로 지쳤던 게야. 잘 싸웠지만 동해바다에 수장되고 말았지. 그 가운데 저동 앞바다에 침몰하고 있는 함정의 수병들을 구해주고 받은 것이 이 청동주전자야."

홍재현이 말하는 러시아 함정은 드미트리 돈스코이호를 말한다. 이 배

드미트리호 함장　배와 함께 장렬한 최후를 맞은 러시아 발틱함대 드미트리 돈스코이호 함장(르 프티 파리지앙 1904년 3월 6일)

는 일본함정의 공격을 받아 울릉도 저동 앞바다에서 침몰했다. 50~60여 명의 러시아 수병들은 극적으로 목숨을 건졌다. 역사에는 그렇게만 기록되어 있다.

그런데 수병들의 목숨을 구해준 이는 바로 독도의용수비대 홍순칠 대장의 할아버지인 홍재현이었던 것이다. 홍재현은 포화를 무릅쓰고 배를 저어 러시아 군함이 있는 곳으로 다가갔다. 러시아함장은 손을 흔들며 구원을 요청했다. 배는 이미 상당 부분 바다 속으로 가라앉고 있

독도의용수비대

었다. 홍재현은 3차례에 걸쳐 러시아 수병들을 울릉도로 옮겼다.

그가 네 번째 달려갔을 때, 배는 이미 한쪽으로 기울어 침몰 직전의 상황이었다. 함장은 홍재현에게 선물을 주었다. 금은보석을 청동주전자에 담아 감사의 뜻을 전한 선장은 안으로 들어가 정장을 하고 나왔다. 가슴에 훈장을 가득 단 함장은 자기 몸을 함교에 묶고 거수경례를 한 자세로 서서히 가라앉는 배와 함께 깊은 바다 속으로 갔다.

홍재현이 독도로 떠나는 손자에게 청동주전자를 전해준 의도는 분명했다. 드미트리 돈스코이호 선장처럼 용감하게 싸우다 죽으라는 말이었다.

할아버지는 "지휘관이란 비겁해서는 안 된다. 러시아 함장과 같이 패전의 장군일망정 죽음 앞에 떳떳하고 훌륭해야 한다. 러시아 함장보다 더 멋있게 행동해라"며 손을 꼭 잡았다고 한다.

홍순칠 대장은 훗날 수기에서 "독도에 해상보안청 소속 함정과 비행기가 침범했을 때 우리 수비대는 결사적으로 싸워 격퇴시켰다. 이 싸움에서 죽기로 각오하고 용전을 지휘할 때, 할아버지가 얘기해 주시던 러시아 함장 이상으로 멋있게 죽음을 장식해 보자고 다짐했었다"고 밝히고 있다

독도분쟁의 씨앗은 미국이 낳았다

미국은 누구의 손을 들어줄 것인가

『얼굴바위』

한 · 일 양국 사이에 독도 문제로 인한 갈등이 심화되고 있다. 국민들이 궁금해 하는 것은 과연 미국은 누구의 손을 들어줄 것인가 하는 부분이다. 미국은 과연 중립을 지킬 수 있을까.

미국의 라이스 국무장관은 지난 2005년 3월 한국의 노무현 대통령으로부터 독도 문제에 대한 설명을 듣고도 묵묵부답으로 화답했다. 표면적으로 독도 문제에 대해서는 불개입 원칙을 견지하고 입장 표명을 자제하고 있지만, 실은 일본 측에 가까운 것이 아닌가하는 의심을 사기에 충분했다.

미국의 미심쩍은 행동은 제2차 대전 후 패전국 일본을 상대로 체결한 샌프란시스코 강화조약*에서 독도를 누락시키면서 시작된다. 영국 측 초안에는 독도를 한국 영토로 포함시켰지만 미국과 절충을 거치면서 독도가 누락된 것은 이미 잘 알려진 사실이다.

한국은 1951년 7월 19일 독도가 누락된 강화조약 초안에 대해 양유찬

* 샌프란시스코 강화조약 (Treaty of San Francisco) : 정식 명칭은 대일강화조약(對日講和條約)으로 제2차 세계대전의 종료를 위하여 연합국이 일본과 맺은 평화조약이다. 1951년 9월 8일 미국의 샌프란시스코에서 조인되고, 1952년 4월 28일 발효되었다.

주미 대사를 통해 공문을 보냈다. 독도를 구체적으로 명시해줄 것을 요구했지만 미국은 한국의 요구를 거절했다. 이런 이유 때문에 독도의 영유권 분쟁 씨앗은 미국에 있다는 주장도 나오고 있는 실정이다.

당시 미국은 평화조약의 1차 초안(1947년 3월)에서 5차 초안(49년 11월)까지는 독도를 한국영토로 명문화했다. 하지만 일본의 로비에 흔들려 6차 초안(49년 12월)에선 독도를 삭제했다. 일본영토로 바꾸려는 시도도 있었다. 하지만 다른 연합국의 동의를 받지 못하자 조금 물러섰다. 미국은 한국이나 일본 어디에도 독도를 명시하지 않은 채 조약문을 성안했다.

당시 이승만 정부는 주미 한국대사에게 수정 교섭을 지시했다. 미국은 같은 해 8월 10일자로 딘 러스크 당시 극동담당 미국무부 차관보를 통해 '독도가 일본의 영토'라며 싸늘하게 답했다.

"독도는 한국의 일부로 다뤄지는 것이 결코 아니다. 1905년께부터 일본 시마네현 오키 지청 관할 아래 있었고 이 섬은 예전에 한국에 의해 영토 주장이 이뤄졌다고 생각되지 않는다."

일본은 지금도 미 국무부의 이 답신을 근거로 '미국이 일본의 독도 영유권을 인정'했다고 주장한다.

그렇다면 연합국 측의 대일본 강화조약 제5차 초안까지는 독도의 이름이 있다가 제6차 초안부터 독도의 명칭이 빠진 이유는 무엇인가? 두말할 것 없이 일본 측의 맹렬한 로비 때문이었다.

일본은 정보를 입수하자 당시 연합군 최고사령관 외교고문(실질적 주일 미국대사)인 시볼드(Sebald)를 내세웠다. 그리고 대일본 강화조약에서 독도를 한국영토에서 제외하고 일본영토에 포함시키도록 명문규정을 넣어달라고 요청했다. 이것은 연합국(최고사령부)이 1946년 1월 29일 발한 SCAPIN(연합국 최고사령부 지령) 제677호의 수정을 요구한 로비였다. 시볼트는 1949년 11월 14일 미 국무부에 '리앙쿠르암

(독도)에 대한 재고'를 요청하는 전보를 쳤다. 시볼트는 이어서 서면으로 다음과 같은 의견서를 제출했다.

"일본이 전에 영유하고 있던 한국 쪽으로 위치한 섬들의 처리와 관련하여 리앙쿠르암(독도, 죽도)을 제3조에서 일본에 속하는 것으로 명시할 것을 건의한다. 이 섬에 대한 일본의 주장은 오래 되었으며, 정당한 것으로 여겨진다. 이 섬이 한국 연안에서 떨어진 섬이라고 보기는 어렵다. 안보적 측면에서 이 섬에 기상과 레이더 기지를 설치하는 것이 미국의 국가 이익 측면에서 고려될 수 있다."

COPY CONFIDENTIAL

AMEMBASSY, TOKYO 659

October 3, 1952.

KOREANS ON LIANCOURT ROCKS.

In the constant clash of interests which continues to exacerbate relations between Japan and Korea, there has recently occurred a minor incident which may achieve larger proportions in the near future, and which may introduce repercussions affecting the United States. The incident concerns the disputed territory known as the Liancourt Rocks, or Dokto Islands, the sovereignty to which is in dispute between Korea and Japan.

The history of these rocks has been reviewed more than once by the Department, and does not need extensive recounting here. The rocks, which are fertile seal breeding grounds, were at one time part of the Kingdom of Korea. They were, of course, annexed together with the remaining territory of Korea when Japan extended its Empire over the former Korean State. However, during the course of this imperial control, the Japanese Government formally incorporated this territory into the metropolitan area of Japan and placed it administratively under the control of one of the Japanese prefectures. Therefore, when Japan agreed in Article II of the peace treaty to renounce "all right, title and claim to Korea, including the islands of Quellait, Port Hamilton and Dagelet", the drafters of the treaty did not include these islands within the area to be renounced. Japan has, and with reason, assumed that its sovereignty still extends over these islands. For obvious reasons, the Koreans have disputed this assumption.

The rocks, standing as they do in the open waters of the Japan Sea between Korea and Japan, have a certain utility to the United Nations aircraft returning from bombing runs in North Korean territory. They provide a radar point which will permit the dumping of unexpended bomb loads in an identifiable area. Being uninhabited and providing a point of navigational certainty, they are also ideal for a live bombing target. Therefore, in the selection of maneuvering areas by the Joint Committee implementing Japanese-American security arrangements, it was agreed that these rocks would be designated as a facility by the Japanese Government and would serve the purposes mentioned above. They were turned into a bombing target, were declared a danger area, and have been posted as out-of-bounds on a 24-hour, 7-day a week basis.

Information to this effect was disseminated throughout the Far East Command and presumably throughout the subordinate commands of the Far East Air Force and the Naval Forces, Far East. Very recently, the information has been passed on to the Commander-in-Chief of the Pacific

CONFIDENTIAL

시볼트의 로비는 즉각 효과를 나타냈다. 미 국무부는 연합국의 대일본 강화조약 제6차 초안(1949년 12월 29일 성안) 제3조의 일본영토를 표시한 조항에다가 독도를 일본영토에 포함시켰다.
그리고 주석에도 독도의 일본영유권을 명확하게 했다. 주석은 "독도(죽도)는 1905년 일본에 의하여 정식으로, 명백하게 한국으로부터 항의를 받음이 없이 영토로 주장되고 시마네현의 오키지청(支廳) 관할하에 두었다"고 적고 있다.
제7차 초안(1950년 8월 9일 성안), 제8차 초안(1950년 9월 14일 성안)

및 제9차 초안 (1951년 3월 23일 성안)에서는 독도(죽도)가 일본영토에 포함되어 표기되고, 한국영토 조항에서는 교묘한 방법으로 눈에 띄지 않게 지워졌다. 독도가 일본으로 넘어갈 위기에 처한 것이다.

하지만 다른 연합국이 미국 수정안에 동조하지 않았다. 연합국의 대일본 강화조약은 미국만이 아니라 다른 연합국도 초안을 작성할 수 있으며, 연합국 48개국의 동의 서명을 받아야 성립 될 수 있었다.

호주와 영국 등은 제8차 초안(독도를 일본 영토로 수정 표시)을 보고 미국에 질문을 던진다. 미국은 "독도를 일본영토라고 해석한다"는 답변서를 보냈지만, 두 나라는 미국의 수정에 동의하는 문서를 보내지 않았다.

뉴질랜드와 영국은 독도를 한국영토로 보는 견해를 우회적으로 표시했다. 그리고 일본 주변에 있는 어떠한 섬도 주권 분쟁 소지를 남겨서는 안 된다고 강조하고 미국의 수정 제안과 설명에 동의하지 않았다. 영국은 독자적인 대일본 강화조약 초안을 여러 차례 만들었다. 그리하여 결국 미국과 영국의 합동초안(1951년 5월 3일 성안)에서, 독도를 일본영토 조항에도 한국영토 조항에도 넣지 않으면서 독도라는 이름을 아예 연합국 대일본 강화조약 모두에서 뺀 초안을 만들어 합의 서명한 것이다.

이 사이에 대한민국 외무부는 독도 영유권에 대해서 어떤 활동도 하지 못했다. 독도에 대한 외무부의 소극적 정책, 미약한 국력으로 말미암아 독도를 한국영토라고 기록한 연합국 측의 대일본 강화조약 초안과 제1~5차 초안을 끝까지 수호하지 못했다. 하마터면 독도를 빼앗길 뻔했던 것이다.

미국은 왜 일본편인가?

미국의 일본 편들기는 어제 오늘의 일이 아니다

『한반도 모양의 풀밭과 독립문 바위』

최근 미 중앙정보국(CIA)이 독도를 리앙쿠르암(Liancourt Rocks)으로
표기하는 등 일본의 독도 영유권 주장을 펀드는 듯한 국가정보보고서
(2002~2005년)를 펴냈다. 이에 사이버 외교사절단 반크(www.
prkorea.com)는 CIA가 일본의 독도 영유권을 교묘하게 퍼트리고 있다
고 분석하고 있다.

미국의 일본 편들기는 어제 오늘의 일이 아니다. 샌프란시스코 강화조
약 6차 초안 작성 당시부터 미국은 일본의 로비에 의해 노골적인 일본
편들기에 나섰던 것이다.

미국이 일본 편들기에 나서는 이유는 대략 3가지로 분석해 볼 수 있다.
첫째는 미 공군 폭격연습장 제공이다. 샌프란시스코 강화조약 체결당
시 일본은 미국이 좋아할 만한 달콤한 미끼를 던졌다. 바로 일본에 주
둔하고 있는 미 공군에 폭격연습장을 제공하겠다는 것이었다.

실제로 독도는 미 공군의 폭격연습장이 되어 1948년 6월 8일 약 150여

명의 어민이 희생되고 단 3명의 한국 어민이 해상에서 구조되었다. 구조된 3명의 어부들은, 다른 어부들과 함께 80여 척의 배에 나누어 승선하여 독도 근방의 바다에서 미역을 수확하던 중 비행기로부터 폭격과 기총소사공격을 받았다고 진술했다.

둘째는 자신들의 도서 분쟁 문제와 독도 영유권문제가 맞물려 있기 때문이다. 미국은 1967년 영국에서 넘겨받은 디에고 가르시아(Diego Garcia)섬을 놓고 모리셔스와 영유권 분쟁을 겪고 있다. 자메이카 해협에 위치한 나바사(Navassa)섬을 놓고는 아이티와 분쟁을 벌이고 있다. (미국은 19세기 일방적으로 나바사를 점유하고 제2차대전 중 자국의 관할로 편입시켰다.) 캐나다와는 마키아스 실(Machias Seal)섬을 둘러싸고 영유권 분쟁을 겪고 있다.

군사문제전문가 배진수 박사는 "마키아스 실 섬은 미국과 캐나다의 국경지대 해안에 위치하고 있어 양국이 모두 영유권을 주장하고 있다. 캐나다는 1832년 이후 이 섬에 등대를 설치하고 경비대가 순찰 활동을 벌이면서 실효적 점유 상태에 있음에도 미국에서는 이를 인정하지 않고 1984년부터 이의를 제기하고 영유권을 주장하고 있다"고 설명한다. 따라서 미국은 한국이 실효적으로 점유하고 있는 독도를 상대로 영유권을 주장하고 있는 일본의 편을 들어줌으로써 유사한 방법으로 마키아스 실 섬을 차지하려는 의도가 있는 것이다.

셋째는 독도의 군사적 가치 때문이다. 독도의 군사적 가치는 이미 1905년 러일전쟁 때도 확인되었다. 일본은 독도와 본토를 잇는 해저전선을 부설했고, 도고함대가 러시아 원정함대를 격파했을 때도 독도를 적극 이용했다. 이런 사실을 잘 알고 있는 미국과 일본은 독도에 최첨단 군사기지를 만들어 동해를 장악하고, 러시아·중국·북한 등을 제압하고자 하는 의도를 감추고 있다고 보인다.

샌프란시스코 강화조약 체결당시 미국의 입장을 바꾸게 했던 일본정부 고문인 시볼트도 "안보적 측면에서 이 섬에 기상과 레이더 기지를 설치하는 것이 미국의 국가 이익 측면에서 고려될 수 있다"는 견해를 밝히기도 했다.

그리고 최근들어 새로운 사실이 밝혀지기도 했다. 당시 미국이 독도가 한국영토임을 알고 있으면서도 군사적 목적으로 일본에 넘기려했다는 사실이 2005년 5월 새롭게 드러난 것이다. 미국인 마크 로브모 씨가 지난 2004년 8월 매릴랜드 소재 국립기록조사국(NARA)에서 수집한 비밀문서를 최근 재검토하는 과정에서 "물개들이 자주 새끼를 낳는 곳인 이 섬(독도)은 한때 대한제국의 영토였다"는 구절을 찾아 〈연합뉴스〉에 자료를 보내온 것이다.

이 자료에 따르면 1952년 10월 3일 주일 미국대사관에서 작성해 본국으로 보내졌던 문서에서 당시 미국대사는 "미국은 이미 독도의 역사를 한 번 이상 검토한 적이 있으며 더는 재고할 필요가 없다. … 일본이 한국을 점령하면서 독도를 일본 영토로 편입시킨 뒤 독도를 일본의 한 현에 귀속시켰다. 이 때문에 일본이 샌프란시스코조약을 체결할 때 조약 초안자가 일본이 반환해야 할 한국 영토들에 독도를 넣지 않은 것"이라며 독도가 한국영토임을 못 박고 있다.

그런데 미국대사는 독도가 한국영토임이 분명하다는 사실에도 불구하고 군사적 목적으로 사용하기 위해 일본에 양도하는 것이 유리하다는 입장을 밝히고 있다.

"독도는 레이더기지로 쓸 수 있으며 투하하지 못한 폭발물들을 처리하는 곳으로도 좋다. 독도가 일본 정부의 시설로 양도된다면 군사목적으로 사용할 수 있을 것이다."

북한도 이 같은 미국과 일본의 움직임에 대해 "독도를 군사기지로 전변시켜 러일전쟁 때처럼 북방침략에 효과적으로 써먹으려 하고 있다. 그곳을 현대전쟁의 요구에 맞는 다목적의 최신군사기지로 전변시켜 우리나라에 대한 재침야망을 실현하는데 이용하려는 것은 일본반동들이 추구하는 정치군사적 목적"이라고 경고한 바 있다.

독도 물밑에서 발견된 폭탄(2008년)

수백 명이 떼죽음 당한 독도 폭격사건

우리 어민들은 힘없는 백성의 서러움을 너무나 큰 비극으로 겪어야 했다.

『독도에 투하된 폭탄』

미군정기인 1948년 6월 8일. 우리 어민들은 힘없는 백성의 서러움을 너무나 큰 비극으로 겪어야 했다. 미 공군기가 독도에서 고기잡이하던 어부들에게 폭탄을 퍼부어 150여 명이 떼죽음을 당한 것이다.

역사는 그것을 독도 오폭사건이라고 기록하고 있다. 실수로 폭격했다는 것이다. 하지만 단순한 실수였는지 의도적인 폭격이었는지는 아직도 밝혀지지 않고 있다.

독도의 악몽에 대해 보도한 언론은 다음과 같이 전하고 있다.

'조선 동해상에 있는 독도 부근 해상에 있는 우리나라 어선을 미국 극동항공대의 중폭격기군이 이만 삼천 척 상공에서 폭격하야 11척의 어선을 침몰시키고, 14명의 조선인 어부를 살해한 일로 인하여 전국 동포는 불안으로 민심이 들끓었다.' (신천지 1948년 6월 30일)

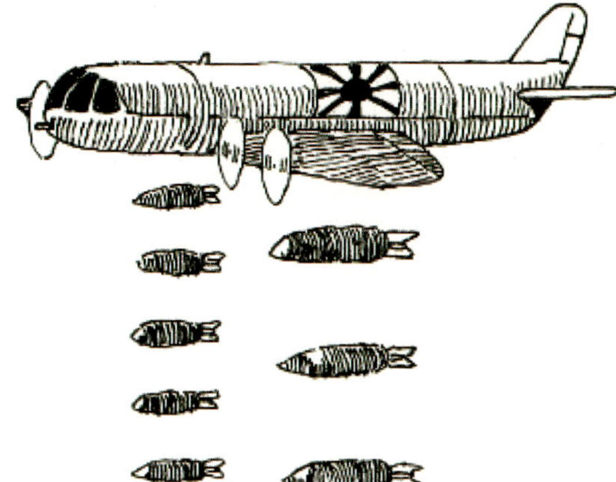

"미국 극동함대 사령부가 독도 폭격
이 고공폭격 연습대에 의한 것이라고
공식 인정했다. 이 성명서는 11척의
조선 어선을 총·폭격하여 14명의 조
선인을 살해하고 기타를 부상시켰다
고 전해진 이 사건을 불행한 유감스
런 사고라고 말한다." (동아일보 1948
년 6월14일, 17일)

폭격에서 천우신조로 살아남은 어민들은
옷가지를 찢어 상처를 동여매고, 총알이 지나간 뱃전은 헝겊으로 구멍
을 막아 울릉도로 도망쳐왔다고 한다. 당시 생존자 고(故) 김도암 씨는
"태극기를 흔들어 목메어 소리쳤지만 야속한 비행기는 아랑곳하지 않
고 계속 총을 쏘아댔다"고 증언했다.

그러나 피해자의 숫자 등 폭격의 실상이 상당 부분 숨겨져 있는 것으
로 드러났다. 지난 95년 '푸른 울릉·독도가꾸기 모임' 과 한국외국어
대 '독도연구회' 가 생존자와 유가족의 증언을 기록한 결과 폭격사건
으로 피해를 입은 어민은 무려 150여 명에 달하는 것으로 추정되었다.

진상규명 조차 제대로 안돼 50여 년 간 유족들 가슴에 응어리져 있는
이 사건은 폭격의 와중에서 살아남은 장학상 씨(당시 36세·1996년 사
망) 등이 사건 직후 천신만고 끝에 울릉도로 돌아와 세상에 알려졌다.

장씨 등 생존자 2명은 "울릉도 방향에서 날아온 12대의 폭격기가 2개
조로 나눠 600m 상공에서 선회하며 융단폭격, 조업현장은 순식간에
아비규환으로 변했다. 30여 척의 동력선에 척당 5~8명이 타고 있었으
니까 150여 명 정도가 숨졌다고 보면 될 것 같다"고 말했다.

당시 미군정은 사건발생 8일이 지나도록 폭격사실 등을 부인했다. 그
러다 미 공군 극동사령부를 통해 미 제5공군 소속 B29폭격기가 어선
들을 바위로 오인해 연습폭격을 했다고 발표했을 뿐 진상을 공개하지

폭격사건　1948년 6월 8일
우리 어민들은 힘없는 백성의
서러움을 너무나 큰 비극으로
겪어야 했다. 이현세 화백의 이
그림은 미공군의 폭격과는 직
접적인 관계는 없다. 하지만 일
본의 간계에 의해 독도폭격이
진행되었다고 추정할 수 있는
증거들로 볼 때 의미가 있는
그림이다.

독도폭격사건 희생자 위령제
푸른 울릉·독도 가꾸기 모임과 한
국외대 독도연구회에서 주최한 위령
제(2005. 6. 8.)

않았다.

1948년은 미군이 이 땅의 모든 것을 쥐고 있을 때였다. 우리는 항의할 정부조차 없었다. 사건 직후 미군 당국은 소청위원회를 구성, 울릉도와 독도에서 피해 내용을 조사했고 1명을 제외한 피해자들에게 소정의 배상을 완료했다고 발표했다. 그러나 배상 내용, 독도를 연습대상으로 지정한 경위, 사고에 따른 내부 처벌 등의 내용은 공개되지 않았다.

독도의용수비대 홍순칠 대장의 자서전에 의하면 포항 주둔 미 육군 소속의 몇 명의 장교와 사병이 울릉도에 들어와 배상문제를 처리했다고 한다. 당시 어른은 500환, 미성년자에게는 300환의 위자료를 지급했다는 것이다. 이 돈은 당시 미국 돼지 1마리에 해당되는 가치에 불과했다고 한다.

1950년 4월 25일 대한민국 수립 후 정부는 미 제5공군에 이를 조회했다. 미군은 같은 해 5월 4일자로 "독도와 그 근방에 출어가 금지된 사실이 없었다는 것과 또 독도는 극동 공군의 연습 목표로 되어 있지 않았다"는 공식 회답을 받았다.

그러나 미군기에 의한 독도 폭격사건은 1952년에도 있었다. 1952년 9월 한국산악회가 제2차 울릉도 독도 학술조사단을 파견했는데, 미군기의 독도 폭격으로 독도에 상륙하지 못하고 중도에서 포기해야 했다. 당시 독도에는 어민 23명과 해녀들이 있었는데 다행히 인명피해는 없었다.

우리 정부는 독도가 미 공군의 연습기지로 선정되었다는 사실에 대해 미군 측에 항의했다. 미 공군 사령관은 이에 대해 "1953년 2월 27일 자로 독도는 미 공군을 위한 연습기지로 선정됨으로부터 제외되었다"는 공식 답변을 내놓았다. 1948년의 폭격사건에도 불구하고 그때까지 연습기지 해제는 이루어지지 않았으며, 공군의 연습 목표로 되어 있지 않았다는 답변은 거짓이었다는 것을 알 수 있다.

이 같은 미군기 독도 폭격사건은 50년 가까이 역사의 뒤안길에 묻혔었다. 그러나 이 사건은 끝나지 않은 진행형이다. 이 사건도 노근리 사건과 마찬가지로 반드시 진실을 규명하고, 피해 유족들에게 합당한 보상 등이 이뤄져야 한다.

1995년 6월 23일, 7월 20일 - '푸른 울릉·독도가꾸기 모임' 과 한국외대 '독도연구회' 는 1948년 독도폭격 생존자들과 면담 취재했다.

불발탄　독도주변에는 지금도 간혹 녹슨 폭탄들을 볼 수 있다. 몇해 전 우리 정부에서 대거 수거해 흔적들을 없애버렸기 때문에 요즘은 폭탄 구경도 힘들다.

태극기 흔들며 "살려 달라"

공두업 씨의 증언(1995년 현재 83세)

"1948년 6월경 독도(서도 물골 근처)에서 미역채취 중 잠시 휴식을 취하고 있을 때였다. 난데없이 비행기(증언으론 몸체 곳곳에 총구가 나와 있는 것으로 보아 폭격기로 추정된다)가 날아와 바다 위로 기관총을 난사했다. 갈매기들이 총에 맞아 무수하게 널렸고, 바다는 핏물로 변했다."

공 씨는 급히 배를 돌려 울릉도로 돌아왔다. 독도에서 미역채취를 못 하면 생계가 곤란했기 때문에 당시 경찰총무였던 이종오 씨에게 독도 폭격사실을 보고했다. 며칠 뒤 안심하고 조업을 하라는 이종오 씨의 통보를 받고 2차로 미역채취를 위해 독도에 배를 띄웠다.

그런데 그날 또 폭격이 있었다. 폭격시간을 아침 10~11시 정도로 기억하고 있다는 공씨는 당시 바다 위에 떠있는 배들의 숫자를 32척으로 기억하고 있다. (본인이 직접 세어보았다고 주장) 강원도에서 온 배들이 대다수를 차지했으며, 그 중의 한 척은 미역과 물물교환을 위해 쌀, 술 등을 싣고 온 배였다.

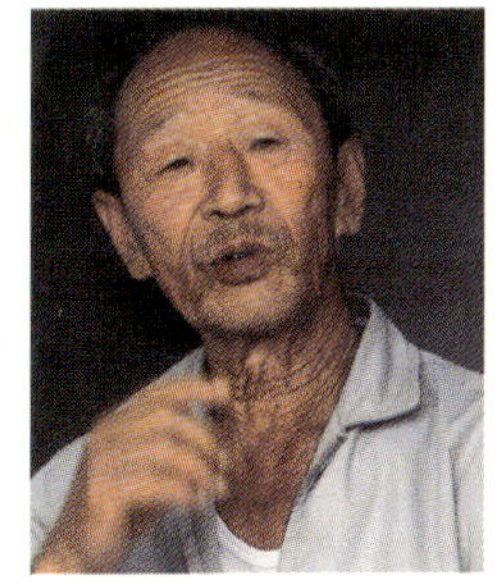

공두업 옹　비행기가 날아와 바다 위로 기관총을 난사했다고 증언한다.

194

울릉도 주민 김유길 씨는 "96년 경 주문진에 사는 중년의 형제가 찾아와 40년대 후반 아버지가 미역 채취하러 독도에 들어갔다가 돌아가셨다며 위령비가 어디 있는지 물어본 적이 있다"고 기억한다. 김씨는 "당시 사건 현장에는 강원도 어선이 대부분이어서 사망자의 대다수도 강원도 사람이라는 말을 들었다"고 전한다.

공씨의 증언에 의하면, 서도 쪽에서 조업을 하던 배들은 모조리 가라앉았으며, 어부들은 태극기를 흔들며 도주하려 했으나 역부족이었다고 한다. 파괴되지 않은 배는 강원도 소속의 배 1척과 공씨의 배였으

표) 1948년 6월 독도폭격사건의 인명 및 재산피해(홍성근, "독도폭격사건의 국제법적 쟁점 분석," 독도연구총서 10, 독도연구보전협회, 2003)

출신지 (희생자 수)			희생자 성명 등	비고
사망자 (16명)	강원도 (10명)	江陵郡 墨湖邑 (8명)	津 里: 金俊先(20), 厚浦里: 金東述, 權天, 金應和, 朴春植, 趙成龍, 吳在玉, 李天植	조선일보(6. 15)에서는 邊權天이란 이름이 있음. 신천지의 權天과 동일인물인 듯함. 조선일보(6. 20)에서는 강원도 墨湖: 1명이 사망했다고 함.
		蔚珍郡 平海面 二東里 (2명)	金圭東(39), 金仲順(19),	조선일보(6. 15)에서는 金圭東(39), 金仲順(19) 씨가 사망자 명단에서 빠져 있음. 조선일보(6. 20)에서는 강원도 울진군 湖月里: 2명, 竹邊里: 6명이 사망했다고 함.
	울릉군 남면 (6명)	道洞	高元五(19), 金海述(19), 蔡一洙(28)	조선일보도 같은 내용임.
		苧洞	崔台植(30), 金泰鉉(30), 金海道(21)	조선일보도 같은 내용임.
중상자 (3명)	강원도 (1명)	墨湖邑	李完植(34)	
	울릉군 남면 (2명)	道洞	張鶴祥(35), 李相周(31) * 장학상: 두다리 및 허리관절 부상, 운신 어려움. 불구의 위험있으나, 생명에 지장 없음. 이상주: 두눈에 파편 들어가 실명가능성 있음. – 영제의원 의사 田石鳳 소견	조선일보(6. 15)에서는 장학상을 張學商으로 이상주는 리상유(李商由)로 표기하고 있음. * 조선일보(6. 11)에서는 즉사: 16명, 중상자: 10명으로 보도하고 있음.
침몰선박			發動船: 7척, 傳馬船: 14척, 帆船: 2척	조선일보(6. 20)에서는 소형선: 20척, 대형선: 3척 파괴. 손해액은 5백만원 정도라 함.

며, 그나마 파편과 충격으로 인해 심하게 파손된 상태였다고 한다.

생존자들은 자신들만 살았다는 죄책감과 참혹한 현장의 충격으로 고통스러워했다고 가족들은 전한다. 공두업 씨의 아들 공태우 씨는 "느거는 우째 살아왔느냐며 통곡하는 유족들을 피해 아버지는 한 달 가까이 산에 숨어 있었다. 아버지는 지옥 같은 폭격현장에서 친구들을 데리고 나오지 못한 것을 두고두고 한스러워했다"고 말한다. 그 후 사건 자체에 대해 입을 열지 않던 공두업 씨는 지난 90년 이후에야 단편적으로 증언을 시작했다.

지금까지의 희생자의 수는 30여 명으로 알려졌으나 그의 말에 따르면 당시 서도 부근에서 격침된 배에 승선한 인원들은 1척 당 5~8명이어야만 조업이 가능한 배들이었기에 최소한 150~320명 정도의 인원이 희생된 것으로 파악된다. 공씨는 살아 돌아온 후 경찰서로 찾아가 이종오 씨에게 격렬한 항의를 했으나 어떤 변명도 듣지 못했다고 한다. 배상문제에 관해선 공씨 자신이 어떤 배상도 받지 못했으며 다른 희생자 가족에게도 배상이 되었는지 여부조차 잘 모르겠다고 증언했다.

"수백 명은 죽었어"

장학상 씨의 증언(1995년 현재 83세)

당시 배를 소유한 선주였으며 공두업 씨와는 달리 동도 쪽에서 조업(미역채취)을 하던 중 폭격을 당했다고 증언했다. 폭격은 서도 물골 근처에서 시작되어 동도로 융단폭격이 이어졌으며, 12대의 폭격기가 2개의 편대로 나뉘어져 폭격을 했다고 한다.

그 때 장씨는 미역을 말리기 위해 동도에 상륙해 있었으며 600m 상공에서 시작된 폭격에 사람들이 죽고 다치며 배가 가라앉는 참상이 벌어졌다고 한다. 폭격이 끝난 후 자신의 배를 이끌고 울릉도로 돌아오려고 했으나 항해가 불가능했다. 당시 옆구리가 파편으로 찢어진 이와 발목이 파편으로 날아간 강원도 사람 2명과 함께 공두업 씨, 이상주 씨

장학상 옹 약 80여 척의 배 (이것은 동력선과 거기에 딸린 배에 싣고 온 소형 배들을 모두 합쳐서 낸 숫자임)가 있었고, 거의 다 침몰했다고 한다.

등이 상처를 입고 있었다.

장씨는 울릉도로 돌아온 후 한 달 가량 병원에서 치료를 받았으며 그 때 미국인들이 찾아와 병세를 묻던 기억이 있다고 증언했다. 하지만 아무런 보상도 없었다.

그 역시 공두업 씨의 증언과 마찬가지로 동력선 1척 당 5~8명이 있어야 조업이 가능한데, 그 당시 동도와 서도 합쳐서 약 80여 척의 배(이것은 동력선과 거기에 딸린 배에 싣고 온 소형 배들을 모두 합쳐서 낸 숫자임)가 있었고, 거의 다 침몰했다고 한다. 공씨가 서도에서 폭격당하며 본 희생자들의 숫자에 동도에서 희생된 사람들의 숫자를 합하면 희생자의 수는 더 늘어나게 된다.

"보상은 없었다"

폭격 당시 사망한 김태현 씨 아들 김찬수 씨의 증언

김찬수　폭격 당시 사망한 김태현 씨 아들 김찬수 씨

김찬수 씨는 당시 상황은 주위 어른들에게 들은 것이라며 입을 열었다. 폭격 당일 날 오전 11시 경 비행기들이 독도 쪽으로 떼 지어 날아가는 것을 울릉도 사람들이 보았다고 한다. 얼마 뒤 독도 쪽에서 불꽃이 터지는 것을 울릉도 주민들이 목격하고 "이제 독도 사람들 다 죽었다"며 불안과 공포에 떨었다고 한다.

당시는 나이가 어려 자세한 내막은 알지 못하겠으나, 후에 미군 측에서 보상금과 물건이 나왔는데 이것은 희생당한 사람들의 영혼을 위로하는 위령제 경비로 다 쓰이고 희생자 가족 측에서는 보상금을 받지 못했다는 동네 어른들의 말을 들은 적이 있다고 알려줬다.

김정명 作

독도폭격사건의 배후는 일본?

미군의 독도 폭격사건은 일본의 농간에 의해 진행되었다

2005년 4월 초 울릉도 사람들로부터 믿기 힘든 이야기들을 전해 들었다. 1948년 미군의 독도 폭격사건이 일본의 농간에 의해 진행되었다는 것이었다. 무장공비들이 독도에 근거지를 두고 움직이고 있다는 허위 정보를 미 공군에 제공, 독도를 폭격하도록 했다는 것이다. 하지만 정보의 실체를 확인하기는 어려웠다. 아무리 일본이지만 설마 그렇게까지 하지는 않았을 것이며, 반일감정이 만들어낸 이야기일 것으로 생각했다. 그런데 인터넷에서 자료를 검색하다 놀랄만한 사실을 확인할 수 있었다. 마크 로브모(Mark S. Lovmo)라는 미국인 교사가 쓴 〈1948년 6월 8일 독도폭격사건에 대한 심층적 연구(Minneapolis, Minnesota, U.S.A. May 2003)〉라는 논문이 그것이다. 영국왕립아시안학회와 고려대학교 부속연구소에서 내는 학술지에 실리기도 한 이 논문은 당시 독도를 직접 폭격했던 존 깁슨(John Gibson)의 증언을 싣고 있다. 내용을 정리하면 대략 다음과 같다.

향년 83세인 존 깁슨 씨는 1965년 미 공군중령으로 예편하였다. 1948년, 깁슨 씨는 미 93폭격비행대대에 속한 미 329폭격비행대의 공군대령이자 비행대 폭격수였으며, 그 해 여름 그가 일본 오키나와에 배치되었을 당시 미 329폭격비행대에 근무하고 있었다.

그는 그 여름에 있었던 여러 편대폭격훈련 중, 한 임무에 대해서 기억하고 있었으며, 그 비행폭격임무에서 그와 그의 폭격비행 승무원들은 "어느 한 섬의 주위에 있는 작은 만과 또 다른 한 섬의 끝자락 내부에…." 폭격을 했었다고 전했다.

그는 그 해 6월, 미 공군이 폭격 목표로 사용했던 한 섬에 한국 어선들이 있었다는 한국 소식통들의 주장을 접하자마자 즉시 그가 수행했던 한 폭격임무를 상기해 냈으며, 그 작전에서 미 93폭격비행대대가 폭격했던 그 섬의 작은 만에 선박들이 있었다고 덧붙였다.

"우리는 어느 한 섬 밖에 위치한 모래톱 형태의 지역에 폭격을 했다. 폭탄은 그 섬의 작은 만 위로 떨어졌다. 그리고 그 작은 만에 선박들이 있었다…. 그곳에서 사람들이 마약 또는 다른 어떤 것을 하고 있었다고 생각한다…. 그 모든 일들이 낮에 일어났으며, 그 작전지역에 선박들이 있었으나 그 배들은 마약 수송선들이었으며, 그 날 낮 그 섬을 은신처로 사용하고 있었다는 말을 나중에 들었다…나는 그 배들을 보았기는 했으나 그들의 실체에 대해서는 다른 사람의 말을 통해서 알게 되었다."

독도에 무장공비나 마약 수송선들이 있다는 잘못된 정보를 미공군에 전해준 것은 누구인가? 울릉도 어민들은 일본이 농간을 부린 것으로 믿고 있다.

물론 정확한 정보는 아니지만 정황 증거는 찾을 수 있다. 일본이 독도 폭격사건을 자신들의 영유권 주장의 도구로 삼고 있기 때문이다. 즉 일본은 독도 영유권을 주장할 근거를 마련하기 위해 주일 미 공군에게 허위 정보를 제공함으로써, 독도를 폭격연습장으로 삼게 했을 가능성이 얼마든지 있다.

실제로 일본은 1953년 7월 13일 독도가 일본 영토라고 주장하는 장문의 〈일본 정부견해〉를 한국에 보내왔다. 이 가운데 독도 폭격사건에 대한 부분이 있는데 내용은 다음과 같다.

죽도(독도)는 미 공군의 제5극동공군 기동훈련장의 하나로 배정되었는데, 이것은 1952년 2월 28일 서명된 미일안보조약 제3조 하의 행정협정에 따라서 … 이 섬을 일본 영토에 포함시킨 것을 전제한 것이다. 이어서 1953년 3월 19일 미일합동위원회의 소위원회는 죽도를 미 공군의 기동연습장 배정에서 제외했는데, 이 조치는 의문의 여지없이 죽도가 일본 영토의 일부라는 사실에 기초를 둔 것이다.

일본 정부는 우리 정부에 이 같은 견해를 발송한 후 독도에 일본 관리와 경찰관을 직접 상륙시켜 영토표지판과 게시판 등을 설치했다. 미군의 독도폭격을 계기로 독도침탈을 노골적으로 시도한 것이다.

한편 일본정부의 견해에 대한 우리 정부의 답변은 다음과 같다.

일본 정부는 죽도가 미 공군의 기동연습장으로 배정된 것을 두고 독도가 일본영토임을 전제로 한 조치라고 해석했는데, 그러한 전제 해석은 아무런 근거도 없는 일본 정부의 자의적 해석에 불과하다. 그와는 반대로 한국 정부가 미 공군에 항의서를 제출한 결과 미 공군 사령관은 1953년 2월 27일 한국 정부에게 독도가 미 공군의 기동연습장으로부터 제외되었다는 것을 공식적으로 통고해왔다는 사실을 일본 정부는 알아야 한다.

한국과 일본이 전쟁을 한다면?

한국해군 반나절 만에 독도를 강탈 당한다

『이지스 세종대왕함』

일본의 독도에 대한 야욕의 수위는 시간이 갈수록 높아지고 있다. 2000년 9월 일본 총리로서는 사상 처음으로 모리 요시로 총리가 독도가 '역사적으로나 국제법상으로 일본 영토임이 명백하다' 고 주장했다.

일본의 독도야욕이 구체적으로 드러나는 부분은 교과서다. 초중등학교 교과서는 물론 사회과 부도에도 독도를 자국령으로 기술하고 있다. 또한 일본 문부과학성은 2008년 7월 14일 독도 영유권과 관련해 중학교 사회 교과서의 새 학습지도요령 해설서에 '독도는 일본땅' 이라고 명시하고 이를 한국정부에 통보했다.

시마네현의 독도 탈환에 대한 열의는 한국인 못지않다. 1970년대 말부터 시마네현 청사를 비롯한 거리 곳곳에 '다케시마는 일본 영토이다. 돌아오라 섬과 바다' 라는 간판을 10여 개나 설치해 두고 있다.

독도 반환을 요구하는 극우단체의 시위도 도쿄를 중심으로 끊임없이

이지스 세종대왕함 우리 해군 최초의 이지스함인 세종대왕함(7600톤).

공고급 이지스함 일본 해상 자위대 공고급(9000톤) 이지스함은 동시에 10개의 대공목표를 타격할 수 있다.

열린다. '국수 국방연합' '일본민족 청년동맹' '국수 보정회' '대일본 국수정의회' 등 일본의 대표적인 우익단체들이 주도하고 있다.

2000년대에 들어서면서 일본의 독도 영유권 주장은 더욱 강화되었다. 일본 내에서 우경화, 패권주의 경향이 고조되면서 독도 영유권 주장도 거세졌다. 일본은 2005년이 되면서 더욱 극렬하게 독도 탈환을 주장한다. 세계 최강의 러시아를 제압, 독도 앞바다에서 항복을 받은 지 100년이 되는 해였다. 2005년 3월 16일 시마네현은 독도 편입 100주년을 기념한다며 다케시마의 날을 제정했다.

일본은 독도에 대한 정비를 마친 것으로 알려지고 있다. 외무성·문부과학성·방위성·해상보안청 등 모든 부처들은 빠짐없이 독도를 자국의 영토에 포함시키고 있다. 국제사법재판소의 제소를 염두에 둔 조치다. 외무성 홈페이지에는 '독도의 영유권' 주장을 공식적으로 표명하고 있다. 외무성은 2008년 2월 '다케시마(독도) 문제를 이해하기 위한 10가지 포인트'를 게재하고 있다. 방위성도 2005년 이후 3년 째 방위백서에 '일본의 고유영토'로 기술했다.

급기야 일본 정계에서는 독도 탈환을 위해 전쟁불사론까지 나오고 있으며, 1998년에는 실제 일본 육해공 자위대 병력이 독도 탈환을 겨냥한 대규모 상륙 훈련을 하기도 했다. 그렇다면 일본의 독도침탈에 대한 우리의 대응력은 어느 정도의 수준일까? 만약 한국과 일본이 독도를 사이에 두고 전쟁을 벌인다면 어떤 결과가 나올까?

결론부터 말하자면 동해로 침탈해오는 일본에 맞선 우리 해군은 하루를 버티지 못하고 전멸한다. 안병태 전 해군참모총장은 독도를 둘러싼 한일간의 무력충돌이 발생할 경우 "반나절 만에 독도를 강탈 당한다"
고 주장해 충격을 주었다.

한·일 해군(일본은 해상자위대)과 해양경찰청(일본은 해상보안청)의
함정, 탐사선 등의 성능과 규모, 전력을 비교해 보면 우리는 일본의 상
대가 되지 못한다. 해군력의 경우 우리 해군이 3개 함대사령부에 병력
6만 8670명(2004년 기준, 해병대 2만7060명 포함)을 보유한 반면 일본
의 경우 1개 호위함대 사령부(기동함대)와 5개 지방대(地方隊·해역함
대)에 4만 5842명(2005년 기준) 규모다.

병력 규모로 보면 우리가 2만 명 정도 많지만 전력수준으로 보자면 3
분의 1에 불과하다. 일본 해상자위대는 전 세계적으로도 손색이 없는
탄탄한 전력을 갖추고 있다. 일본의 상대는 우리나 중국이 아니라 과
거 소련의 극동함대였다. 북한 해군에 초점을 맞춘 연안해군(coast
navy) 한국과는 달리 일본 해군은 소련해군과 맞짱 뜰 의도로 키운 대
양해군(Blue navy)인 것이다.

잠수함 전력도 3배 이상 차이가 난다. 일본이 보유한 오야시오급 잠수
함은 독일이 내놓은 212급 잠수함과 더불어 세계 최고의 재래식 잠수

오야시오급 잠수함　일본 해
상자위대의 오야시오급 잠수함
은 세계 최고의 재래식 잠수함
으로 꼽힌다.

독도함 2005년 7월 12일 진수된 국내 최초이자 아시아 최대 규모의 대형 수송함(LPX) 독도함.

함으로 꼽힌다. 일본은 현대적인 잠수함을 독자적으로 설계해 건조할 수 있는 세계 최고의 기술을 갖고 있다. 항공전력은 우리보다 9배나 앞섰다.

만약 일본이 2개 이상의 호위대군을 이끌고 독도를 기습하여 점령한 다음 독도가 일본 땅이라고 선언한다면 우리로서는 두 손 놓고 지켜볼 수밖에 없다. 한국해군은 일본의 이지스함 때문에 꼼짝도 못할 것이고 만약 전투에 나선다면 전멸을 각오해야 할 것이다.

이런 비참한 결과를 피하기 위해서는 해군의 본래 계획대로 3개의 기동전단 체제로 가야하고, 군사력을 더 키워야 한다. 우리 주변국은 세계랭킹 1위~5위의 군사력을 가진 초강대국들이다. 이들을 상대로 승리하기는 힘들어도 최소한 '우리를 건드리면 너희도 다친다' 라고 협박 할 정도의 힘은 가져야 한다.

1953년 5차례에 걸친 일본의 독도 침략

1952년 1월 18일 대한민국은 인접해양에 대한 대통령선언(평화선)을 발표했다

『시마네현 독도표지석』

1952년 1월 18일 대한민국은 인접해양에 대한 대통령선언(평화선)을 발표했다. 이 선언에는 독도가 우리 영토로 포함되어 있었다. 열흘 뒤인 1월 28일 일본 외무성은 이에 대해 항의해왔다. 독도 영유권분쟁을 일으킬 목적이 분명했다.

일본 정부는, 도근현 어업시험장의 시험선 시마네마루가 1953년 5월 28일 오전 11시경 해산물 실험조사를 위해 독도(죽도)부근을 항해하다가 '약 30명의 한국인들이 독도와 그 수역에서 해초와 갑각류 해산물을 채취하고 있는 것을 발견했다' 고 지적하면서 '일본 영토인 죽도' 에 한국인들의 불법침입을 항의한다는 구상서*를 보내왔다. 이것이 1차 침입이다.

2차 침입은 1953년 6월 25일 오후 4시30분 경. 미국기를 게양한 일본 수산시험청 소속 100톤급 선박이 들어와 9명이 독도에 상륙했다. 이들은 독도에 있던 우리 어민 6명에 대해 조사했다. 이들은 또 독도 폭격

시마네현 독도표지석　 독도에 침범한 일본 해상보안청 순시선 오키호와 쿠주류호는 2개의 경계 표목과 2개의 게시판을 설치했다.

* 구상서(口上書) : 외교 문서 형식의 한 가지로 상대국에 대한 의사를 구두로 전하는 대신 글로 적어서 전하는 것을 말한다.

시마네현 표석 일본인들은 日本 島根縣 隱地郡 五箇村 竹島 라고 적힌 말뚝을 박았다.

사건 희생 어민을 위한 위령비까지 파괴하는 만행을 저지르고 돌아갔다.

3차 침입은 이틀 뒤인 6월 27일 오전 10시경에 있었다. 8명의 일본인이 독도에 상륙해 독도에 머무르고 있는 우리 어민들에게 체류 이유 등을 묻고는 돌아갔다.

네 번째는 단단히 준비를 하고 침입했다. 1953년 6월 28일 오전 8시경. 일본 해상보안청 순시선 오키호와 쿠주류호는 미국기를 게양하고 독도에 침입했다. 약 30여 명의 일본인은 권총, 카메라 등을 휴대하고 들어와 사전에 제작해온 2개의 경계 표목과 2개의 게시판을 설치했다.

표목에는 〈日本 島根懸 隱地郡 五箇村 竹島〉라고 적혀있었다. 독도가 자기네 영토라고 주장한 말뚝을 박았던 것이다. 게시판에는 '일본 국민 및 상륙을 위해 합법적 절차를 받은 외국인을 제외하고 일본 정부의 허가를 받지 않은 모든 사람의 출입을 금지한다' 는 내용의 글이 적혀있었다. 다른 하나의 게시판에는 '허가 없이 어로 작업에 종사하는 것은 금지' 한다는 요지의 글이 적혀있었다.

일본 관리들과 경찰들은 동도에 이 표목과 게시판을 세웠다. 표목의 크기는 높이 230cm, 너비 15cm이었다. 게시판은 높이 45cm, 너비 60cm의 크기였다. 표목과 게시판을 건립한 후 조업 중이던 한국인에 대해 "이 섬은 일본의 영토이니 이후에는 이 섬에 침범, 어로 작업을 하면 일본 경찰에 의해 처벌을 받게 된다"고 협박하고 돌아갔다.

5차 침입은 1953년 7월 12일에 있었다. 이때는 울릉도경찰서에서 경관 3명이 파견되어 있었다. 이들은 일본 선박의 접근을 발견하고, 그들에게 "이곳은 한국의 영토이다. 일본은 이 섬에 들어올 수 없다"고 경고

했다. 경찰들은 일본 선박에게 울릉경찰서까지 같이 갈 것을 요구했다. 일본 관헌은 "죽도(독도)는 우리 일본의 영토이다"라고 주장하며 일본으로 돌아갔다. 한국경찰은 몇 발의 위협사격을 가했다.

물론 이후에도 일본의 독도 침입은 그치지 않았다. 1953년 9월 17일 오전 9시 30분경 일본 수산시험청 소속 선박 1척이 독도의 수역에 침입했고, 같은 날 12시 30분경에는 어업시험관을 포함한 일본 관리들이 독도에 불법적으로 상륙하기도 했다.

이처럼 일본의 독도 침범이 시작된 1953년은 우리가 6·25전쟁으로 어려움을 겪고 있을 시점이었다. 바다 멀리 독도에까지 신경 쓸 여력이 없었다. 일본은 이 점을 이용하려했던 것으로 보인다. 남의 불행은 자신들의 행복이라 판단했는지 모를 일이다.

독도에 경찰이 주둔하는 이유

독도에는 왜 군인이 아닌 경찰이 주둔하는가?

『독도에 주둔하는 전투경찰』

독도에는 왜 군인이 아닌 경찰이 주둔하는가? 한일 간에 독도 문제가 불거질 때마다 제기되는 의문이다. 국경선은 군인이 지켜야 하는 것 아닌가하는 것이다. 해군이나 정예 해병대를 주둔시켜 우리의 영토임을 명백히 하자는 견해도 많다.

특히 일본 시마네(島根)현 의회가 2005년 3월 16일 다케시마(독도)의 날 제정 조례*안을 가결하자 '경찰로는 부족하며, 독도에 군대를 배치해 일본의 도발을 원천봉쇄해야 한다' 는 목소리가 높다.

장영달 의원(열린우리당), 박계동 의원(한나라당), 재향군인회 등은 독도에 군대를 파견하라며 강력한 군사대응을 촉구하고 나섰고, 네티즌도 해병대를 상주시키고 미사일을 배치하라는 등의 의견을 국방부 홈페이지에 올렸다.

네티즌들은 독도에 해병대를 주둔시켜 일본의 영유권 주장에 쐐기를 박아야 한다는 내용의 글을 다수 올렸고, 일부 포털사이트는 이를 토

* 조례(條例) : 지방자치단체의 의회에서 제정되는 자치법규. 조례는 법령에 의하여 위임된 경우뿐만 아니라 지방자치단체 자체의 발의에 의한 제정도 가능하다.

독도의 경찰 주둔지 독도는 분쟁지역이 아니라 우리 영토이기 때문에 군대가 주둔할 이유가 없다.

론 주제로 삼아 네티즌들의 참여를 유도하기도 했다.

하지만 이 같은 주장에 대해 우리 정부는 '경찰력으로도 아무런 문제가 없다'는 입장이다. 경찰이 주둔하는 것은 독도가 우리의 행정영역임을 의미하는 것이기 때문에 군대든 경찰이든 관계가 없다는 것이다. 오히려 군대가 주둔할 경우 독도가 분쟁 지역임을 의미하게 되어 우리 정부의 기본 방침인 '독도는 분쟁지역이 아니다'는 입장과도 배치된다고 말한다.

외교통상부는 "독도는 분쟁지역이 아니라 우리 영토이기 때문에 군대가 주둔할 이유가 없다"며 "국내 치안은 경찰이 맡는 것이 당연하다"고 밝혔다.

외부세력의 영토 침입 시 격멸하는 게 군의 임무라고 하지만 한국이 독도를 실효적으로 지배하고 있는 이상 경찰을 대신해 군이 주둔하게 되면 오히려 일본의 '영토분쟁 지역화' 의도에 말려들 수 있다는 것이다.

따라서 정부는 일본 시마네현이 '다케시마의 날' 조례안을 통과시키자 경비함정 1척을 추가 배치해 경찰의 경비태세를 강화하겠다며 현재 경찰이 맡고 있는 독도 경비시스템을 유지해 나갈 것임을 밝혔다.

현재 독도는 1956년 경찰이 독도의용수비대로부터 경비업무를 넘겨받

* 동방훈련 : 독도 영공 및 영해 방어를 목적으로 해군과 해양 경찰청이 매년 여섯 차례에 걸쳐 실시하고 있는 합동훈련. 이 훈련에 투입되는 공군 전력은 F-16 전투기 2대와 F-4 팬텀기 2대등 4대의 항공기를 출격시키도록 계획돼 있다.

은 이후 50년째 경비를 맡고 있으며 섬은 40명 정도의 독도경비대가, 인근 해역은 4척의 해양경찰청 경비함이 지키고 있다.

독도가 백령도처럼 북한군과 직접적으로 대치하고 있지 않기 때문에 다른 섬들과 마찬가지로 경찰에게 임무를 넘기고 있는 것도 또 한 가지의 이유다. 북한군 특수부대가 단 20여 분만에 상륙할 수 있는 백령도에는 이를 저지할 타격수단을 갖춘 해병대가 필요하지만 육지에서 멀리 떨어진 독도는 상황이 이와 다르다는 것이다. 물론 우리 군과 해경은 독도 영공 및 영해 방어를 목적으로 합동훈련(작전명 동방훈련*)을 매년 실시하고 있는 것으로 알려졌다.

극단적으로 일본이 무력으로 도발했을 경우에도, 우리의 경찰을 군대로 제압한다면 다른 나라들에 명분이 서지 않을 것임도 간과할 수 없다. 더불어 일본과 우리나라는 공식적으로 우방국으로 되어 있기 때문에 군대를 주둔시키는 것은 국제관례에도 맞지 않다. 마치 남쪽 국경지대인 마라도에 군대가 주둔하지 않는 것과 같은 이치다.

독도를 폭파시켜버리자

독도는 갈매기가 배설물을 뿌리는 곳에 불과하다

『독도는 말한다. 나는 한국의 영토라고』

"독도는 갈매기가 배설물을 뿌리는 곳에 불과하다. 내가 일본 측에 섬을 폭파하자고 제안했다."

1962년 당시 김종필 중앙정보부장이 도쿄에서 이케다 하야토 총리, 오히라 마사요시 외무장관과 회담한 뒤 워싱턴을 방문, 딘 러스크 미 국무장관을 만난 자리에서 한 말이다.

이 같은 사실은 한일국교정상화 회담*에 대해 다룬 신문은 물론 1996년 해금된 미국의 외교문서에도 잘 드러나고 있다. 미국 외교문서에는 김종필 당시 중앙정보부장이 1962년 한·일 국교정상화교섭 때 독도 폭파를 일본 측에 제안했던 사실이 기록되어 있다. 일본 요미우리(讀賣)신문도 1996년 해금된 미 외교문서에 한국 측 수석대표였던 김종필 중앙정보부장이 독도 폭파를 제안했으나 일본 측이 거부했던 경위가 들어있다고 전했다.

당시의 다른 언론에서도 독도 폭파론의 진위를 확인할 수 있다. 언론

* 한일국교정상화회담 : 1965년 한국과 일본은 양국의 일반적 국교관계를 규정한 한일기본조약(韓日基本條約)을 체결, 국교관계를 새롭게 시작했다. 그러나 청구권문제·어업문제·문화재반환문제 등에서 한국 측의 지나친 양보가 국내에서 크게 논란이 되었다.

어린이들의 항의시위

에 따르면 김종필 씨는 일본 이케다 수상과의 회담에서 "차라리 독도
를 폭파해 버릴까?"라고 말했다고 한다.(일본 교도통신이 도쿄에서
가진 인터뷰를 전재한 1962년 11월 13일자 조선일보, 한국일보 등)
독도 폭파론에 대해 일본 측에서도 동조하는 발언이 나오기도 했다.
1962년 9월 3일 제6차 한·일 회담 2차 정치회담 예비절충 4차 회의
회의록에 따르면 일본 측 대표인 이세키 이나지로(伊關稻次郎) 국장은
"사실상 독도는 무가치한 섬이다. 크기는 히비야공원 정도인데, 폭파
해버리면 문제가 없을 것"이라고 말했다.
하지만 일본 측의 속셈은 그것이 아니었다. 어떻게든 독도 문제를 해
결하려고 덤볐다. 일본 측의 집요한 독도 문제 제기에 김종필 씨는 제3
국 조정안을 제시하기에 이르렀다. 협상 최고 책임자로서 우리의 영토
를 제3국에 맡기자는 어처구니없는 제안을 한 것이다.
〈연합통신〉이 입수한 한일회담 회의록에 따르면 김 부장은 두 차례
(1962년 10월 20일, 11월 12일)에 걸친 오히라 마사요시(大平正芳) 일
본외무장관과의 정치담판에서 오히라가 국제사법재판소 제소를 통해
독도 문제를 해결할 것을 요구한데 대해 제3국 조정안을 제시한 것으

로 드러났다.

이런 사실은 당시 김-오히라 회담이 배석자 없이 이루어져 정확한 회담내용은 확인되지 않고 있다. 하지만 양자 회담이후 후속 협상을 진행했던 양국회담 대표단간의 회의록(한국 외무부 정무국) 곳곳에서 확인되고 있다.

이처럼 독도 문제가 부각되자 박정희 최고회의의장은 1962년 11월 8일 긴급훈령을 내렸다.

"일본 측에 독도 문제는 한·일 회담의 현안이 아니라고 지적하고, 일 측이 이 문제를 제기하는 것은 한국민에게 일본의 대한침략을 상기시킴으로써 회담의 분위기를 경화시킬 우려가 있다고 지적하라."

그렇지만 11월 12일 재개된 김-오히라의 2차 회담에서도 독도 문제가 협의됨으로써, 결과적으로 박정희 의장의 훈령을 위반한 셈이 되었다.

일본이 끊임없이 독도 영유권 주장을 되풀이하는 것은 한일 국교정상화회담에서의 얻은 자신감을 바탕으로 하고 있다. 당시 김종필 씨가 확실하게 영유권주장을 하지 못하고, '독도 폭파론', '제3국 조정안' 등을 제시함으로써 시작되었던 것으로 알려지고 있다.

장명봉 교수(국민대 법학)는 "한·일 교섭의 주역이었던 김종필 씨는 일본의 독도영유권주장 등의 망언을 잉태시킨 책임자로서 민족과 역사 앞에 정중히 사죄해야 한다"는 내용의 글을 신문에 싣기도 했다.

독도를 일본에 양보하라

독도를 한국과 일본이 공동관리하라?

『박정희 전 대통령』

2004년 6월 21일에는 독도폭파 발언에 대한 새로운 내용이 공개되어 다시 한 번 충격을 안겨주었다. 〈연합뉴스〉가 6월 22일 미 국립문서보관소에서 발견한 1,000여 쪽의 한일 수교관련 외교문서에 따르면, 미국이 지난 1965년 한일수교를 강요하는 과정에 "다케시마(竹島)는 일본 땅"이라는 일본 땅 주장을 대폭 받아들여 독도를 한국과 일본과 공동 관리하라며 사실상 독도를 포기하라는 압력을 행사한 사실이 밝혀진 것이다. 또한 미국은 어업수역에 관한 한일 협상에서 한국 측의 평화선 등을 포기하고 일본 측의 12마일 선 주장을 수용할 것을 강력히 요구하기도 한 것으로 알려졌다.

미국은 박정희 전 대통령이 한일 수교문서 서명 한 달 전인 1965년 5월 워싱턴을 방문했을 때 독도 문제 중재안을 제시했다. 당시 딘 러스크 미 국무장관은 5월 27일 자신의 집무실에서 박정희 전 대통령을 만나 미국이 생각하는 독도 문제 해결 방안을 제시했다.

국립문서보관소에 있는 '국무부 (기밀) 대화 비망록' 에 따르면, 러스크 장관은 한국 측 통역인 조상호 씨, 미국 측 통역 폴 크레인 씨 등이 배석한 가운데 박정희에게 한일 협상의 조기타결을 희망한다면서 그것이 양국에 이익이 될 것으로 본다고 말했다.
이 자리에서 박정희는 독도를 폭파시켜버리고 싶다고 말했다.

"수교 협상에서 비록 작은 것이지만 화나게 하는(irritating problems) 문제 가운데 하나가 독도 문제다...그 문제를 해결하기 위해 독도를 폭파시켜 없애버리고 싶다(President Park said he would like to bomb the island out of existence to resolve the problem)."

그러자 러스크 장관은 다음과 같이 말했다.

"미국과 영국 사이의 바다에도 100여 년 동안 싸움의 원인이었던 바위들이 있었다. 그러나 양측은 그 바위들이 양국 관계를 위태롭게 할 만큼 중요하지 않다고 생각해서 그저 그 바위들에 주의를 기울이기를 거부했다. 한국과 일본도 공동으로 관리하는 등대를 세우고 그 섬이 누구에게 속하느냐는 문제를 결정하지 말고 그대로 남겨둬서 자연히 (문제가) 사라지게 하는 것이 어떠냐?"

박정희는 이에 대해 "한·일 공동 등대 설치 방안은 잘 되지 않을 것" 이라고 말했다(President Park commented that a joint light house with Korea and Japan just would not work). 미국의 제안을 거부한 것이다. 그렇다면 독도 폭파 발언자는 과연 누구일까? 박정희 대통령인가 아니면 김종필 씨인가? 그 주인공이 누구이든 국가 최고 지도자의 국토관이 얼마나 한심스러웠는가를 절감케 한다.

'독도는 우리 땅' 노래가 금지곡이 된 사연

"울릉도 동남쪽/뱃길 따라 이백리/외로운 섬하나/새들의 고향/
그 누가 아무리/자기네 땅이라 우겨도/독도는 우리 땅"

지난 80년대 초반 '독도는 우리 땅'은 전국을 휩쓸고 있었다. 노래 제
목이 전국의 음식점 간판에 즐비하게 등장할 정도로 폭 넓게 불려졌
다. 방송에서도 앞 다투어 '독도는 우리 땅' 노래를 내보냈고, 동네 꼬
마부터 칠순 노인까지 부담 없이 따라 불렀다.

1982년 발표된 이 노래는 단순히 노래가 아니라 그 자체가 하나의 역
사가 되었다. 이 노래가 국민가요로 등장하게 된 계기는 이렇다. 당시
KBS 코미디 프로그램 '유머1번지'를 만들던 박문영 PD는 이 프로그
램에 우리 땅의 역사를 담은 노래들을 새로 만들어 부르는 역사노래코
너를 기획하면서 첫 노래에서 독도를 소재로 다루기로 했다. 박문영
PD는 이 노래의 탄생배경에 대해 다음과 같이 밝힌다.

"당시 신문에서 일본은 매년 초면 연례행사로 의회에서 독도 문제를 거론해 자신들의 영유권을 주장하고 상징적으로 순시선을 파견하는 일을 되풀이하고 있다는 기사를 읽고 그들의 간교함에 몹시 분개했습니다. 비슷한 때에 홍순칠 등 민간인으로 구성된 독도수비대가 이 외딴섬을 지키기 위해 일본 순시선을 총으로 쏴 쫓아낸 기사를 읽고는 큰 감동을 받았습니다."

서울 공대 건축과 재학시절 논두렁 밭두렁이란 남성 듀엣으로 가수생활을 하기도 했던 박씨는 사전이나 지도 등 자료들을 뒤져 직접 가사를 만들었다고 한다. 멜로디는 따로 작곡하지 않고 코믹한 구전리듬을 조금 편곡해 붙였다.

이 노래는 며칠 뒤 '유머1번지' 에서 방송된 후 가수 정광태 씨에 의해 정식으로 취입했다. 그러나 가수 정광태 씨를 일약 스타로 만든 이 노래는 한 순간 금지곡으로 묶이고 말았다.

누구도 그 사연에 대해 알지 못했다. 한창 인기절정이던 노래는 KBS의 금지곡 명단 맨 꼭대기에 들어 있었다. 그 때만 해도 금지곡으로 묶이고 나면 하소연할 곳도 없던 시절이다. 일단 금지곡으로 지정되면 그냥 포기할 수밖에 없었다.

그렇다면 누가 왜 이 노래를 금지곡으로 만들었을까? 지금까지는 반일감정이 악화되는 것을 원치 않았던 정부에서 지시한 것으로 알려졌다. 1982년 일본 교과서 왜곡 파동 때문에 1983년 6월부터 양국 간에 긴장감이 감돌았기 때문이다.

하지만 박씨는 KBS 모 이사의 자발적 충성 때문이었던 것으로 기억한다. 이 이사는 "국민 정서에 나쁘니 이런 이상한 노래는 방송하지 말라"고 지시했다고 한다.

그런데 이 노래는 우연한 이유로 금지곡에서 해제되었다. 박씨는 한 신문과의 인터뷰에서 "당시 허문도 문공부 차관이 만나자고 해서 갔더니 불쑥 '좋은 일 했더라' 고 하더군요. 무슨 소린가 했더니 전두환 대통령이 이 노래를 어떻게 들었는지 '거 좋은 노래 나왔더라' 고 각의 석상에서 칭찬했다는 거예요"라고 밝힌바 있다. KBS의 방송금지조치가 풀린 건 물론이다.

그렇지만 이 노래의 수난은 여기서 그치지 않았다. 이 노래는 나온 지 1년 남짓 만에 결국 정부의 압력에 의해 방송금지처분을 당하고 말았다. 반일 감정을 부추기는 노래라는 이유에서다. 일본으로부터 대규모 차관을 도입하려고 일본 측의 눈치를 보느라 급급했던 정부입장에선 이런 대중가요 하나도 껄끄러웠던 모양이다.

'독도는 우리 땅' 이란 노래는 너무나 긴 공백기간을 견디지 못했지만, 이후 한돌의 '홀로 아리랑' 이 등장, 다시 한 번 국민들로부터 인기를 얻기도 했다.

한돌 홀로아리랑으로 국민적 인기를 한몸에 받은 가수 한돌

하이드레이트가 욕심나서?

독도의 가치는 얼마나 될까

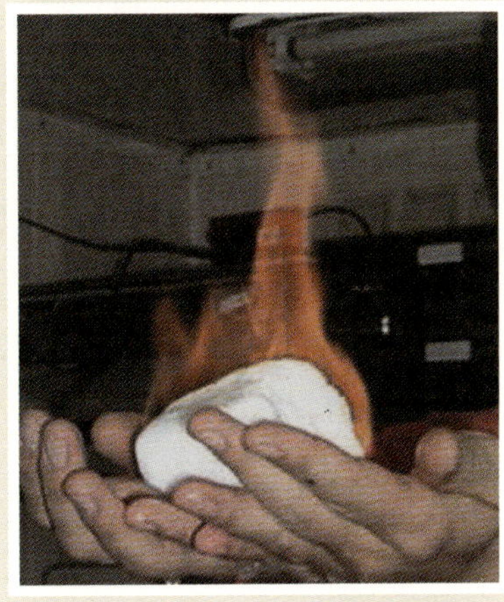

『하이드레이트』

독도의 가치는 얼마나 될까. 독도를 둘러싼 한·일간 다툼에는 국가간 자존심이라는 문제가 걸려 있지만 경제적 가치라는, 보다 현실적인 이유도 있다.

현실적인 이유는 대략 4가지로 정리해 볼 수 있겠다.

첫째, 독도 인근 바다는 북한 한류와 대마 난류가 교차하는 황금어장이다. 독도 주변 해역은 북쪽에서 내려오는 북한한류와 남쪽에서 올라가는 대마난류계의 흐름들이 교차하는 해역이다.

따라서 연어 송어 대구를 비롯하여 명태 꽁치 오징어 등 어민들의 주요 수입원이 되는 회유성 어족이 풍부하다. 겨울이면 오징어 집어등의 맑은 불빛이 독도 주변 해역의 밤을 하얗게 밝히곤 한다. 해저암초에는 다시마, 미역, 소라, 전복 등의 해양동물과 해조류들이 풍성히 자라고 있어 어민들의 주요한 수입원이 된다.

둘째, 일본이 독도에 집착하는 보다 중요한 이유는 독도 인근 해저에 묻혀 있는 지하자원 때문이라는 주장도 있다. 독도 인근 해저에는 '하이드레이트' 가 광범위하게 분포돼 있는 것으로 알려져 있다.

'하이드레이트' 란 메탄이 주성분인 천연가스가 얼음처럼 고체화된 상태로서, 기존 천연가스의 매장량보다 수십 배 많은데다가 그 자체가 훌륭한 에너지 자원이면서도 석유자원이 묻혀 있는지를 알려주는 '지시자원* ' 이라고 한다. 하이드레이트를 상업화하기 위해서는 상당 수준의 탐사개발 기술이 요구되는데, 일본은 그 동안 축적된 탐사자료를 바탕으로 지난해 11월 난카이 해구에서 시험생산에 돌입했다.

1997년 12월 러시아과학원 소속 무기화학 연구소에서 연구 중인 경상대학교 백우현 교수(화학과)는 연구소장 쿠즈네초프(Kuznetsov)로부터 '한국의 동해바다 한 지점에 붉은 색으로 하이드레이트 분포 추정 지역임을 분명히 표기하고 있는 지도' 를 선물로 받았다.(〈신동아〉, 1998년 9월호)

1998년 5월 백우현 교수는 러시아를 재방문, 하이드레이트의 자세한 정보를 부탁했다. 쿠즈네초프 소장은 "우리 연구소 규칙상 공개할 수 없는 자료다. 그런데 일본이 동해의 독도영유권을 끈질기게 주장하고 있다지요?" 라며 의미심장한 답변을 했다고 한다.

월간 〈신동아〉는 '일본이 독도를 자기네들 땅이라고 우겨온 중요한 이유가 동해상의 풍부한 해양자원 확보를 염두에 둔 전략이라는 항간의 소문이 근거있는 것임을 보여주는 대목' 이라고 추정한다.

러시아 과학원의 연구소에서 제공한 동해의 하이트레이트 분포추정지도나 석유발견지도의 경향을 보았을 때 독도 주변해역의 해양석유자원의 보유가능성은 매우 명확하며, 그 경제적인 가치 또한 매우 높다고 한다.

셋째, 독도는 경제적 가치뿐만 아니라 군사적으로도 중요하다. 독도를 손에 넣을 경우 태평양을 향한 해군 교두보뿐 아니라 유사시 군사 요충지 역할을 할 수 있기 때문이다. 지난 1905년 러·일 전쟁 당시 일본군은 독도에 망루를 설치한 경험이 있다.

* 지시자원 : 자원이 어디에 묻혀있는지를 미리 알 수 있게 해주는 자원. 해저에 석유자원이 부존돼 있는 지역은 통상 맨 위쪽에 하이드레이트층이 나타나고, 그 아래층에 천연가스와 원유가 있다고 한다.

현재 우리 정부에서도 독도에 고성능 방공레이더 기지를 구축하여 전략적 기지로 관리하고 있다. 이곳 관측소에서는 러시아의 태평양함대와 일본 및 북한 해·공군의 이동상황을 손쉽게 파악할 수 있다. 동북아 및 국가안보에 필요한 군사정보를 얻는데 매우 중요한 기지가 되고 있는 것이다.

넷째, 독도는 세계적인 지질유적이다. 독도는 해저의 지각활동에 의해 솟구친 용암이 오랜 세월동안 굳어지면서 생긴 해산으로 지질학적으로도 매우 중요한 곳이다. 해저 밑바닥에서 형성된 벼개용암과 급격한 냉각으로 깨어진 부스러기인 파쇄각력암이 쌓여 올라오다가, 해수면 근처에서 폭발적인 분출을 일으켜 물위로 솟아 대기와 접촉할 때 생기는 암석인 조면암, 안산암, 관입암 등으로 구성된 '암석학의 보고'라고 한다.

해저산이 수면 위로 모습을 드러내는 경우는 드물다고 한다. 또한 오랜 세월 동안 파식 및 침강작용에 의해 원래의 모양을 간직하기가 매우 어려운데, 독도는 해저산의 진화과정을 한 눈에 알아볼 수 있는 세계적인 지질유적이라는 것이 전문가들의 지적이다.

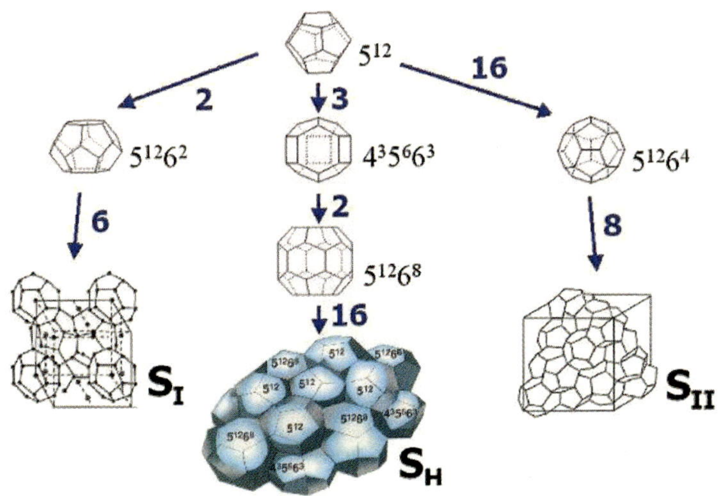

하이드레이트 분자구조

일본의 끝없는 영토야욕

무서울 정도로 집요하고, 철저한 일본의 영토야욕

『오키노도리시마』

오키노도리시마 타원형 고리 모양의 산호초인 이곳은 만조 시에 가로 2m, 세로 5m의 높이 70cm 정도에 불과한 바윗덩어리이다.

일본의 영토야욕이 주변 국가들을 피곤하게 하고 있다. 무서울 정도로 집요하고, 철저한 일본의 영토야욕이 어느 정도인가를 알 수 있는 사례가 있다. 도쿄에서 무려 1,740㎞떨어진 일본 최남단의 오키노도리시마(沖ノ鳥島)란 섬이 바로 그것이다. 일본의 최남단에 위치(북위 20도 25분, 동경 136도 05분)해 있는 이 섬은 대만과 홍콩보다 남쪽에 위치하고 있으며 하와이 제도의 하와이 본섬 북부와 위도가 같다.

그런데 이곳은 섬이라고 하기에도 초라하다. 타원형 고리 모양의 산호초인 이곳은 간조 시에 동서 약 4.5㎞, 남북 1.7㎞(섬 둘레 11㎞, 산호초 내 수심 3~5m)가 되지만, 만조 시에는 가로 2m, 세로 5m의 높이 70cm 정도에 불과하다.

일본은 1987년 이 섬에 대해 조사를 실시하면서 수면에 드러나는 바위가 줄어드는 사실을 확인했다. 이에 일본 건설성은 재해복구라는 명목으로 바위를 고정하는 공사를 실시했다. 바위주변에 철제블록을 이용,

지름 50m의 원형 벽을 쌓아올리고 그 내부에 콘크리트를 부어 파도에 깎이는 것을 막았다.

바위 위를 1만 개의 블럭으로 둘러싸고 콘크리트로 고정시키는 대공사를 진행했다. 약 400일 동안, 연인원 8만 명을 동원해 285억 엔이나 쏟아 부었다. 이렇게 해서 일본은 이 섬을 기점으로 200해리 배타적 경제수역을 유지할 수 있었다.

일본은 더 나아가 이 암초주변을 매립하여 제트기 이착륙이 가능한 활주로도 만들어 해양리조트를 건설할 계획까지 세워 놓고 있다. 물론 영토분쟁의 대상이 되는 중국은 이를 ‘섬’ 이 아닌 ‘바위(岩)’ 에 불과하다며 이를 기선으로 한 EEZ 설정을 인정하지 않고 있다.

오키노도리시마 일본은 절해 고도인 이곳을 기선으로 하여 200해리 배타적 경제수역 (EEZ)을 설정하고 있다.

일본의 무모한 행동은 결코 어리석은 것이 아니었다. 일본은 주변 100km 이내에 어떠한 섬도 없는 절해고도인 이곳을 기선으로 하여 200해리 배타적 경제수역(EEZ)을 설정하고 있다. 일본의 행위는 엄청난 결과를 가져왔는데, EEZ 면적이 일본국토 면적(38만㎢)보다 넓은 40만㎢에 달한다는 사실이다.

일본의 행위는 배타적 경제수역(EEZ)이라는 국제해양법 신질서에 대처하기 위한 것으로, 일본은 자국의 영토보다도 넓은 40만㎢의 배타적 경제수역을 차지했고, 더 나아가 태평양 복판의 ‘미나미도리’ (南鳥)를 중심으로 EEZ를 선포하기도 했다.

우리는 어떤가? 독도는 섬의 형태조차 제대로 유지할 수 없었던 오키노도리시마와는 비교할 수도 없는 확실한 섬임에도 불구하고 독도를 기점으로 하는 배타적 경제수역을 인정받지 못하고 있다.

일본은 무엇을 노리는가?

일본 정부와 한국 정부가 해마다 되풀이하는 일이 있다

『조어도를 침탈한 일본 우익』

일본 정부와 한국 정부가 해마다 되풀이하는 일이 있다. 독도 관련 외교 공한 주고받기가 그것이다.

"한국 정부는 불법으로 강점하고 있는 다케시마에서 모든 관헌을 철수시키고 시설물을 철거하라."(일본 외무성)

"독도가 한국 영토라는 것은 역사적 문헌이나 고지도 등에 분명히 나타나 있을 뿐만 아니라 한국이 독도를 소유하고 있는 현재의 상황이 중요하다."(한국 외무부)

지난 52년 이승만 대통령이 독도를 포함하는 영해가 한국의 영토임을 선포한 소위 '평화선(이승만 라인) 선언' 이후, 대한민국 외교부와 일본 외무성 사이에는 항상 같은 내용의 공한들이 오가고 있다.

도대체 일본은 무슨 계산으로 독도를 일본 영토라고 주장하고 나오는 걸까? 일본 정부는 독도에 대해서 명확한 입장을 가지고 있다.

"다케시마는 명백한 일본의 영토인데, 한국이 이를 불법 점거해 관헌을 배치하고, 시설물을 설치해 놓고 있다."

결론부터 말하자면 독도 영유권 시비를 끊임없이 걸어 자기주장의 정당성을 확보하고 국제적으로는 독도를 분쟁지역으로 부각하기 위한 근거를 만들자는 것이다. 분쟁지역으로 만든 이후는 막대한 영해권을 확보, 군사대국화까지 노려볼 수 있는 근거지로 활용하고자 하는 의도를 가진 것으로 보인다.

김진명의 소설 〈무궁화 꽃이 피었습니다〉는 군사대국 일본이 독도 폭격을 시작으로 한반도를 침략하는 상황을 그리고 있다. 한일합방의 시작이 독도 영유권 침략에서부터 시작된 것을 염두에 둔 설정이다. 때문에 많은 사람들은 만약 한일간에 전쟁이 시작된다면 그 시작점을 독도로 보고 있다.

이점에 대해 우리 외교부는 '소설은 소설' 이라는 입장이다. 외교부는 일본 정부가 독도 문제를 무력으로 해결하겠다는 의사는 없는 것으로 보고 있다. 일본의 무력사용이 한·일 관계는 물론, 동아시아 질서를 근본적으로 변화시키게 될지도 모른다는 것을 일본 정부도 잘 알고 있다는 것이다.

일본 관료들은 한 목소리로 '독도는 우리땅' 을 외치고 있지만, 정작 일

무궁화 꽃이 피었습니다 소설 〈무궁화 꽃이 피었습니다〉는 일본이 독도 폭격을 시작으로 한반도를 침략하는 상황을 그리고 있다.

조어도 중국과 국경분쟁
을 벌이고 있는 조어도에 상륙
한 일본 우익

본 사회는 이 문제에 대해 통일된 목소리를 내지 않고 있다.

▶ 독도는 일본 영토이므로 어떤 방법으로든 이를 돌려받아야 한다고 믿는 우익.
▶ 일본 영토이긴 하나 평화적인 방법으로 해결돼야 한다고 믿는 지식인.
▶ 독도 문제 자체를 모르고 있거나 무관심한 대중들.
▶ 한국 영토를 인정하는 소수의 지식인.

국내에서는 일본의 무력 침탈에 대한 의구심을 버리지 않는 의견이 대
부분이다. 세계 2위의 군사대국으로 치닫고 있는 일본의 실력으로 볼
때 충분히 가능성이 있다는 것이다. 이들은 일본이 독도를 분쟁지역으
로 부각시켜 언젠가는 영토화하는 근거를 만들겠다는 전략을 갖고 있
다고 보고 있다.

독도가 일본 땅이라고 주장하는 일본 우익 단체와 지식인들도 강경한
목소리로 독도 탈환을 주장하고 있다. 일본의 보수정당들은 독도 문제
가 여론화할 경우 매우 강한 입장을 발표하거나 국회 질의를 통해 독
도 영유권 주장을 펼치고 있다.

독도를 만약 일본이 차지하게 된다면 어떤 이익이 있을까? 일본이 독

도를 확실한 영토로 만들 경우 실질적으로 확보할 수 있는 영해, 영공은 한반도의 남쪽만큼이나 된다.

물론 일본의 '독도 전략' 이 치밀한 전략을 가지고 움직이는 것으로 보이지는 않는다. 그렇지만 일본 지식인 사회에서는 '독도 문제의 국제 분쟁지역화' 에 대해 대체적인 공감대가 형성돼 가고 있다는 것이 전문가들의 분석이다.

독도 문제는 일본의 전체적인 해양 전략에서도 빠뜨릴 수 없는 부분이다. 일본은 현재 북방 4도, 센카쿠 열도, 독도 문제에 이르기까지 주변 국가와의 영토분쟁을 끊임없이 일으키고 있다. 영해를 더욱 넓히기 위해 직선기선을 선포함으로써 일본의 배타적 경제수역(EEZ)은 350만km^2에서 447만km^2로 크게 늘어났다. 해양시대에 대비해 모든 준비를 하고 있는 것이다. 일본의 '독도 전략' 은 현재 진행형이다. 일본의 독도 전략이 언제 어떤 모습으로 구체화될 지에 대해서 자신 있게 말할 수 있는 사람은 아무도 없다.

시마네현인가, 시네마현인가?

한 나라가 흥하고 망하는 데는 그만한 이유가 있다

『독도와 대잠헬기』

맹자(孟子)는 "어떤 사람이 남에게 수모를 겪는 것을 보면, 반드시 그가 스스로를 멸시한 연후에 남들이 그를 멸시한다(人必自侮然後人侮之)"고 말했다. 나라도 마찬가지다. 한 나라가 흥하고 망하는 데는 그만한 이유가 있다. 일본이 아무리 치밀하고 강성했다고 하지만 조선이 그에 대한 준비를 착실히 했더라면 과연 식민 지배를 받게 되었겠는가 하는 말도 그래서 나온다.

영토도 마찬가지다. 우리 정부가 만만하게 보였기 때문에 일본이 독도 영유권을 주장하며 그렇게 큰 소리를 치는 것은 아닐까? 1999년 12월 28일 국회 통일외교통상위원회에서는, 독도 분규의 대처 방법론을 둘러싸고 홍순영(洪淳瑛) 외교부장관의 '소신'과 김덕룡(金德龍) 한나라당 의원 등 여야 의원들의 '국민정서'를 업은 적극 대처론이 팽팽히 맞섰다.

홍 장관은 "독도 문제를 조용히 다뤄야하며, 대응을 크게 해 요란해지

면 일본의 꾐에 말려드는 것"이라며 "독도는 법적으로 우리 땅이며, 또
한 실효적으로 우리의 지배 하에 있다는 점이 더욱 중요하다. 독도는
말 안 해도 우리 땅이다. 장관을 국회에 불러내 호통을 치는 등 소리가
커질수록 일본에 득이 된다"고 주장했다.

김덕룡 의원은 "국회의원단의 독도 방문도
일본을 자극한다는 이유로 외교부는 허가하
지 않았다"며 "문제를 조용히 해결하겠다는
외교부의 자세가 오늘날 독도 문제를 키웠
다"고 '조용한 외교론'을 질타했다. 일본이
모의 독도 상륙작전을 했으나 외교부가 항의
하지 않았던 점도 미온적 대처 사례로 거론했
다.

외교통상부 홈페이지

그런데 이날 외교부는 의원들에게 제출한 보
고서에서 '시마네'란 지명을 '시네마'로 잘못 표기했다. 한나라당 오
세응(吳世應) 의원은 "외교부가 나사가 빠졌다는 증거다. 이러니 외교
부가 독도 문제에 제대로 대응하지 못한다는 지적이 나오는 것"이라고
질책했다. 당시 질의와 응답을 살펴보자.

오세응 의원 : 저는 장관이 말씀하신 것도 상당히 일리가 있다고
생각합니다. 다만 전체적인 외교부의 독도 문제에 관한 기본자
세가 너무 해이하지 않은가 생각합니다.
예를 들어서 여기 1페이지에 시마네현입니까, 시네마현입니까?
외교통상부 장관 홍순영 : 시마네현입니다.
오세응 의원 : 잘못된 것 아세요. 모르세요?
외교통상부 장관 홍순영 : 시마네현 올시다.
오세응 의원 : 잘못된 것 아세요. 모르세요?
외교통상부 장관 홍순영 : 실무자들이 한문을 몰라서….

독도박물관을 설립한 이종학 선생은 "외교부는 우수한 인재들로 구성되어 있다고 자부하는 정부기관이다. 이런 주무 부처에서조차 업무에 임하는 자세와 그 처리능력이 이렇다면 다른 곳은 말해 무엇 하겠는가? 더구나 독도 문제는 국가의 현안 중 가장 민감하고 이해가 첨예하게 걸려있는 사안이 아닌가"라고 질타했다.

이종학 선생에 따르면 일본은 우리보다 양과 질에서 비교할 수 없을 정도로 많은 독도관련 자료들을 남겨놓고 있다고 한다. 그런데 우리는 이러한 자료들이 얼마나 되는지 파악조차 하지 못하고 있다는 것이다. 이종학 선생은 생전에 "국가의 무능과 무관심으로 독도와 관련된 수많은 문헌들이 방치돼 있으며, 기왕에 발굴된 문헌 가운데도 어떤 것들이 있는지 알려고도 하지 않는 실정"이라고 토로한 바 있다.

김정명 作

"저 여자가 내 아내"

내 아내는 내 아내라고 말해야 내 아내인가 …

『괭이갈매기 부부』

'내 아내는 내 아내라고 말해야 내 아내인가, 내 아내라고 말하지 않아도 내 아내인가.'

노무현 대통령은 2005년 1월 14일 연두기자회견에서 이른바 '독도 아내론'을 밝혔다. 이날 대통령은 독도 문제와 관련해 "독도 문제에 대해서는 되도록이면 말을 많이 하려고 하지 않는다"라고 말한 뒤 한국이 독도에 대한 실질적인 지배를 하고 있는 만큼 논쟁을 하는 것은 한일관계 전반에 부담이 된다는 취지의 발언을 한 바 있다. '내 아내는 말 안해도 내 아내인 것처럼 우리 땅 독도에 대해 우리 땅이라고 말할 필요가 없다'는 것이 노대통령의 발언이었다.

이어 대통령은 "엊그제 해양법* 관계 학자 한 분이 신문에 기고해 놓은 글을 제가 읽어 봤는데 이렇게 표현하더라. 내 아내를 자꾸 내 아내다. 내 아내다라고 거듭 반복 강조할 필요 있는가. 내 아내는 그냥 아무 말

* 해양법(海洋法 · law of the sea) : 바다에 관한 국제법 규칙의 총칭. 관습법으로서 성립되었으며, 근래에 이의 성문법(成文法)이 진전되었다. 해양자원의 보호와 해양오염의 방지를 위해 공해사용을 제한하고 있다.

도 안해도 내 아내다. 남이 무슨 소리하더라도 그것 가지고 일일이 대꾸할 필요 없다"며 독도에 대한 '내 아내론'을 말했다.

노 대통령은 "그 분 논거는 증거가 확실하고 또 우리가 실효적 지배를 하고 있기 때문에 그런 것은 현명하게 대처하는 것이 좋다. 저도 그 말을 타당하다고 생각하고 있다"고 언급한 뒤 독도에 대한 정부의 의지가 박약하기 때문은 아니라고 덧붙였다.

이에 대해 해양대 김영구 교수는 "비유로 사람을 현혹하는 것"이라면서 "다른 사람이 자기 아내라고 우기는 것을 한 번은 그냥 넘길 수 있으나 매번 그렇게 이야기할 때 가만히 있는 것은 잘못된 방법"이라고 말했다.

그런데 아내론은 이미 1960년대에도 등장했던 것으로 드러났다. 민주당 유종필 대변인은 1월 15일 "노무현 대통령이 독도를 아내로 비유한 것은 60년대 박정희 대통령 시절 이동원 당시 외무장관의 발언"이라며 "박정희 정권 당시 김대중(金大中) 의원은 이 말을 한 이동원 외무장관을 질책했다"고 언급했다.

유 대변인은 "당시 김대중 의원은 이에 대해 외무부장관의 말로는 부적절하지만 같은 비유로 말하자면 '외간 남자가 자기 아내를 내 아내라고 하면 나가서 반박하고 혼내야 하는 것 아니냐'라고 했다"고 덧붙였다.

아내론은 1999년 12월 28일 국회 통일외교통상위원회에서도 언급된 메뉴였다. 김덕룡 의원은 홍순영 외교통상부 장관에게 "자기 아내를 남이 내 식구라고 주장해오는데 '실효적으로 같이 살고 있다'는 이유로 그 사람을 그냥 둘 수 있느냐"고 따지기도 했다.

일본의 독도 영유권 주장은 참으로 어처구니없는 일이다. 남의 집을 한때 불법 점거했던 침입자가 물러난 뒤 집안의 일부 물건을 자신들의 것이라고 우기는 것과 같다. 일본의 독도 영유권 운운은 대한민국 주권에 대한 모독이요 도전이 아닐 수 없다.

그렇지만 따지고 보면 일본이 독도를 멋대로 거론하게 된 것에는 우리 정부의 책임도 크다. 적어도 1965년 한·일 기본협정체결 때 독도는 한국 영토임을 명기했어야 했다. 당당하게 논박하지 못한 것도 그렇고 특히 5공 때 '독도는 우리 땅' 이란 노래까지 금지시킨 것은 졸렬하기 짝이 없다.

서도 전경

한심한 한국정부

일본의 독도영유권 주장이 마침내 교과서에 구체적으로 실리게 됐다

『천장굴 입구』

일본의 독도영유권 주장이 마침내 교과서에 구체적으로 실리게 됐다. 한국 정부는 맹렬하게 반대하고 있지만 그 대응책이 마땅찮다. 그동안 한국 정부의 무능한 대응이 오늘날과 같은 사태를 빚었다는 것이 전문가들의 견해다.

신복룡 건국대 교수는 "한국 정부의 대응이 잘못되었다. 독도 문제는 한국 현대사의 애물처럼 오랫동안 한일 관계의 현안이었다. 그런 문제가 불거질 때마다 한국 정부가 취한 태도는 지혜롭지도 않았고 용기 있는 처사도 아니었다"고 밝힌다. 혹시나 일본 정부의 비위를 거슬러 무역 손실이나 입지 않을까 전전긍긍하면서 속앓이만 했지 정면 승부를 늘 피해온 것이 이러한 결과를 낳았다는 것이다.

정부는 지금도 독도 문제를 조용히 해결했으면 하는 속마음을 굳이 감추지 않는다.

정부는 '환경파괴 우려'를 내세우며 독도개발은 물론 출입도 반대한다. 하지만 내심은 '독도에 대해 지금보다 강한 수위의 대응은 일본을 자극할 수 있기 때문에 자제해야 한다' 는 태도를 취하고 있다.

독도는 현재 섬 전체가 천연기념물로 지정돼 사람의 출입이 통제된다. 우리나라에서 특정한 종이 아닌 서식지나 일정한 공간 전체를 천연기념물로 지정한 것은 설악산국립공원의 핵심 지역과 비무장지대, 향로봉~고진동 계곡 등 매우 제한적이다.

하지만 독도의 경우는 조금 다르다. 관광객이 독도에 들어간다고는 하지만 선착장에서 한 발짝도 벗어나지 못한다. 독도에 주둔하고 있는 전투경찰이 둘러싸 독도의 땅에는 발을 딛지 못하도록 막고 있다. 그런데도 굳이 관광객들 때문에 독도가 파괴될 수 있다고 강변하는 정부의 논리는 궁색하기 짝이 없다.

독도의 출입을 제한하고자하는 정부의 본심이 과연 환경보전에 있을까하는데 많은 사람들은 의구심을 거두지 않고 있다. 지금까지 정부가 환경문제에 얼마나 소극적이었는지는 삼척동자도 알고 있는 사실이기 때문이다.

독도관광과 경비대

정부는 독도 문제의 실상에 대해서도 쉬쉬하는 태도로 일관하고 있다. 정부가 알아서 할테니 국민들은 조용히 따라오라는 식의 대응은 옳지 못한 것이다. 국민들이 독도 문제에 관심이 많다면 당연히 논란의 실상을 알리고 해결 방안에 대한 계획과 전략을 공개해야 한다.

또한 독도에 대한 일본의 대응에 대해 상세하게 조사해 보고할 필요가 있다. 일본 정부와 정치권·학계가 독도에 대해 어느 정도 조사하고 연구했는지, 그들의 구체적인 대응전략은 무엇인지 치밀하게 파악해 공개해야 한다. 독도 문제의 핵심은 바로 여기에 있다. 정부가 좀 더 열심히 대응하고 그것을 남김없이 국민들에게 보고하라는 것이다.

울릉도에서는 독도가 안 보인다?

울릉도에서 독도를 육안으로 볼 수 있는가?

『독도 전망대』

울릉도에서 독도를 육안으로 볼 수 있는가? 일본학자들은 울릉도에서 독도가 보이지 않는다고 주장한다. 한국에서는 당연히 보인다고 주장한다.

보인다, 보이지 않는다는 사실이 왜 중요할까? 보이냐의 문제가 하나의 생활권이냐, 아니냐하는데 까지 이어질 수 있기 때문이다. 즉 '생활의 영역' 이라는 측면에서 중요한 문제라는 것이다. 울릉도에서 보일 경우 '독도는 울릉도의 부속섬' 이 된다. 눈앞에 보이는 섬을 두고 외면할 사람은 없을 것이기 때문이다.

그리고 〈세종실록 지리지〉 기록을 뒷받침하는데도 중요한 요소가 된다. 〈세종실록지리지〉(1454년 권153) 강원도 울진현조에는 '于山武陵二島 在縣正東海中 二島相距不遠 風日淸明 則可望見' 이라고 기록되어 있다. 우산, 무릉 두 섬은 현(울진현)에서 바로 보이는 동쪽 바다 가운데 있으며, 두 섬은 거리가 멀지 않아 날씨가 맑으면 가히 바라볼 수 있

울릉도에서 본 독도 두 섬은 거리가 멀지 않아 날씨가 맑으면 가히 바라볼 수 있다. 독도 연구회를 만든 장철수 씨는 옛 기록을 직접 확인하기 위해 울릉도에서 기거하며 이 장면을 사진에 담았다.

* 시달거리(示達距離) : 바다에서 일정한 높이를 가진 목표가 확인이 가능한 최대의 거리. 즉 항해를 할 때 육지의 높은 산이나 산맥 혹은 등대, 다른 선박을 대양 한가운데에서 볼 수 있는 최대의 거리이다.

다는 것이다.

그런데 일본이 이것을 그냥 두고 볼 리 없다. 일본 외무성의 조사관 가와까미 겐조(川上)는 기발한 상상력을 동원한다. 지구가 둥글기 때문에 울릉도에서 독도를 볼 수 없다는 추론을 해낸 것이다. 그는 해상에서 물체를 볼 수 있는 거리를 구하는 공식까지 제시하고 있다.

해상에서 시선이 닿을 수 있는 거리(시달거리*)를 계산하는 데는 다음의 수식을 사용한다. 지구가 둥글기 때문이다.

$$D = 2.09 \left(\sqrt{H} + \sqrt{h} \right)$$

D : 시달거리(해리) 1해리=1.852km

H : 목표물의 수면으로부터 높이 (m)

h : 눈의 높이(관측자가 선 지점의 해발높이+관측자의 눈높
　이)(m)

가와까미 겐조는 1960년대 독도에 이 공식을 적용했다. 그는 바닷가에
서 선 사람의 눈높이, 즉 수면에서 눈까지의 높이 4m를 이 공식에 대입
하고, H는 독도 서도 정상의 높이 157m를 대입했다. 그래서 시달거리
는 30.05해리(59km)라고 했다. 울릉도에서 독도 거리는 92km이므로
가와까미 겐조는 울릉도에서 독도가 보이지 않는다고 했다. 따라서 그
는 울릉도에서 독도를 보기 위해서는 배를 타고 34km 이상 바다에 나
가야 한다고 주장했다.

가와까미 겐조는 울릉도에서 독도에 이르는 해역은 한류와 난류가 교
차하기 때문에 안개가 잦아서 독도를 볼 수 있는 맑은 날은 극히 한정
되어 있다는 것도 지적했다. 그래서 그는 세종실록 지리지의 기록은
울릉도에서 독도를 본 것이 아니라 본토에서 울릉도를 본 것이라고 결
론 내린다.

그러나 우리 측 반론도 맹백하다. 서울대 이한기 교수는 같은 공식의
계산으로, 울릉도의 최고봉까지 오르지 않더라도 약 120m만 올라가면
충분히 독도를 볼 수 있다고 지적했다. 가와까미 겐조는 울릉도에서의
한계 고도를 4m로 정함으로써 의도적인 결론을 유도하려는 속셈을 드
러냈다는 것이다.

가와까미 겐조는 이에 대해 "울릉도는 나무가 울창하여 200m정도 올
라가기도 어렵고, 나뭇가지에 가리거나 한난류의 교차로 발생한 안개
때문에 독도를 볼 수 없다"고 터무니없는 주장을 되풀이했었다.

김정명 作

동해냐 일본해냐?

한반도 동쪽 바다의 이름은 무엇일까?

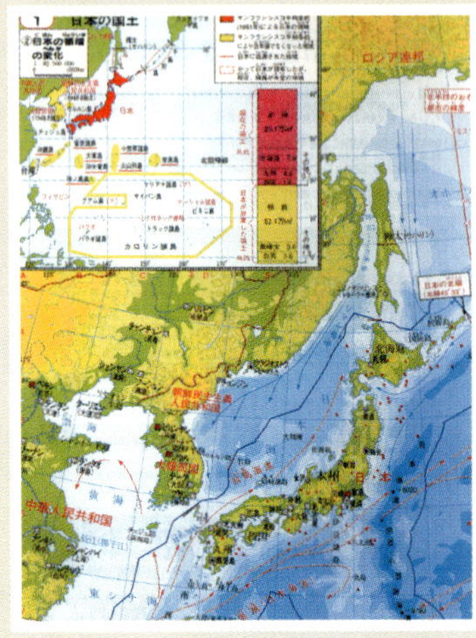

『일본 지도』

일본 지도 독도를 자국 영토로 표기하고 있다.

한반도 동쪽 바다의 이름은 무엇일까? 우리 측에서는 동해(東海)라 하고, 일본 측에서는 일본해(日本海)라 한다. 한국과 일본은 이 바다 이름을 놓고도 피할 수 없는 한판 힘겨루기를 계속하고 있다.

이 이름이 왜 그렇게 중요한가? 이는 아직까지 해결되지 않은 독도분쟁과 연결되기 때문이다. 한국 정부에서는 그동안 일본해가 각국 지도에서 사용된 것은 일본이 한반도를 침략, 식민지화한 이후의 일이라고 강조해 왔다. 반면 일본은 '일본해가 18세기 말부터 국제적으로 통용되어 왔다' 고 주장하고 있다.

현재 해외 유명 백과사전들도 이 바다를 일본해(Sea of Japan)로 표기하고 있다. 국제사회에서 이렇게 인정받게 된 데는 1919년 런던에서 있었던 국제수로회의*가 결정적인 역할을 했다. 회원국이 제출한 각국의 해양지도를 모아 세계 해양지도를 작성하는 과정에서 'Sea of Japan' 으로 낙점된 것. 당시 우리나라는 일본의 식민지였기 때문에 그

* 국제수로회의 : 1919년 6월 런던에서 개최되어 일본, 영국, 미국, 프랑스 등이 참석하였다. 이 회의는 한국의 참여 없이 개최되었고 이로 말미암아 동해의 명칭이 일본해로 표기된 계기가 된 것이다.

어떤 조치도 취할 수 없었다.

1977년 UN의 지명 표준화 회의에서 결정된 "지면통일을 위해 노력해야 한다. 만일 두 개 이상의 지명이 첨예하게 대립, 당사국간의 문제 해결이 어려우면 둘을 모두 사용해야 한다"는 조항에 따라 그동안 여러 국제회의를 통해 '동해' 표기를 요구했지만 받아들여지지 않았다.

그렇다면 우리는 언제부터 이 바다를 동해라고 불렀을까? 동해라는 이름이 처음 등장한 것은 기원 전후로 거슬러 올라간다. 최초의 기록은 삼국사기(三國史記) 고구려 본기 시조 동명왕 기사에서 찾을 수 있다. 그 기사는 다음과 같다.

북부여국의 재상 아란불이 왕께 아뢰기를 '어느 날 하늘에서 천자가 내려와 명하기를 이곳은 장차 나의 자손들이 나라를 세울 곳이니 너희는 이곳을 피하여 동해가의 가섭원이라는 곳으로 옮겨라. 그곳은 토지가 비옥하여 5곡이 자라기에 적합하며 왕도를 삼을 만한 곳이다' 라고 지시한 말을 전하였다.

여기서 '나의 자손' 이란 고구려의 동명성왕을 지칭한다. 이규보의 〈동국이상국집〉에 의하면 북부여가 동해변(東海邊) 가섭원으로 옮겨 동부여를 건국한 시기는 중국 한나라 연호인 신작(神爵) 3년에 일어난 일이며 기원전 59년에 해당된다. 이에 반해 일본에서는 1700년대까지 조선해로 불러왔다. 일본해로 표기한 것은 1800년대에 들어서면서다.

경희대 김신 박사(국제경영학부)는 "나라의 위상과 영토 문제 등이 연관돼 있기 때문에 동해 표기는 지도상 표기 이상의 의미가 있다"고 말한다. 김신 박사는 1440년경 이탈리아 수도사가 쓴 〈몽골 견문기〉에도 '동해' 표기가 나온다고 한다.

김신 박사에 따르면 포르투갈의 코인부라 대학의 도서관에는 1615년에 제작된 지도에 'Mar Coria(한국해)' 라고 적혀 있는 지도가 있다고 한다. 그는 국내 대학 교수 177명의 서명을 받아 "1974년 IHO(국제수로기구)의 논란이 되고 있는 영토에 대해서는 병기를 원칙으로 한다는 결의 준수를 해 달라”는 서한과 함께 일본전문지도 등을 첨부하여 IHO에 제출하기도 했다.

우리 정부 측에서도 1990년대부터 우리의 의사를 관철시키기 위해 적극적으로 나서고 있다. 정부에서는 1997년 15차 IHO 총회에 참가하여 일본의 부당성을 강조하였다. IHO측에서는 〈해양의 경계〉를 발간하기 위해서 한국과 일본이 합의를 하라고 요구했다. 일본 측은 우리 정부가 협의를 요구할 때마다 회피했다.

우리는 동해와 일본해라는 이름을 같이 쓸 것을 주장하며 추가 협의사항에 따라 다시 개정을 하자는 입장을 취해 왔다. 하지만 일본은 ‘일본해’ 만을 고집하고 있다. 2002년 4월 우리 정부에서는 IHO 16차 총회에 참석하여 다시 이 문제를 거론하여 보고했다. 참가국 중 프랑스, 알제리, 호주, 북한 등 많은 나라들이 지지 발의를 해주었다.

지난 2003년 1월에는 프랑스 국방성 소속 수로국에서 ‘동해 · 일본해’로 함께 표기한 해도목록을 발간했다. 해도목록은 자국에서 만든 해도를 이용자들이 편리하게 사용할 수 있도록 해도번호, 축척, 구역 등을 게재한 책자이다. 프랑스 수로국에서 종전에 발간한 1999년판 해도목록에는 동해가 일본해 단독으로만 표기되어 있었으나 2003년 1월 간행한 해도목록에는 ‘동해’ 와 ‘일본해’ 가 병기된 것이다.

지금까지 세계주요 언론사와 지도제작사에서 동해와 일본해를 병기한 사례는 많았으나 외국정부가 공식적으로 발행하는 해도목록에 병기표기가 된 것은 이번이 처음이다. 프랑스는 2002년 4월 모나코에서 개최된 제16차 IHO 정기총회에서 우리나라가 주장한 ‘동해 · 일본해’ 병기방식에 지지입장을 나타냈다.

그러나 이를 그냥 두고 보고만 있을 일본이 아니다. 일본 해상보안청은 프랑스 국방부 소속 수로국이 발행한 해도목록에 동해와 일본해를 병기한데 대해 항의하는 문서를 프랑스 해군 정보부에 보냈다.

일본의 집요한 로비에 프랑스 해군은 입장을 바꿨다. 2003년판 해도에

‘동해’와 ‘일본해’ 명칭을 함께 표기했던 것이 ‘기술적 실수’였다며 다음 판부터는 다시 ‘일본해’만으로 표기하겠다고 밝힌 것이다.

우리 정부는 "지명을 둘러싸고 분쟁이 있을 경우 두 가지를 병기하는 것은 국제적 관례이자 IHO의 결의사항"이라며 병기를 계속할 것을 프랑스 측에 요청했으나 긍정적 답변을 받지 못하고 있다.

내셔널 지오그래픽 지도 한일 양측의 주장을 병행해서 표기하고 있다.

고지도에 표기된 바다 명칭

일찍부터 동쪽 바다를 동해라고 불러왔다

『아세아전도』

일본이나 중국 우리나라 등은 문화적인 측면에서 비슷한 부분이 많다. 우리의 동쪽에 있는 바다를 동해라고 불렀듯이 일본도 그들의 동쪽 바다를 '일본 동해' 라고 불렀다.

16~17세기에 제작한 일본지도에는 동해라는 명칭이 자주 등장한다. 〈일본해산조류도〉, 〈동서해류지도〉, 〈동해도노행지도〉 등에서 동해라는 명칭을 사용하였다. 1882년에 제작된 〈대일본조선지나삼국전도(大日本朝鮮支那三國全圖)〉에는 대일본 동해, 대일본 서해, 대일본 남해 등의 명칭을 사용하였다.

우리나라 고지도에 동해 명칭이 처음 나타나는 것은 16세기에 편찬된 〈동국여지승람〉의 부도인 〈동람도〉(東覽圖)이다. 이 지도는 동해 바다 신을 섬기는 동해 신사가 있는 위치를 그리고 있다. 이 신사는 국가에서 동해 신에게 제사 지내던 곳이다. 일찍부터 동쪽 바다를 동해라고 불러왔다는 것을 알 수 있다.

동해가 구체적으로 표기된 고지도는 〈영남지도〉, 〈여지도(輿地圖)〉, 〈광여도〉, 〈해동지도〉, 〈경주도회좌통지도〉, 〈관동승람〉 등이 있다. 1908년 제작한 〈대한제국지도(大韓帝國地圖)〉에서는 동해를 대한해(大韓海)로 그렸다. 이 지도의 부속지도인 〈한일청도(韓日淸圖)〉에서는 동해를 대한해(大韓海)와 일본해(日本海)로 구분하여 표시하고 있다.

일본에서 제작된 한국 관련 고지도에도 동해라는 명칭이 그대로 사용되고 있다. 일본 국회도서관의 지도실에는 한국 관계 고지도가 약 4,000종이나 소장되어 있다. 이들 지도는 대개 19세기 이후에 제작된 것들이다. 조선전도류가 200종이 있고, 조선지방도가 500종이며, 주제도(主題圖)가 100여 종이고, 그 외에 해도(海圖)가 500종이다. 그들이 우리나라 전국을 측량하고 제작한 지형도(地形圖)도 2,845종이나 있다.

1882년 임오군란이 일어나기 전에 제작된 지도는 일본해(日本海)를 일본의 본토 부근에 바짝 붙여 표시하고 있다. 〈조선여지전도(朝鮮輿地全圖)〉와 〈조선전도(朝鮮全圖)〉 등이 이를 잘 말해 주고 있다. 이때부터 동해는 일본해가 차지하게되고 우리 동해는 동지나해 쪽으로 밀려나게 된다.

1894년에 제작한 〈일한실측정도(日韓實測精圖)〉에서 일본해는 우리 동해를 동지나해로 밀어내고 그 자리를 독차지하기 시작한다. 1903년에 만든 〈일청로한극동지도(日淸露韓極東地圖)〉와 1904년에 제작한 〈시사신보만한지도(時事申報滿韓地圖)〉에서도 동해는 동지나해에 표기되어 있다.

1910년 우리의 주권을 강탈한 일제는 일본해라는 이름을 확실하게 굳히게 된다. 1928년의 해양지명회의에 일본 대표만 참석하였기 때문에 일본해(Sea of Japan · 日本海)라는 이름이 세계적으로 공인받기에 이르렀던 것이다.

동쪽 바다의 본래 이름은 조선해

이종학 독도박물관 전 관장은 동해를 '조선해(朝鮮海)'로 불러야 한다고 주장해왔다

『신전총계전도』

이종학 독도박물관 전 관장은 동해를 '조선해(朝鮮海)'로 불러야 한다고 주장해왔다. 어느 바다든지 동쪽에 있는 바다는 동해이기 때문에 적절한 이름이 아니라는 것이 그의 생각이었다. 이 바다의 원래 이름은 '조선해'였다고 한다. 우리 측 기록뿐만 아니라 불과 1세기 전의 일본 측 기록을 보더라도 우리의 동쪽 바다를 조선해라고 표기하고 있는 것이다.

"......고기가 많은 것에 대하여 일본의 해안이나 많은 섬을 대부분 답사했으나 조선해 만큼 고기가 많은 것을 본 적이 없었다. 어떤 때는 거의 거짓말 같이 수면으로부터 높이 뛰어올라 무리를 지어 고기가 밀고 오는 것을 보았다. ..... 이것을 보더라도 조선해에 고기가 많은 것은 말할 필요도 없고 고래 같은 것은 수를 헤아릴 수 없을 정도로 얼마든지 무진장 잡히는 것이 아니겠는가..."

(〈대일본수산회보(大日本水産會報)〉 제301호, 1907년 9월)

이종학 선생은 수백여 차례에 걸쳐 일본을 방문, 영토관련 자료들을 샅샅이 뒤져 수많은 자료들을 입수했다. 그 가운데 하나가 〈대일본수산회보(大日本水産會報)〉이다. 2000여 쪽을 복사해 한국으로 돌아와 1년여 작업 끝에, 한국 관련 자료만 추려 단행본으로 펴냈다. 이렇게 나온 책이 720쪽 분량의 〈한일어업관계조사자료〉(사운연구소 간). 이 자료집에는 독도와 조선해(동해)의 영유권에 대한 금쪽같은 자료들이 담겨있다.

수산회보에 실린 '조선해'란 오늘날 '동해(東海)'라고 불리는 우리의 동쪽 바다를 말한다. 이종학 선생에 따르면 19세기 중엽까지 일본은 물론 제3국까지 이 바다를 '조선해'라고 불렀다고 한다. 그러나 어느새 '조선해'는 '일본해(日本海)'로 바뀌었고 우리만이 동쪽 바다를 방위개념인 '동해'라고 부르고 있다.

1883년 6월 조선과 일본 사이에 체결된 〈조일통상장정*〉 41조에도 조선해라고 기록되어 있다. "히젠·지쿠젠 이와미 나가도는 조선해에 근접한 곳"이라고 명기하고 있으며, 〈대일본수산회보〉(148호,1894.10)에는 "..원래 조선해는 외국의 바다"라는 내용이 실려 있다.

일본해라는 이름의 역사는 그리 오래된 것이 아니다. 일본 스스로도 '일본해'란 호칭이 세계지도상에 정착된 것은 1815년 이후라고 하고 있다. 이종학 선생은 "현재 독도박물관이 소장하고 있거나, 조사한 자료 가운데 1794년부터 1882년까지 일본에서 제작된 28종의 지도를 살펴보면 1865년까지 우리의 동쪽 바다는 조선해로 표기되어 있다. 또한 1907년부터 1909년까지 국내에서 제작된 지도에도 동쪽 바다는 조선해와 대한해(大韓海)로 표기돼 있다"고 밝힌바 있다.

그러나 조선해라는 명칭은 일본이 제국주의 색채를 드러내면서 점차 사라져가기 시작했다(그의 조사결과 일본의 한국 강점은 명칭 침탈부터 시작되었다고 한다). 일본이 한국을 침탈하는 과정에서 조선해는

* 조일통상장정(朝日通商章程) : 1883년 7월 25일 조선과 일본 사이에 맺어진 전문 42조의 새로운 통상장정. 관세권을 회복하고, 일본 상인에 의한 식량약탈과 조선 상권 침탈을 규제할 수 있게 된 점은 그런대로 성과였다고 할 수 있다.

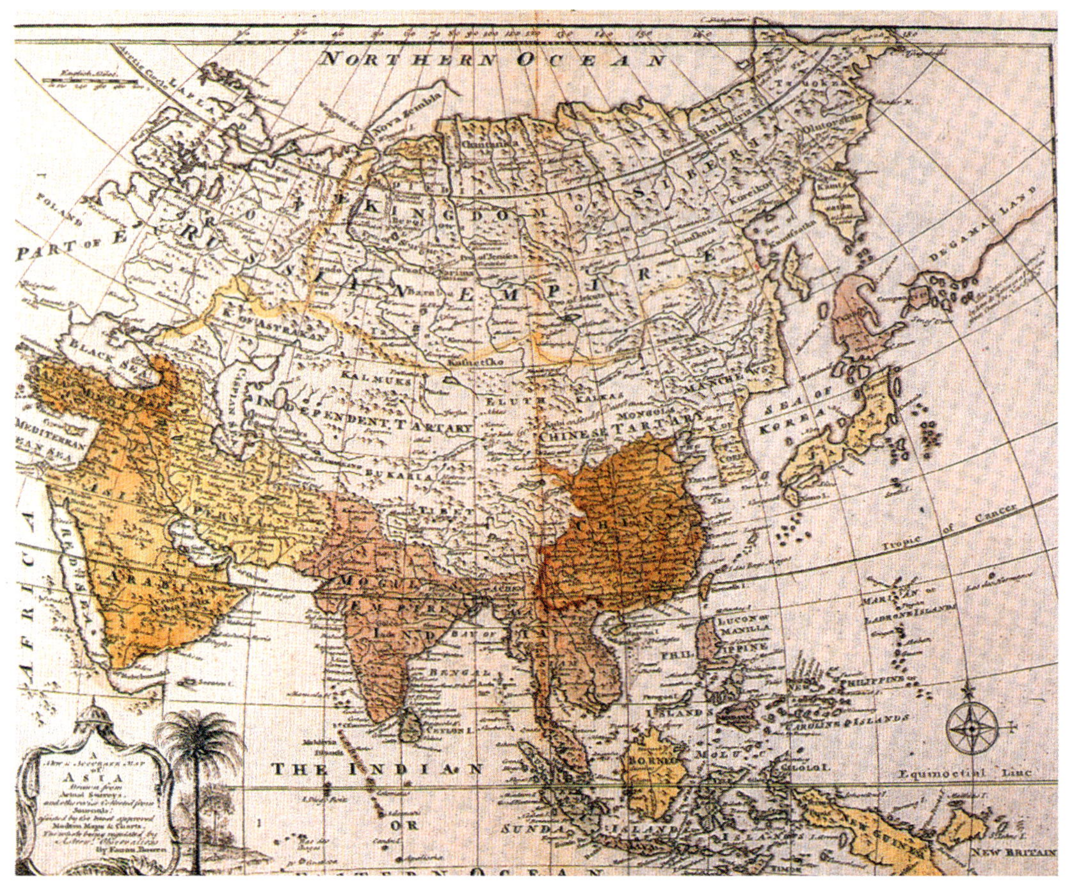

보웬 러시아지도 보웬 지도. 1780년 제작된 러시아 지도로 한국은 Corea로 되어 있고, 한반도 동쪽 바다는 한국해로 되어 있다.

일본해로, 독도는 다케시마(竹島)로, 조선해협은 쓰시마해협으로 완전히 일본 이름으로 바뀌었다는 것이다. 일본이 '조선해'에서 '일본해'로 나아간 반면, 우리는 거꾸로 고유 명칭인 '조선해'에서 방위개념인 '동해'로 퇴보한 것이다.

또한 한국 측의 대응 자세에 대해서도 변화의 필요를 제기한다. 이종학 선생은 "조선해를 굳이 '동해'로 부르자는 것은 숭례문, 홍인지문이란 이름을 없애고 남대문, 동대문으로 부르자는 것과 같은 모양새"라고 지적하고 "이 바다의 이름이 일관된 역사성을 지닌 '조선해'란 사실을 학문적으로 규명하고 체계화하여 차분하게 국제사회에 알리는

데 온 힘을 기울여야 한다"고 말해왔다.

그의 지적대로 '동해' 는 세계 각국에 있는 동쪽 바다를 뭉뚱그려 부르는 방위개념임을 설명한 기록이다. '일본해' 를 고수하는 일본에 대해 방위개념으로 맞서는 것만 봐도 우리의 소극성이 여실히 드러난다.

바다의 명칭은 왜 그렇게 중요한가? 이종학 선생은 100여 년 전 일본의 주장에서 그 해답을 찾을 수 있다고 한다.

".... 이미 일본해란 공칭을 가진 이상 그 해상주권은 우리가 점유한 게 아니겠는가. 국권상 결코 겸연쩍어할 필요가 없으며 그 해상주권은 먼저 습관상 현재 어로를 하고 있는지 유무에 따라 실적을 표명해야 할 것이다. 오늘날 일본의 어선을 이 해상에서 종횡무진케 하고 어업에 힘써 이익을 챙기는 것을 습관화하고 그 실적을 천하공중에 인식시켜야 한다. 만약 그렇지 않으면 훗날 이 해상의 주권과 관련해 다른 나라와 논쟁을 벌였을 때 실적을 표명하는 논거가 약해지므로 국권상 불리하게 되는 경우도 예상할 수 있다. 이를 또한 깊이 우려하지 않으면 안 된다......." (일본 수산잡지, 세키자와, 일본의 어업은 어떠한가, 1893년)

시마네현의 독도욕심은 고향생각 때문?

일본 시마네현은 왜 독도에 대한 욕심을 버리지 못하고 있는 것일까?

「죽도! 돌아오라 섬과 바다」

죽도! 돌아오라 섬과 바다 시마네현 곳곳에는 이 같은 간판들이 세워져 있다.

일본 시마네현은 왜 독도에 대한 욕심을 버리지 못하고 있는 것일까?

일본의 시마네현(島根縣) 의회는 100년 전 독도를 자신들의 현 부속도서로 고시한 날을 기념한다는 명분으로 2월 22일을 '다케시마(독도)의 날'로 제정했다.

시마네(島根)현 의회가 2005년 3월 16일 가결한 '다케시마의 날' 조례 전문은 다음과 같다.

1조 : 현민(縣民), 시정촌(市町村) 및 현이 일체가 돼 다케시마의 영토권 조기 확립을 목표로 하는 운동을 추진, 다케시마 문제에 대한 국민여론을 계발하기 위해 다케시마의 날을 정한다.

2조 : 다케시마의 날은 2월 22일로 한다.

3조 : 현은 다케시마의 날의 취지에 어울리는 대책을 추진하기 위해 필요한 시책을 강구하기 위해 노력한다.

이들이 기념하려 하는 2월 22일은 일본이 독도가 자기 영토라고 주장하는 주요 근거로 삼고 있는 고시가 발표된 날로, 시마네현은 1905년 2월 22일 고시 제40호를 발표한 바 있다.

시마네현은 지난 2004년 4월에도 일본 정부에 대해 '다케시마의 날'을 제정할 것을 촉구하는 결의안을 채택했다. 또한 시마네현 의회는 그동안 중의원과 참의원 등에도 이와 관련한 청원서를 제출하기도 했다.

법적, 역사적, 지리적으로 한국 영토가 분명한 독도에 대해 시마네현이 영토분쟁을 도발하는 이유는 무엇일까? 독도 근해의 어업권 욕심 때문이라는 분석도 있지만, 혹 고향 땅을 그리워하는 회귀본능* 때문은 아닐까?

사실 시마네현은 우리와 밀접한 연관을 가진 땅이다. 삼국유사에 나오는 연오랑과 세오녀의 이야기도 시마네현과 신라 사이의 인연을 이야기하는 설화다.

어느날 해초를 따러 바다에 나간 연오랑 앞으로 이상한 바위 하나가 다가왔다. 바위는 연오랑을 태우고 바닷길을 따라 일본으로 가버렸고, 일본인들은 연오랑을 왕으로 추대한다. 그 바위는 남편을 찾으러 바다로 나온 세오녀마저 일본으로 데려오고, 다시 만난 부부는 왕과 왕비로 살았다는 이야기다.

이들이 내린 땅이 바로 시마네다. 시마네현 앞 바다에 조그마한 섬 하나가 떠있는데, 이곳 사람들은 이 섬을 고대 한국인의 도래지라고 믿고 있다. 섬이름도 카라시마(韓島)이다.

카라시마에서 가장 가까운 도시에 있는 신사의 이름은 카미시라기진자(韓神新羅神社)인데 여기에는 '한(韓)'과 '신라(新羅)'가 뚜렷이 박힌 현판이 걸려있다. 오타시에서 해안을 따라 북쪽으로 가다보면 카라쿠니진자(韓國神社)도 있다.

시마네현에서는 지난 1984년 358개의 청동검이 출토되기도 했는데, 당시까지 일본 전역에서 발굴된 청동검 수가 300여 개인데 반해 그곳에서 한꺼번에 358개의 청동검이 발굴됐다는 사실은 놀라운 일이었

* 회귀본능 : 인간은 동물과 마찬가지로 태어난 곳으로 다시 돌아가고자 하는 본능이 있다. 인간은 고향을 떠나더라도 그곳을 그리는 '향수병'을 느끼게 된다.

다. 학자들은 이 청동검들이 신라 것과 생김새가 너무나 비슷하다고 말한다. 연오랑 설화나 신라왕자 설화가 단순히 설화에 머물러 있지만은 않은 것 같다.

이곳 마쓰에시에 있는 사찰 덴린지(천륜사)의 구리종은 완전한 한국종이다. 야스기시의 운쥬지(鼇水寺), 카모쵸의 고묘지(光明寺)에 보관돼 있는 동종 역시 모두 한국종이다. 마쓰에시 현립도서관에는 〈조선인견문기〉 등 한국배의 표류기록을 담은 책들도 있다.

시마네현에서 제일 큰 섬은 오끼(隱岐)다. 〈노래하는 역사〉의 저자 이영희 씨는 "우리나라 포항의 고대지명이 근오지 또는 근오기였다"며 "오끼가 포항의 고대지명을 본 뜬 것"이라는 주장을 편다.

혹시 시마네현 사람들의 조상들은 신라에서 건너한 도래인은 아니었을까? 그렇다면 그 후예들의 유전자에는 조상의 땅을 그리워하는 간절함이 숨어있지 않을까? 그래서 독도와 그 바다를 그토록 애절하게 욕심내는 것은 아닐까?

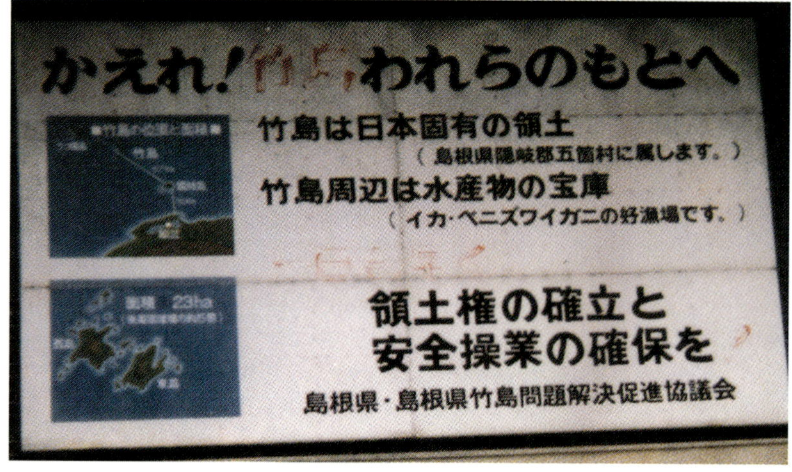

시마네현 곳곳에는 독도와 그 바다를 그리워하는 문구가 적힌 간판들이 세워져 있다.

日 양심적 학자 독도의 한국령 인정

일본에도 양심적인 학자들은 있다

『동도 전경』

일본에도 양심적인 학자들은 있다. 그 가운데 대표적인 인물이 바로 호리 가즈오(堀和生) 교토대 경제학부 교수다. 그는 1987년 3월 일본 조선사연구회에서 발간한 논문집에 '1905년 일본의 독도 영토 편입' 이란 글을 싣고, 독도가 한국 땅인 이유를 다양한 역사자료를 들어 증명했다. 호리 교수는 독도가 역사적으로 한국의 영토임을 의심치 않고 있다.

일본인 근대사학자 가지무라 히데키(梶村秀樹·1935~1989년)도 비슷한 내용의 논문을 발표했다. 그는 1978년 〈다케시마(竹島)＝독도 문제란 무엇인가〉라는 논문을 발표했다. 독도에 관한 일본 문헌 17편과 한국 문헌 14편을 샅샅이 꿴 6만 3,000자 분량의 논문이다. 그의 논문을 발췌하면 다음과 같다.

야마베 겐타로(일본 역사학자·1905~77)가 이미 상세히 논한
것처럼 독도의 일본령 편입은 일본인의 입장에서 보더라도 제국
주의 영토확장욕의 결과임이 명백하다.

영토주권의 기준 가운데 인지의 사실(어느 쪽이 먼저 그 존재를
알았느냐)에서 독도의 경우 한국이 일본보다 약 200년 앞선다.
실효적 경영의 사실(어느 쪽이 계속적으로 이용해왔느냐)에서도
독도가 한국에 속함을 부정할 수 없다.

일본 측은 역사기술의 말살작전에 나서 세종실록지리지를 비판
해왔으나 이는 문헌학적으로 헛된 사료 조작이다. 일본인이 잠
시 울릉도를 드나든 것을 두고 '선조가 피땀 흘려 독도를 경영했
다'고 하는 것은 범죄적이기까지 하다. 그렇다면 한국이 대마도
를 경영한 사실이 있으니 대마도를 한국령이라고 반론해도 이상
할 게 없다. 일본정부는 1905년 독도를 다케시마라고 이름 붙여
시마네현에 처음 편입시켰다. 이는 그때까지는 일본령이 아니었
음을 뜻한다.

2005년 5월에는 나이토 세이추(內藤正中) 일본 시마네(島根)대학 명예
교수가 독도가 일본 고유 영토라는 외무성의 주장을 조목조목 비판한
논문을 월간지에 발표하기도 했다. 그는 5월 9일 발매된 월간 〈세계〉 6
월호에 기고한 '독도는 일본 고유의 영토인가'라는 제목의 논문에서
일본 정부의 주장은 허구라고 밝혔다.

나이토 교수는 외무성 홈페이지에 게재된 '독도 영유에 관한 역사적
사실' 중 "에도(江戶)시대 초기(1618년) 호키항(伯耆藩)의 오타니(大
谷), 무라까와(村川) 양가가 막부로부터 허가를 받아 독도에서 어업을
했다"고 돼 있으나 '호키항'이라는 항은 존재하지 않았다고 지적했다.
또 "울릉도와 독도를 막부로부터 배령(拜領)했다"고 기술하고 있으나
봉건사회에서 막부가 섬을 나눠주는 것은 있을 수 없다고 지적했다.
만약 '울릉도를 배령했다'면 일본 영토이기 때문에 허가를 받을 필요

가 없다는 것이다.

그는 메이지(明治)유신 후(1870년) 〈조선국 교제시말내탐서(交際始末內探書)〉라는 보고서에서 '독도는 울릉도의 부속섬으로서..' 라는 표현을 담아 조선영토라는 인식을 나타냈으며, 1900년 10월 25일자 대한제국 칙령 제41호의 석도가 독도를 뜻하는 것이라면 일본 영토편입은 무주지 선점이 될 수 없다고 강조했다. 나이토 교수는 같은 해 3월에도 〈도쿄(東京)신문〉 인터뷰에서 "과거 일본이 독도를 실효적으로 지배했다는 일본 정부의 주장은 매우 조잡해 고유영토론은 근거가 희박하다"고 말했었다.

2005년 3월 말에는 일본의 한 중진 언론인이 독도를 한국에 양보하라는 칼럼을 썼다. 〈아사히신문〉의 와카미야 요시부미(若宮啓文) 논설주간은 '국적(國賊)이라는 비판'을 눈앞에 떠올리면서도 이 글을 쓴다고 말했다. 와카미야 주간은 자신이 양보론을 주장했지만, 자신의 제안이 몽상에 지나지 않을 것이라고 예단했다. 그 이유는 일본이 그런 깜짝 놀랄 만한 도량을 보일 나라가 못되기 때문이라고 덧붙였다.

1996년 3월 1일 해방 이후 일본인으로는 최초로 독도를 방문, 일본 외무성으로부터 항의를 받기도 했던 일본 〈닛칸겐다이(日刊現代)〉 다찌카와 마사키(太刀川正樹) 기자 역시 2005년 4월 4일 독도를 방문, "일본에게 독도를 양보하라고 권하고 싶다"고 했다.

"역사적인 근원은 잘 알지 못해서 한국 땅이다 일본 땅이다 하고 말하기는 어렵다. 하지만 독도는 현재 한국이 가지고 있고, 사람이 살고 있고, 실효적으로 지배하고 있기 때문에 일본에 양보하라고 하고 싶다. 독도는 한국과는 부모와 자식 간의 관계이다. 일본이 아버지이고, 한국이 엄마인지, 아니며 그 반대라도 마찬가지다. 독도는 한국이라는 부모가 같이 살아왔다. 그간 한국 부모가 돌보고 길러왔는데 다른 사람이 나타나 내 자식이라고 주장하면 좋아할 부모가 어디 있겠는가? 자식입장에서 누구와 사는 것이 행복할까? 지금까지 살아온 부모와 같이 사는 것이 행복하지 않겠는가? 한일 양국의 솔로몬의 지혜가 필요하다."

이 같은 양심적인 인물들이 있는 이상 일본의 미래도 희망이 있다는 생각이 든다. 그렇지만 이들 몇몇이 있다고 해서 일본이 독도를 넘보지 말란 법은 없다. 호리 교수의 논문 한 편이 독도의 한국령을 명확하게 해주는 것도 아니다.

삼형제굴 바위 시비·선악을 판단하여 안다는 전설상의 동물 해태를 닮았다.

영토주권은 로비에 의해 결정된다

조선 문헌에 오늘의 다케시마가 등장한 것은 일본보다 약 200년 빠르다

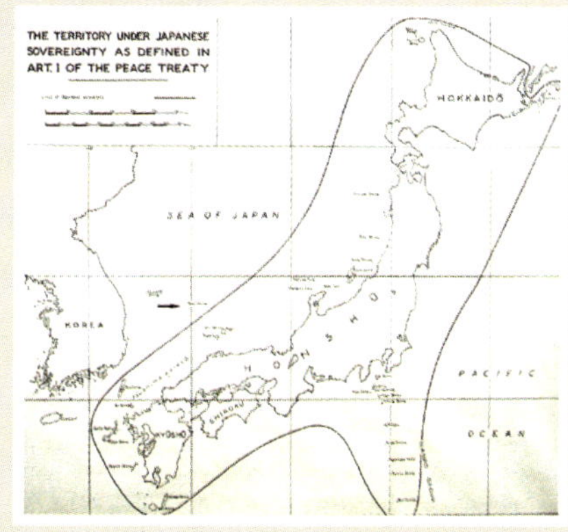

『영국에서 작성한 지도』

호리 가즈오(堀和生) 교토대 경제학부 교수가 1987년 일본 조선사연구회에서 발간한 논문은 우리에게 있어 매우 소중한 자료임에 틀림없다. 그는 2005년 한국 언론의 인터뷰 요청에 대해 "독도가 일본 땅이 아님을 학문적으로 증명했을 뿐이며, 이것이 정치적 판가름에 이용되는 것을 원치 않는다"며 거절했다.
다소 장황하지만 그의 논문을 발췌하면 대략 다음과 같다.

영국에서 작성한 지도 독도를 한국영토로 규정한 영국정부의 지도

조선 문헌에 오늘의 다케시마가 등장한 것은 일본보다 약 200년 빠르다. 〈세종실록 지리지〉에 '울릉도와 별도로 또 다른 섬이 존재하고, 청명한 날에는 서로 쳐다볼 수가 있다' 라고 적혀 있다.
한국에서는 우산도를 독도라고 인식한다.
일본 문헌에 독도가 처음 등장한 것은 〈은주시청합기〉(1667년)이며, 송도(마쓰시마)라는 명칭으로 울릉도와 병기되어 나온다.

1693년에는 울릉도에서 안용복 일행과 일본인 어민 사이에 충돌이 일어났다. 이때 막부는 1699년 3월 울릉도가 조선령임을 정식으로 승인함으로써 이른바 '죽도(울릉도) 1건' 은 결말이 났다. 당시 외교 문서에 독도 명칭이 등장하지 않지만, 그 섬이 울릉도의 부속 도서로 간주된 이상 독도의 영유권도 똑같이 처리되었다고 생각할 수 있다.

일본의 관제 지도에서 송도(독도)를 처음 표시한 것은 〈일본여지로정전도〉(1773년)다. 1778년에 간행된 목판채색판인 〈일본로정여지도〉는 일본 본토와 그 부속지를 모두 채색하였으나 죽도와 송도는 조선 반도와 함께 전혀 칠하지 않았다.

메이지 정부도 1876년 10월 내무성이 죽도, 송도가 일본의 영토가 아니라는 결론을 내렸다. 내무성은 1877년 3월 당시 최고 국가기관인 태정관에 '일본해 내 죽도 외 한 섬 지적 편찬 방향' 이라는 문서를 제출하고 최종 판단을 요청했다. 태정관 조사국은 죽도와 송도가 일본 영토가 아니라는 공문서를 정식으로 내무성에 내려 보냈다.

1905년 일본정부는 행정조처로 독도를 자국 영토에 편입했다. 그 행위가 정당하다는 주장은 두 가지다. 다수 의견은 '죽도는 근세 초두 이래 일관되게 일본 영토였기 때문에 1905년의 영토 편입 조처는 그것을 재확인한 것에 불과했다' 라고 주장한다. 하지만 1877년 태정관이 정식으로 이 섬을 판도 외라고 단정했다. 소수 의견은 '1905년 당시 죽도는 주인 없는 섬이었기 때문에 그것을 선점했을 뿐이다' 라고 주장한다. 하지만 조선은 15세기부터 이 섬에 영유 의식을 갖고 있었으며, 1906년 일본이 편입시킨 사실을 알고 즉각 반대 의사를 표시했다.

하지만 호리 교수는 독도의 미래에 대해 장담하지 못한다. 한국 학자들의 연구실적으로 볼 때 그렇다는 것이다. 1997년 12월 국제한국연구원(원장 최서면) 초청으로 한국을 방문한 그는 "독도 문제를 해결하기 위해서는 울릉도에 관한 연구가 필수적"이라고 강조했다.

"울릉도가 빠진 독도는 아무런 의미가 없습니다. 따라서 독도의 의미를 분명히 하기 위해서는 울릉도에 관한 체계적인 연구가 선행돼야 합니다. 하지만 현재 독도에 관한 자료는 약 10권인데 비해 울릉도를 주제로 한 역사자료나 연구는 단 한 권도 없는 실정입니다. 독도에 관한 사실 확인을 위해서라도 울릉도 근대개발사의 정리가 시급한 형편입니다."

그는 한국 측이 주장하는 역사적 점유권에 대해서는 부정했다.

"영토나 국경의 개념은 시대에 따라 달라지는 것이고 동아시아에서 국토의 경계에 국제법이 적용되기 시작한 것은 19세기 들어와서부터입니다. 오히려 무주지 선점권을 인정하는 것이 근대적 발상이죠. 사람이 살지 않는 곳은 국토로서 가치가 없었습니다. '독도가 신라 지증왕 때부터 우산국이었으며 따라서 우리 것'이라는 유행가 가사야 이해가 가지만 한국의 일부 학자마저 이런 주장을 한다는데 놀라지 않을 수 없습니다."

영유권을 결정하는 것은 역사적 근원보다는 현실적인 로비라는 것이 그의 주장이다. 호리 교수는 "영토문제에 관한한 수천 년의 역사보다 10년간의 집중적인 로비가 더 중요한 게 오늘날의 국경협상이 처한 상황"이라고 강조했다.

하늘도 실효적 지배하고 있다

하늘에도 국경선이 분명하게 구분되어 있다

『항공식별구역』

하늘에도 국경선이 분명하게 구분되어 있다. 독도의 하늘은 누구의 영토일까? 당연히 우리의 영토이다. 한국 방공식별구역*(KADIZ)과 일본 방공식별구역(JADIZ)의 경계 구역은 독도에서 50㎞ 동쪽에 있다. 민감할 수밖에 없는 구역이다. 이 경계구역은 한, 일과 러시아 어느 측의 영공도 아니지만 삼각 견제가 계속되고 있다.

한국 공군기가 일본 방공식별구역에 접근하면 예외 없이 일본 측은 '접근 경고'를 방송한다. 마찬가지로 일본 항공기가 한국 방공식별구역에 들어오면 한국 측에서 경고방송을 한다. 일본 항공자위대의 훈련 공역은 독도 동남쪽의 한국 방공식별구역으로부터 46㎞ 바깥에 있다. 2005년 3월 16일 일본 자위대 정찰기 1대가 한국 방공식별구역으로 접근했던 곳도 이 훈련 공역 부근이었다.

그러나 이 구역에 접근하는 것이 군용기가 아니라 민간 항공기라면 문제가 달라진다. 통제도 안 되고 민간 항공기를 요격할 수도 없기 때문이다.

* 한국 방공식별구역(KADIZ) : 우리나라의 영공 방위를 위해 비행을 통제하는 구역. 1951년 미태평양공군사령부에서 극동방위 목적으로 설정한 것으로서, 외국 항공기가 진입하려면 24시간 이전에 허가를 받아야 한다. 이를 보더라도 독도의 한국영유는 재론의 여지가 없이 명확하다.

실제로 2005년 3월 8일 일본 경비행기 1대가 허가 없이 독도 인근 상공 외곽의 한국 방공식별구역(KADIZ)에 접근, 군 당국이 비상태세에 돌입하기도 했다. C-560 기종의 경비행기는 이날 오전 9시 14분 일본 오사카공항을 이륙해 독도 근방으로 비행하다가 공군이 네 차례 경고통신을 보내자 9시 53분쯤 일본 쪽으로 되돌아갔다.

이에 앞서 일본 항공교통관제소(ACC)는 오전 8시 21분쯤 인천ACC에 해당 경비행기의 KADIZ 진입 계획서를 제출했으나 인천ACC는 오전 9시 16분쯤 이를 거부했다. 비행계획이 허가되지 않는 비정기 항로인데다 24시간 전 비행계획서를 제출해야 한다는 규정을 어겼다는 이유 때문이다. 우리정부의 승인을 받지 못한 경비행기는 허가 없이 동해 상공으로 북상을 계속했다. 오전 9시 28분쯤 포항에서 동쪽으로 234마일 떨어진 상공에서 이 비행기를 포착한 대구 제2중앙방공통제소(MCRC)는 1분 뒤 공군 전투기 출격을 지시했다. 한반도 상공에서 초계임무를 수행하던 공군 F-5 전투기 4대가 임무를 전환해 즉각 동해상으로 출격했으며 경비행기는 오전 9시 53분 기수를 돌렸다. 이 비행기는 독도 항공사진을 촬영하려 했던 것으로 추정됐다.

합참과 공군은 즉각 대책마련에 착수했다. 이 대책에 따르면 일본 등의 민간 항공기가 한국의 허가 없이 독도 외곽에 위치한 KADIZ 상공에 가까이 다가오면 다음과 같은 순서로 대응하기로 했다.

▶ 무선통신망을 통해 일차 경고한다.
▶ 공군기를 보내 시위 기동한다.
▶ 경고사격도 불사한다.

하지만 아쉬운 것은 우리 군과 정부의 자세가 너무 경직되어 있다는 점이다. 일본 항공교통관제소(ACC)가 한국 방공식별구역 진입 계획서를 제출했을 때 이를 승인해주었으면 어땠을까? 그랬더라면 독도 상공이 우리의 관할권역이라는 것을 일본 측으로부터 인정받는 모양새가 되었을 것이다. 이는 독도를 실효적으로 점유하고 있다는 좋은 증거가 될 뻔했다.

토끼 박멸 작전

독도에 토끼가 있었다

독도에 나무를 자라도록 하기
위해서 잡아내야 했던 토끼

독도에 토끼가 있었다. 독도에 나무가 자라지 못하게 한 주범으로 토끼를 꼽는 사람도 적지 않다. 지금까지 많은 사람들이 독도에 나무를 심어왔지만 토끼 박멸작전이 있기 전까지 살아남은 것은 한 그루도 없었기 때문이다.

독도에 토끼가 살게 된 것은 언제부터일까? 그동안 독도의 토끼에 대해서는 1970년대 어부들이 비상식량으로 쓸 목적으로 독도에 방사했다는 이야기가 가장 설득력 있는 가설이었다. 동해바다에서 조업을 하던 어민들은 폭풍우가 몰아칠 때면 독도로 피신을 가고, 그곳에서 식량마저 떨어지는 상황에 직면했던 경험 때문에 토끼를 풀어놓자는 의견들이 있었다는 것이다.

하지만 독도주민 김성도 씨에 따르면 독도의 토끼는 독도경비대가 기르던 것이 원조라고 한다. 독도경비대가 기르던 토끼 한 쌍을 서도로 옮겼는데, 그것들이 서도를 점령했다는 것이다.

철조망 토끼의 습격을 막기 위해 철조망을 쳐서 토끼의 접근을 막았다.

"지금부터 30여 년 전의 일이다. 본래 최종찬 씨가 독도경비대에서 토끼 한 쌍을 얻어왔다. 그런데 이놈들을 제대로 챙기지 않았더니 도망을 가고 말았다. 이듬해 독도에 들어가 보니 온통 토끼 굴이었다."

이렇게 해서 독도에 상륙하게 된 토끼들은 그야말로 천국이 따로 없었다. 풀은 다소 부족하지만 천적이 없었다. 가뜩이나 번식력이 좋은 토끼는 독도를 점령했다. 토끼가 번식을 거듭할 때마다 독도는 파괴되어 갔다. 독도의 곳곳은 토끼 굴로 구멍이 숭숭 뚫렸고 어렵사리 심은 나무는 뿌리를 내려보기도 전에 토끼의 이빨에 갉아 먹혔다.

당시 독도에서 경비대원으로 근무했던 김영태 씨는 "처음 독도에 들어가니 이상한 구멍들이 뚫려 있었다. 구멍 속에는 쥐 같은 것들이 들어갔다 나왔다하고 있었다. 고참병들은 독도의 쥐들은 그렇게 크다고 놀렸다. 처음에는 독도라는 곳이 특이하기 때문에 그런 쥐들이 살고 있는가하고 생각했다"고 말한다. 그에 따르면 독도의 토끼들은 천적이 없어서인지 보호색도 띄지 않았다고 한다.

1989년부터 독도에 나무를 심겠다고 나선 '울릉 애향회' 와 '푸른 독도 가꾸기 모임' 도 예상치 못한 복병을 만나 고전을 면치 못했다. 첫 번째 복병은 독도의 기후와 토양이었다. 독도의 땅은 척박해서 나무가 자라기에 적합하지 않았다. 그러나 그보다 더 무서운 복병은 바로 토끼들이었다. 봄에 정성껏 심어놓은 나무들은 가을에 들어가 보면 흔적조차 남아있지 않았다. 토끼의 이빨 자국만이 나무들의 수난을 이야기해주고 있었다.

토끼의 습격을 막기 위해 나무마다 철조망을 치기도 했다. 서도의 물골 위쪽은 집단으로 철조망을 쳐서 토끼의 접근을 막았다. 철조망이 씌워진 안쪽의 나무들은 뿌리를 내린 반면, 바깥쪽의 나무들은 토끼에게 뜯어 먹히고 말았다.

토끼 박멸의 1등 공신은 김성도 씨와 조준기 씨다. 독도 주민 최종덕 씨의 사위이기도한 조준기 씨와 현재 독도주민인 김성도 씨는 갖은 방법들을 동원, 토끼 박멸에 성공한다.

"작살을 만들어 구멍마다 찌르면 토끼들이 잡혀 나왔다. 당시에는 독도근해에서 조업을 하던 울릉도 어민들도 수시로 독도에 내려 토끼를 잡아갔다."

어민들에게 좋은 간식거리를 제공했던 토끼는 지금까지 독도에서 발견되었다는 말이 없다. 독도의 나무들도 이제 제법 자라 자그마한 숲을 이루고 있다.

독도에 귀신이 산다

갑자기 아기 울음소리가 나고, 남자들의 고함소리가 들리기도 한다

『독도경비대 위령비』

독도에 귀신이 산다. 믿기 힘든 말이지만 독도에서 잠을 청해본 사람들은 한결같이 귀신의 존재에 대해 수긍한다. 독도 주민 김성도 씨는 외부에서 사람들이 독도를 방문하면 물골에서 잠을 자도록 제의한다. 귀신의 존재를 실감하기 때문이다.

"독도를 개척할 초기에는 물골에서 잠을 잔적도 많다. 그런데 기겁한 적이 한두 번이 아니다. 조용하다가 갑자기 아기 울음소리가 나고, 남자들의 고함소리가 들리기도 한다. 여자들의 웃음소리도 들리고…."

처음에는 귀신이 있다는 말을 믿지 않던 사람들도 자신들이 직접 경험해보면 모두 부인하지 못한다고 한다. 물론 물골로 사람을 보낼 때는 혼자서는 절대 보내지 않는다. 사고라도 일어날까봐 반드시 2명 이상

일 때 물골로 보낸다는 것이 김성도 씨의 말
이다.

김성도 씨는 독도에 귀신이 있다는 말을 쉽
사리 믿지 않는 사람들을 위해 녹음기까지
들고 가서 잠을 자기도 했다고 한다.

"울릉도 있는 사람들에게 독도 귀신이
야기를 해봤자 헛일이다. 간담이 약해서
그렇다느니, 외로워서 헛것이 보였다느
니, 바람 소리가 동굴에 울려 헛소리를
들었다느니 하는 말들을 듣기 싫어 직접
녹음을 해보기도 했다."

그렇지만 녹음 결과는 신통치 못했다. 그토
록 시끄러웠던 귀신소리들이 녹음기에는 담기지 않았기 때문이다. 정
말 귀신이 곡할 노릇이 아닐 수 없었다.

그는 20여 년 전에는 흔히 도깨비불로 불리는 혼불을 목격하기도 했
다. 혼불은 혼자서 본 것이 아니라 6명이 함께 보았다. 당시 그의 배는
파도에 밀려 몽돌 밭으로 떠밀려 올라갔다고 한다. 날은 어두워졌기
때문에 일행들은 배는 그대로 두고 집으로 피신했다.

그런데 동도 쪽에서 파란 불덩어리가 배 쪽으로 내려가고 있었다. 울
릉도에서 한일여관을 운영하고 있는 김성구 씨가 그것을 봤었다. 불덩
어리는 배 위에 자리 잡고 있었다. 창밖을 내다보던 김성구 씨가 입을
열었다.

"형님. 배에다 불을 켜놓고 내렸습니까?"

"왜 그러는데."

"배에 파란 불이 켜져 있는데요."

"불을 켜놨을 리가 없지?"

독도의 삽살개 옛 부터 삽살
개는 귀신을 쫓는다고 알려지
고 있다.

물골 독도의 물골에는 밤
이 되면 귀신 소리가 들려온다
고 한다.

울릉도의 장례식

김성도 씨가 보니 배에는 지름 1미터 가량의 파란 불덩어리가 있었다. 그런데 이 불덩어리는 가시광선을 내놓는 것이 아니라 반딧불이처럼 은은한 불빛을 내뿜고 있었다. 함께 있던 해녀들은 이 광경을 목격하고는 무서워 화장실도 가지 못했다.

김성도 씨는 울릉도에서 전해오는 귀신을 쫓는 방법을 사용하기로 했다. 바가지에 밥과 반찬들을 담아 혼불이 있는 쪽을 향해 쏟으며 "이거나 먹고 얼른 사라져라"고 고함을 질렀다. 그리고는 식칼을 집어 던졌다. 칼끝이 집 쪽으로 향하면 아직 떠나지 않았다는 의미이고, 바깥쪽을 향하면 떠나갔다는 것을 의미한다고 한다. 2시간 이상 배 위에서 머물던 혼불은 그제야 떠났고, 그것이 떠나자마자 바다는 언제 그랬냐는 듯이 잠잠해졌다고 한다.

사실 독도 귀신이야기는 독도의용수비대가 주둔할 때부터 있었다. 홍순칠 대장의 수기에 따르면 당시 독도의용수비대 대원 가운데 통신을 맡고 있던 허학도 대원이 사망한 후 귀신소동이 있었다고 한다.

그가 죽은 뒤 어느날 발전실에 허학도가 나타났고 5명의 대원들이 그것을 목격했다는 것이다. 하자진 대원은 "대장, 허학도가 발전실 입구에서 머리에 피를 흘리며 내 옷을 내놔라 합니다"라고 보고했다. 홍 대장은 부관과 이상국, 김수봉, 김재두 대원을 급히 보내 상황을 보고할 것을 명령했다. 평소에 담이 큰 대원들만 골라 보냈다. 그런데 이들 모두 식은땀을 흘리며 돌아와서는 "대장님, 조금 전 하자진이 하는 말이 옳습니다"라고 보고하는 것이었다. 허학도가 옷을 가져다 줄 것을 애원하더라는 것이었다.

홍순칠은 권총을 허리에 차고 현장으로 달려갔다.

독도에서 희생자 위령제를 올리고 있는 서울고 학생들

"허학도, 나와서 대장에게 할 말 있으면 얘기해 봐."
아무런 응답도 없었다. 홍 대장은 5명의 대원들에게 장난치지 말고 빨리 가서 발전기를 돌릴 것을 명령했다. 그러나 이들은 다시 돌아와 홍 대장에게 하소연했다.

"대장님 고집 피우지 맙시다. 허학도가 하는 말이 대장이 조금 전 왔다 갔는데 대장이 무섭고 겁이 나서 얘기 못했는데 동지들이 잊지 말고 울릉도 보급 창고에 있는 옷을 가져다 줄 것을 애원합니다."

독도의 귀신소동은 과연 사실일까? 아니면 외딴 섬 생활에 지친 사람들에게 보인 헛것일까? 어쨌든 우리 땅 어디든 사람이 사는 곳이면 귀신이야기가 있어 왔고, 독도 역시 사람이 사는 곳이라 귀신이야기가 있는 것은 당연한게 아닐까.

김정명 作

독도의 산신당

절에는 불교와는 무관한 건물이 있다

『독도 산신당』

절에는 불교와는 무관한 건물이 있다. 칠성각, 산신각 등이 그것이다. 불교가 이 땅에 들어오기 전부터 '산신(山神), 독성(獨聖), 칠성(七星), 용왕(龍王)' 등을 모시는 민족의 전통 종교가 있었다는 말이다. 이런 토속신앙은 우리 민족이 가는 곳이면 어디든 따라간다.

조선은 천재지변의 극복을 위해 산천제를 올렸고, 태조는 오악명산을 제사 지내는 산으로 지정하기도 하였다.

특히 조선은 산신의 힘으로 개국했다고 믿었을 정도로 산신을 높이 받들었다. 조선 왕조를 창건하기 전, 이성계는 전국의 이름난 산에 기도를 올렸다. 조선시대 산신숭배의 전통은 지금도 이어져 동리마다 산신당이 모셔지고 있으며 제사도 어김없이 받들어지고 있다.

중국과 일본이 분쟁을 벌이고 있는 조어도(釣魚島 · 센카쿠, 댜오위다오)에도 산신당이 존재했다는 기록이 있어 관심을 끌고 있다. 중국은 중국인이 가장 먼저 이곳을 발견했으며, 청나라 강희제 때(17세기) 중

태하의 성하신당(1) 울릉도에 처음 들어온 사람들이 가장 먼저 한 일은 신당을 세우는 일이었다. 울릉도의 성지로 불리운다.
성하신당의 옛 모습(2)
성하신당에 모셔진 동남 동녀(3)

국인들이 이 섬에 신당을 짓고 제사지냈다는 기록을 근거로 자국 땅이라 주장하고 있다.

독도는 어떨까? 독도에도 산신당이 있을까? 결론은 '있다' 이다. 독도 주민 김성도 씨에게 문의한 결과 독도에도 산신을 모신 곳이 있다고 한다. 독도 산신당은 최종덕 씨와 함께 만들었는데, 지금의 어민대피소 위쪽에 있었다고 한다.

"울릉도에서 향나무로 산신당을 만들어 독도에 가져다 놓았다. 그 속에는 촛대와 향을 피우는 향로, 술을 올릴 수 있는 잔이 있었다. 매달 초하루와 보름 때면 이곳에서 술을 올리곤 했다."

그런데 이들이 만든 산신당을 지금은 찾을 수 없다. 세월이 많이 흘렀고, 거센 폭풍우에 언젠가부터 보이지 않았다고 한다. 지금은 서도의 한쪽 바위 아래가 산신당 역할을 한다. 독도에 나무를 심을 때도 이곳에서 먼저 독도의 산신께 제를 올린다.

　독도 주민 김성도 씨는 "독도의 산신께 먼저 인사를 올려야 한다. 그렇지 않으면 독도에서 무슨 사고가 있을지 알 수가 없다. 독도는 육지에서 생각하는 땅과는 다르다. 사방에 위험이 도사리고 있다. 한순간도 방심할 수 없다"고 털어놓는다.

산신당에 올린 정성이 통해서였을까? '푸른 울릉·독도가꾸기 모임'은 십수 년째 독도를 드나들었지만 단 한건의 사고도 없었다. 이들은 독도 산신이 보살펴주었기에 가능한 일이라고 믿고 있다.

김성도 씨는 독도라는 섬이 살아있는 생명체로 느껴진다고 한다. 그는 "독도에 들어갈 때면 먼저 독도에게 인사를 한다. 독도에 발을 딛자마자 3~4차례 고함을 지른다. 독도에 내가 왔다고 알리는 것이다. 그러면 독도와 하나가 되는 교감을 느낀다"고 말한다.

독도의 신비함은 1996년 이곳을 방문했던 남해안별신굿보존회 정영만 씨도 경험했다. 그해 3월 1일 일본의 독도 망언 규탄굿을 하던 이들은 신비로운 체험을 했다. 굿판을 시작하자마자 하늘에서는 갑자기 먹구름이 끼고 돌풍이 몰아쳐왔다. 때아닌 우박도 쏟아졌다. 굿을 하기 위해 세웠던 3개의 왕대가 하나하나 꺾였다. 정영만 씨는 상식적으로는 이해할 수 없었다.

"어지간해서는 꺾이지 않는 것이 대나무다. 그것이 하나씩 부러졌다. 굿판을 열자마자 독도에서 생명을 잃은 원혼들이 엄청나게 몰려들었기 때문이다. 나의 힘으로는 감당할 수 없었다."

정영만 씨는 일행들의 생명까지 위험해질 수 있다는 생각에 대대로 물려받은 방울을 독도에 묻었다. 그는 "제발 일행들이 무사히 독도를 벗어날 수 있도록 해달라고 수호신들에게 빌었다"고 말한다.

당시 현장에 있었던 필자 역시 독도에서 나오는 배를 가까스로 탈 수 있었고, 일행들이 탄 배는 파도에 휩쓸려 해경에 조난신고까지 해야 하는 상황이었다. 배의 유리창은 파도에 깨어져 나가고 그 틈으로 바닷물이 들어오기 시작했다. 바닥에는 물이 차올라 제대로 앉아있을 수도 없었다. 그렇지만 하늘의 도움인지 울릉도까지 무사히 돌아올 수 있었다. 당시 함께 했던 기자들은 지금도 그날을 이야기하면 두 번 다시 독도에 들어가고 싶지 않다고들 한다.

울릉도의 일본 신사(1) 일제시대 일본인들은 울릉도에까지 신사를 세웠다.

일본인들이 세운 사당들(2)
울릉성황당(3)

출생지가 독도인 독도둥이

대한민국령 독도를 출생지로 둔 독도둥이가 있다

「독도둥이」

대한민국령 독도를 출생지로 둔 독도둥이가 있다. 집안 3대가 독도와 관련해 각종 기록을 보유하고 있을 정도로 독도와의 인연이 특별한 조강현 씨가 그 주인공.

그가 독도와 인연을 맺은 것은 외할아버지 때문이다. 그의 외할아버지는 1965년 독도에 입도, 5평 남짓한 토담집을 짓고 조업하다가 1981년 한국인 최초로 주소를 독도로 옮김으로써 독도 주민 1호로 기록된 최종덕 씨.

1987년 9월 최종덕 씨가 세상을 떠난 뒤 아버지인 조준기 씨가 장인의 뒤를 이어 울릉군 울릉읍 도동 산 63번지(당시 주소)인 독도로 주소를 옮긴 뒤 독도 주민 2호로 독도에서 8년을 거주했다.

그러나 조강현 씨는 독도에서 태어난 것은 아니다. 그가 독도에서 태어나게 하기 위해 많은 사람들이 노력했지만 독도탄생 1호라는 인연은 맺지 못했다.

1990년 1월 초, 울릉군립병원에 태아 건강검진을 받기 위해 잠시 울릉군 도동 친정에 나와 있던 조강현 씨의 어머니 최경숙 씨는 1월 23일 해경 경비정 편으로 다시 독도로 돌아가 사상 첫 독도둥이를 분만할 예정이었다. 독도둥이 분만 예정 사실이 알려지자 울릉도와 각계에서는 "독도에서 태어나는 신생아는 우리 국민 모두의 아기"라며 서로 분만과 양육을 돕겠다고 나서는 등 흥분이 고조되었다. 특히 한국외국어대 박창희 교수를 비롯해 '푸른 독도가꾸기 모임' 회원 등 각계 인사들은 독도둥이 분만후원단을 구성했다. 서울 강남성모병원 산부인과 의사 1명과 간호사 2명도 지원을 아끼지 않았다. 이들은 1월 23일 독도로 가 최경숙 씨의 분만을 돕기로 했다. 하지만 폭풍

탕건봉과 갈매기알

때문에 독도 입도가 차일피일 늦춰지고 있던 24일, 예정보다 먼저 출산을 하게 되었다. 그래서 그의 독도탄생은 좌절되고 말았다. 최경숙 씨는 이날 심한 진통으로 친정어머니와 함께 울릉군립의료원에 입원한 후 55분만인 오전9시 55분쯤 체중 3㎏의 아들을 낳았다. 예정일보다 보름이나 앞당겨 출산한 것이다.

최경숙 씨는 당시 언론과의 인터뷰에서 "비록 독도에서 낳지는 못했지만 독도사상 처음으로 독도 주소지인 경북 울릉군 울릉읍 도동 67번지로 출생신고를 할 생각"이라고 밝히고 "우리 네 가족이 독도를 지키는 파수꾼이 되겠다"고 다짐했다. 조강현 씨가 독도를 출생지로 두게 된 것은 이런 사연을 갖고 있었던 것이다.

독도를 방문한 일본인 기자

1950년대 이후 독도에 발을 디딘 최초의 일본인 기자가 있다

『일본인기자』

해방 이후 독도에 발을 디딘 최초의 일본인 기자가 있다. 한국인들조차 마음대로 들어가기 힘든 독도에 2차례나 들어간 일본인 기자는 닛칸겐다이(日刊現代) 다찌가와 마사키(太刀川正樹) 기자. 그는 한일 간의 독도영유권 논쟁이 치열했던 1996년 3월 1일, 해방 이후 일본인으로는 최초로 독도를 방문했다.

일본 외무성은 한국을 통해 독도를 방문했다는 이유로 다찌가와 기자를 질책했다고 한다. 한국을 통해 독도를 입도했기 때문에 한국이 독도를 실효적으로 점거하고 있다는 것을 인정한 모양새가 되었다는 것이 일본 정부의 논리였다.

기자는 비교적 객관적인 입장을 견지해야하지만, 역시 국가의 이익으로부터 자유로운 시각을 갖기란 쉽지 않다. 특히 일본 기자들은 자국의 이익에 대해 상당히 철저한 면모를 보여 왔다.

1999년 한국언론재단은 외신기자들의 독도방문을 추진했다. 일본 기

자들도 초청되었다. 그러나 일본 기자들은 독도방문을 거절했다. '한 국단체의 주선으로 독도에 가면 독도가 한국 땅임을 인정하는 꼴' 이라 는 일본대사관의 권고에 따른 것이다.

일본대사관 측은 "독도는 일본에서도 갈 수 있다. 한국에서 독도로 가게 되면 독도가 한국영토임을 인정하는 듯한 인상을 줄 수 있다"고 주장했다.

이에 대해 다찌가와 기자는 "독도에 가고 싶다면 그것이 어느 길이든 관계없다고 생각한다. 한국을 통해 가든 그렇지 않든 중요하지 않다"고 잘라 말한다. 다찌가와는 1996년 재일교포 기자로 위장하여 독도로 입도하는 배에 오를 수 있었다.

"96년 독도방문 때는 오징어배로 갔었다. 그에 비하면 이번에는 편한 유람선인데 여전히 파도는 심하다. 당시에는 정말 고생 많이 했다. 새벽 3시에 오징어 배를 타고 독도까지 갔고, 나올 때도 조난을 당해 여기서 죽는가보다 생각할 정도였다."

그 당시에는 고생 끝에 도착해서인지, 여명이 밝아올 때라 그랬는지 정말 신비하고 이상한 느낌이 들었다고 한다. '대한민국 동쪽 땅 끝' 국가 영토경계 표지석 앞에 선 다찌가와 기자는 "일본이 한국에게 독도를 양보하라고 권하고 싶다"고 밝혔다.

독도에 대한 한국인의 의지를 일본에 알린 SAPIO(사피오) 지

한국은 왜 국제사법재판소(ICJ) 제소에 동의하지 않나?

승소에 대한 자신이 없나?

『푸른 울릉 · 독도가꾸기 모임 회원들』

일본의 영유권 주장에 항의시 위하고 있는 푸른 울릉 · 독도 가꾸기모임 회원들

일본은 1954년부터 독도 문제를 국제사법재판소(ICJ)에서 해결하자고 주장하고 있다. 지금도 우리가 응하면 언제든지 국제사법재판소로 가겠다는 입장이다. 한국이 응하지 않는 것으로 볼 때 승소에 대한 자신이 없기 때문이라고 약을 올리기도 한다.

하지만 우리 정부는 "역사적, 법적으로도 분명하며 실효적으로 지배하고 있는 우리 영토를 굳이 국제사법재판소의 심판대에 올려놓을 필요가 없다"는 입장이다. 즉 우리가 동의하지 않는 한 독도 문제가 국제재판소에서 심판받을 일은 절대로 없다.

국제 분쟁을 해결하는 사법적인 기구로는 국제연합(UN)의 주요기관 중 하나인 국제사법재판소(ICJ)가 있고, 해양법 관련 분쟁에 관해서는 82년 해양법협약상의 국제해양법재판소 등 다양한 기관과 제도가 마련되어 있다. 그러나 이러한 재판소들은 국내에 있는 법원과 같이 강권적 재판을 할 수 있는 곳이 아니다. 기본적으로 국가들의 의사에 의

해서 재판 관할이 성립하고 그 절차가 진행된다.

다만, 국제사법재판소* 규정에는 선택조항(제36조 2항)이라는 것이 있어서 이 선택 조항을 수락한 국가들 간에는 국제사법재판소의 강제관할권이 성립한다. 즉 선택조항을 수락한 국가들 사이에서는 어느 한 국가만의 제소가 있으면 피소국이 재판에 응하고 싶지 않

독도와 광개토대왕함

아도 국제사법재판소가 재판을 진행할 수 있게 된다는 것이다.

일본은 이 선택조항을 수락한 국가이다. 물론 독도 문제를 염두에 두고 수락했다고 한다. 우리나라는 수락하지 않았다. 그러므로 우리나라가 동의하지 않는 한 일본은 독도 문제에 관한 분쟁을 제소할 수 없다. 어떠한 국제 분쟁의 사법절차에서도 우리 정부가 합의하거나 동의하지 않는 한 독도 문제가 국제재판소에서 심판받을 일은 없는 것이다.

그래도 만약 국제재판소에서 재판한다면 어느 나라가 이길까? 쉽게 판단할 수 없다는 것이 한국 측의 고민이다. 국제 재판이라는 것이 국내 법원에서처럼 통일적인 사법시스템을 가진 상황에서 이루어지는 것이 아니기 때문이다. 국제적 역학관계에 영향을 많이 받는 것이 현실이다. 예를 들어 미국의 이라크 침공이 국제법상 정당성을 갖을까? 대다수의 학자들은 명백한 위법이라고 믿는다. 하지만 세계경찰국가를 자임하는 미국이라는 나라가 하기 때문에 정당화된다. 미국의 저명한 국제법학자들은 미국 정부의 대외정책이 국제법적으로 합법적임을 뒷받침하는 국제법 이론들을 끊임없이 만들어내고 있다. 이러한 측면을 두고 어느 국제법학자는 '국제법은 국제 정치를 합리화시키는 수단에 불과하다'고 비판하기도 했다.

독도 영유권에 대한 국제재판소의 판단 역시 입증 자료로서 결정되는

* 국제사법재판소(國際司法裁判所) : 국가 간의 분쟁을 법적으로 해결하는 국제연합 기관. 약칭은 ICJ이다. 1945년에 창설되었다. 15명의 재판관으로 구성되며, 강제적 관할권은 없다. 한쪽 당사자의 청구만으로는 재판의 의무가 생기지 않는다.

것이 아니라 해당 당사국들의 로비력에 의해 좌우된다는 것이다.

또 다른 측면에서도 우리의 입장은 불리하다. 국제재판소에서 심판되는 과정에서 중요한 입증 자료의 확보 면에서 우리의 논거가 일본의 논거보다 월등히 앞선다고 보기 어렵기 때문이다.

우리가 제시할 가장 강력한 자료는 1946. 1. 29 SCAPIN 제677호와 1946. 6 .22 SCAPIN 제1033호 b항, 샌프란시스코강화조약 초안 등이 될 것이다.

그러나 일본의 논거는 국제법적으로 명확한 법적 효과를 가지는 조약의 형태를 지닌 샌프란시스코강화조약이다. 이 조약은 독도를 어느 한쪽의 땅으로 규정하지 않고 있다. 해석하기에 따라 일본에 유리할 수도 있는 것이다. 연합국 사령부의 '지령'에 불과한 SCAPIN이나 조약 초안 보다는, 미국을 비롯한 48개 연합국과 일본이 공식적으로 서명한 샌프란시스코강화조약이 국제법적으로는 더 비중 있는 입증 자료라 할 수도 있다.

이처럼 국제적 역학관계에서 우리가 일본에 많이 뒤쳐진다는 것은 객관적인 현실이며, 국제사법재판소에서 입증할 자료 역시 부족한 감이 있다. 이것이 국제사법재판소에서 독도 문제를 거론할 수 없는 이유이다. 하지만 설사 명백한 자료가 확보된다고 해도 우리로서는 실효적으로 점유하고 있는 이상, 제3의 기관에 그 판단을 맡길 필요는 전혀 없는 것이다.

이종학 독도박물관 전 관장은 생전에 "만약 독도 문제가 국제사법재판소에 회부된다면 독도 문제는 일본과 러시아 사이의 북방 4개 섬 문제처럼 변하게 된다. 국력이 지금과 같은 수준일 수 없기 때문에 국제사법재판소에 가자는 주장은 위험천만한 발상"이라고 강조했다.

SCAPIN 제677호는 해석하기 나름?

SCAPIN은 2차 세계대전이 끝난 후 연합국 최고사령부가 내린 지령을 말한다

『동도 상공』

한일 양국이 모두 자신들에게 유리하게 해석하고 있는 스케핀 (SCAPIN) 제677호는 무엇이고, 그 내용은 또 무엇인가? SCAPIN은 2차 세계대전이 끝난 후 연합국 최고사령부가 내린 지령을 말한다. 이 SCAPIN이 중요한 것은 독도를 구체적으로 언급하며 국경을 규정하고 있기 때문이다.

1946년 1월 29일 연합국 최고사령부는 '연합국 최고사령부 지령 (SCAPIN : Supreme Command Allied Powers Instruction) 제677호'를 발표했다. 그 내용은 일정한 지역들을 정치, 행정상 일본으로부터 분리한다는 것이었다. 이 SCAPIN 제677호의 제3조는 독도(Liancourt Rocks, 竹島)를 일본 영토에서 분리 제외했는데 그 부분의 전문은 다음과 같다.

이 지령의 목적을 위하여 일본은 일본의 4개 本島(北海島·本州·九州·四國)와 약 1천 개의 더 작은 인접 섬들을 포함한다고 정의된다. (1천 개의 작은 인접 섬들에) 포함되는 것은 對馬島 및 북위 30도 이북의 琉球(南西)諸島이다.

그리고 제외되는 것은

① 鬱陵島·리앙쿠르岩(Liancourt Rocks ; 獨島, 竹島)·濟州島,

② 북위 30도 이남의 琉球(南西)諸島(口之島 포함)·伊豆·南方·小笠原 및 火山(琉黃)群島와 大東諸島·庶鳥島·南鳥島·中之鳥島를 포함한 기타 모든 외부 태평양제도,

③ 쿠릴(千島)列島·齒舞群島(小晶·勇留·秋勇留·志癸·多樂島 등 포함)·色丹島 등이다.

연합국 최고사령부는 이 SCAPIN 제677호를 일본의 정의(the definition of Japan)라고 표현했다.

우리가 SCAPIN 제677호 제3조에서 주목할 것은 첫 번째, 울릉도·독도·제주도를 순서대로 범주화해서 넣었다는 부분이다. 이것이 일본에서 분리되어 한국에 반환되는 섬들임이 명백하다. 즉 연합국 최고사령부는 1946년 1월 29일 SCAPIN 제677호로서 '독도'(리앙쿠르섬, 죽도)를 한국으로 반환하기로 결정한 것이다.

그렇지만 우리의 상대가 누군가? 바로 일본이 아닌가? 일본은 SCAPIN 제677호를 자신들에게 유리한 방향으로 해석한다. 그들은 이 지령이 행정권의 정지였지 영토의 처분이 아니었다고 주장한다.

그러면서 일본은 SCAPIN 제677호의 6조에 주목한다. 6조에는 "이 지령 가운데 어떠한 것도 포츠담선언 제8조에 언급된 제소도(諸小島)의 최종적 결정에 관한 연합국의 정책을 표시한 것은 아니다"라고 되어 있다. 즉 SCAPIN 제677호가 일본의 영토를 규정 한 것이 아니라는 주장이다.

이에 대해 신용하 교수는 "SCAPIN 제677호의 6조에서 강조된 것은 복

잡 미묘한 연합국들의 이해관계 속에서 다른 연합국들이 이의 제기를 할 경우를 대비해서 최종적 결정이 아니라 필요하면 앞으로 수정할 수 있다는 가능성을 열어둔 것에 불과하다"고 밝힌다.

결론적으로 말하자면 연합국 최고사령부는 1946년 1월 29일 SCAPIN 제677호로써 독도를 일본 영토로부터 제외시

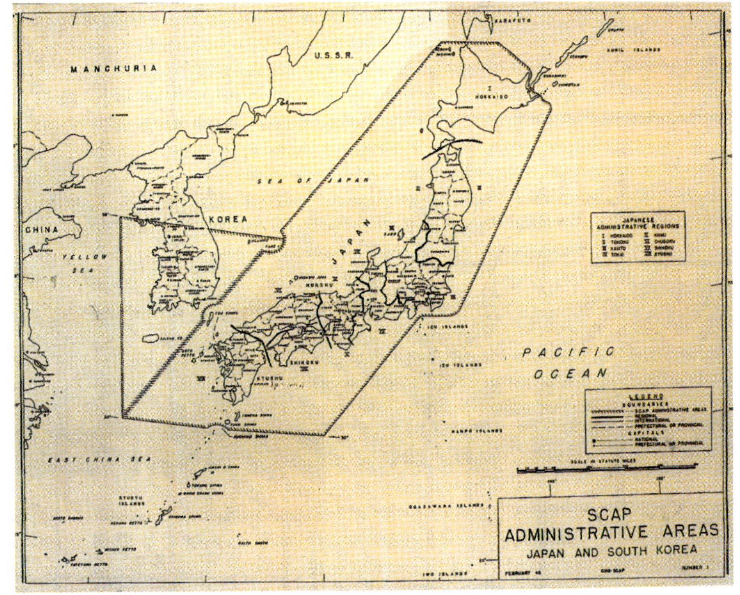

스케핀 677   SCAPIN 제677호의 제3조는 '독도' (Liancourt Rocks, 竹島)를 일본영토에서 제외시켰다.

켰으며, 만일 이를 수정할 때에는 '별도의 특정한 지령을 발해야 하며 그렇지 않다면 이 지령은 미래에까지 유효하다' 고 선언한 것이다.

또한 연합국 최고사령부가 1946년 6월 22일 발표한 SCAPIN 제1033호는 일본의 영역을 더욱 분명하게 규정하고 있다. 제3항에서 일본인의 어업 및 포경업의 허가구역을 설정하였는데, 일본인의 독도 접근을 금지시켰다.

일본인의 선박 및 승무원은 금후 북위 37도 15분, 동경 131도 53분에 있는 리앙쿠르(독도)의 12해리 이내에 접근하지 못하며 또한 동도에 어떠한 접근도 하지 못함.

한국 측은 이것이 바로 연합국이 독도를 한국 영토로 인정한 것이라고 보고 있다.

독도 지키기 북한도 한 목소리

북한도 독도 문제에 있어서는 한 목소리를 내고 있다

『독도를 소재로 한 북한 영화』

북한도 독도 문제에 있어서는 한 목소리를 내고 있다. 아니 우리보다 더욱 강경한 어조로 일본의 침략책동을 경고한다. 2002년 12월 17일 〈로동신문〉 논평은 '한 치의 땅이라도 건드리면 무자비한 징벌을 안길 것' 이라는 말로 일본의 독도 영유권 주장을 신랄하게 공격했다.

논평은 '설사 파도에 씻기고 씻기어 모래알로 흩어져 없어지는 날까지 독도는 우리의 영토로 영원히 남을 것이다' 라고 밝히고 '민족의 존엄과 나라의 자주권을 침해, 유린하려 한다면 절대 용서하지 않고 끝까지 결판을 보고야 말 것이다' 라고 맺었다.

또한 북한은 자체 생산한 담배 '하나' 에 울릉도와 독도가 선명하게 표시된 한반도 지도를 집어넣었다. 북한을 방문했던 이종학 선생에 따르면 "북측은 남쪽에서 독도를 지키기 위해 나선 사람들을 민족의 보배라고 추켜세우며 힘을 합쳐 일본의 침략 야욕으로부터 독도를 지키자고 강조했다" 고 한다.

2005년 벌어진 한일 간의 독도분쟁에 대해 북한 주민들도 일본의 독도 영유권 주장에 분개하며 일본의 과거청산이 반드시 이뤄져야 한다는 목소리를 높이고 있다고 한다. 언론보도에 따르면 〈조선중앙방송〉은 일제의 만행자료가 전시된 평양 중앙계급교양관을 찾는 주민 행렬이 끝없이 이어지고 있다고 전한 뒤 "이들은 오늘도 적대시 정책에 광분하는 일본 군국주의자에 대해 치솟는 격분을 금치 못하고 있다"고 방송했다고 한다.

이 방송에서 중앙계급교양관 책임강사 윤희옥 씨는 "독도우표 발행이니 독도 순시니 독도에 대한 기습훈련이니 뭐니 하면서 우리나라 영토인 독도를 강탈하려 책동하고 있으니 일본 군국주의자들이야말로 오늘까지도 우리의 백년숙적"이라고 분을 삭이지 못했다.

철도성 평양객화차 직원인 서광일 씨는 "일본 군국주의자들과 끝까지 싸워 한 세기 동안 쌓이고 쌓인 민족의 피 값을 기어이 받아내고야 말 것"이라고 다짐했다.

북한은 또 지난 2005년 3월 7일 코피 아난 유엔 사무총장에게 일본의 독도 영유권 주장을 비난하는 서한을 보냈던 것으로 확인되고 있다. 3월 13일 〈조선중앙방송〉에 따르면 박길연 유엔주재 북한대사가 서한을 통해 "일본 극우세력들이 독도를 저들의 영토라고 우겨대며 독도우표 발행이니 독도에 대한 기습훈련이니 하는 것은 어느 때든지 우리나라에 대한 침략의 구실로 이용할 수 있다는 것을 명백히 보여준다"고 말했다. 박 대사는 "일본은 미국 다음 가는 막대한 액수의 군비를 지출하고 있으며 전쟁 장비를 현대화하고 재배치하는 등 해외침략 준비를 다그치고 있다"고 지적했다.

독도의용수비대 홍순칠 대장이 중앙정보부에서 조사를 받고 나온 것도 사실은 북한이 방송을 통해 그들의 영웅적 항쟁을 칭송했기 때문이라고 한다. 혹시나 북한과 내통하고 있는 것은 아닌가하는 것이 중앙정보부의 판단이었던 것이다. 북한 방송을 들을 리 없었던 홍순칠 대장은 영문도 모른 채 중앙정보부까지 끌려가 곤욕을 치렀다.

북한 담배 북한은 자체 생산한 담배 '하나'에 울릉도와 독도가 선명하게 표시된 한반도 지도를 집어넣었다.

사람 사는 섬으로 만든 사람들

독도에 사람이 살고 있다는 증거를 남기겠다

『최초의 독도 주민 최종덕 씨』

역사에 만약이란 없다. 지나간 역사에 있어 '만약 그때 그랬다면?' 이
란 가정은 아무런 의미가 없기 때문이다. 그래도 굳이 만약이라는 가
정을 붙이고 싶은 부분이 있다면 그것은 독도에 관해서다.

만약 안용복이나 독도의용수비대, 최초의 독도주민 최종덕 씨, 독도박
물관을 세운 이종학 선생 등이 없었다면 지금 독도는 누구의 땅이 되
었을까? 상상하고 싶지 않다.

"단 한 명이라도 우리 주민이 독도에 살고 있다는 증거를 남기
겠다."

울릉도의 최종덕 씨가 독도로 들어가며 한 말이다. 독도는 최종덕 씨
같은 민간인이 지켜온 겨레의 민토(民土)라는 것을 다시 한 번 입증한
것이다. 독도에 사람이 살고 있다는 것은 대단히 중요한 문제다. 사람

이 주거를 형성하고 있다는 것은 국가의 영토권을 주장하는데 있어 중요한 근거가 되기 때문이다.

조선시대 안용복은 외교전으로, 1950년대 홍순칠 씨는 힘으로, 이종학 선생이 역사적 증거물로 독도를 지켜냈다면 최종덕 씨는 직접 생활을 하며 독도가 우리의 영토임을 증언했다.

최종덕 씨가 독도에 들어간 것은 1965년 경. 김성도 씨와 함께 독도로 들어가 어민대피소 등을 짓고 독도를 개척했다. 당시 배석진이라는 인물도 같은 시기에 들어갔으나 정착에 실패했다.

최종덕 씨는 서도의 어민대피소가 있는 지점에 터를 잡았고, 배석진 씨는 서도 물골 근처의 동굴에 터를 잡았다. 생명수가 가까이 있었고 폭풍우를 피하기에 유리하다는 판단에서였다. 하지만 배를 운항하는 데는 최종덕 씨가 자리 잡은 곳이 편리했다.

최종덕 씨는 정착에 성공했다. 그는 1981년 10월 울릉읍 도동 산 67번지(당시 주소) 서도 벼랑어귀에 주민등록을 옮김으로써 독도주민등록 1호가 된다.

최종덕 씨와 김성도 씨는 1968년 5월 본격적으로 시설물 건립을 시작했다. 서도에 거주할 집을 짓고 건조장을 만드는 등 하루도 쉴 날이 없었다. 독도의 유일한 생명수인 서도 물골과 집 문지방을 잇는 서도 998 계단도 최종덕 씨와 김성도 씨의 작품이다. 김성도 씨 부인(김신렬)을 포함한 해녀들도 단단히 한 몫 했다. 해녀들이 바다 바닥에서 퍼 올린 모래로 1000개에서 2개 모자란 서도 계단이 탄생한 것이다. 이것은 당시 독도 최대의 공사였다.

이들의 독도 개척은 초인적인 생활 그 자체였다고 한다. 독도에 거주하는 동안 가혹한 자연 환경과 싸워가며 수중창고를 마련하고 전복 수정법을 찾아내고, 특수어망을 개발하기도 했다. 인간이 살지 않는 무인도 독도는 그들의

남편을 따라 독도로 들어가 갖은 고생을 다한 최종덕 씨 부인

숨결이 깃듦으로서 인간의 냄새가 나는 섬으로 새롭게 태어난 것이다. 초인적 노력을 쏟으며 살던 최종덕 씨는 1987년 9월 23일 생을 마쳤다. 그 뒤 사위 조준기 씨가 1987년 7월 8일 같은 주소에 전입하였다. 조준기 씨는 최종덕 씨의 딸인 최경숙 씨와 결혼함으로써 독도에 전입할 수 있었다. 최경숙 씨는 1990년 1월 당시, 독도에서 아이를 낳으려고 시도했지만 예정보다 빠른 출산과 폭풍으로 인해 독도둥이 탄생의 꿈을 접어야 했다.

그런데 조준기 씨가 개인적인 사정으로 독도를 떠남으로써, 독도는 1965년 최종덕 씨와 함께 활약했던 김성도 씨를 새로운 주인으로 받아들인다. 1991년 11월 17일 김성도 씨와 김신렬 씨가 독도로 호적을 옮긴 것이다. 김성도 씨 가족의 독도 호적이전은 4번째였다. 최종덕(81.10.14), 조준기 일가 3명(87.7.8), 그리고 호적은 옮겼지만 독도에 거주하지 않았던 송재욱 씨 일가 6명(87.11.2)에 이어 4번째다.

일본 측에서는 이를 달갑게 보지 않았다. 일본 외무성은 1981년 우리 정부가 최종덕 씨의 주민등록을 인정한 것에 대해 항의하는 서한을 보내기도 했다. 이처럼 최종덕 씨를 이어 독도가 우리의 생활 영역임을 온몸으로 실천하고 있는 김성도 씨. 그는 생활이 곧 국토수호활동이다.

독도주민 김성도 씨(가운데)와 함께한 푸른 울릉 · 독도가꾸기 모임 회원들

정부 정보력을 능가한 독도박물관 설립자

아무도 못 말리는 고집쟁이 서지학자 이종학

『이종학 관장』

아무도 못 말리는 고집쟁이, 서지학자 이종학. 그를 아는 사람들은 한결같이 혀를 내두른다. 문제의 핵심에 접근하고자 하는 근성과 산더미처럼 방대한 자료 수집력 등을 당할 재간이 없기 때문이다. 그런 그가 독도에 대해 관심을 가진 것은 우리나라로 볼 때 천만다행한 일이 아닐 수 없다.

조선시대의 안용복, 1950년대의 홍순칠 씨가 몸으로 독도를 지켜냈다면 이종학 독도박물관 명예관장은 사료 수집으로 독도 영유권을 확고히 했다고 볼 수 있다.

그의 아호는 역사를 김매기 한다는 뜻의 사운(史芸)이다. 아호대로 그는 독도박물관 초대관장과 순천향대 이순신연구소 초대소장을 지내며 독도의 한국영유권 문제와 이충무공 사적, 일제 침략비사 등에 대한 막대한 분량의 기초사료들을 수집해 근대사 연구에 소중한 터전을 닦아놓았다.

이종학 묘소 독도를 위해 평생을 바친 이종학 선생의 묘소. 고인은 유해를 화장해 독도 앞바다에 뿌려달라고 입버릇처럼 말해왔다.

그의 생애는 파란만장하다. 1927년 1월 16일 경기 화성군 우정면 주곡리에서 태어난 그는 고향에서 고등공민학교만 나온 뒤 단신으로 서울로 올라왔다. 1955년에 종로5가에서 '권독서당' 이라는 서점을 6개월 정도 운영하다가 신촌 연세대 앞으로 옮겨 '연세서림' 을 경영하기 시작했다. 당시 연세대 도서관은 고서를 대량으로 사들이고 있었는데, 이종학 선생은 여기에 고서를 납품하면서 역사에 눈을 뜨기 시작했다.

그의 이름 앞에서는 서지학자라는 호칭이 붙는다. 흔히 말하는 박사나 교수 같은 타이틀은 아니다. 그저 남들이 붙여준 이름이다. 정식으로 서지학*을 공부를 한 것이 아니라 고서를 모으고 읽다보니 저절로 그렇게 불리게 된 것이다.

그는 40여 년에 걸쳐 독도와 충무공, 일제 한국강점기를 중심으로 역사연구를 진행했다. 수집한 자료 수천 점을 독립기념관, 동학혁명기념관, 현충사 등에 기증하기도 했다. 2001년 3월에는 평양에서 '일제의 조선강점 불법성에 대한 남북공동자료전시회' 를 개최하기도 했다. 북한에 1910년 한국강점자료집, 일본의 독도정책자료집 등을 보내기도 했다.

그러나 그의 생애 가운데 가장 빛나는 부분은 독도에 관한 활약상이다. 그는 평생에 걸쳐 독도에 관한 자료를 수집했으며 그 자료 중 사료적 가치가 높은 351종 (512점)으로 독도박물관을 지었던 것이다.

그런데 2000년 5월 25일 그가 독도박물관장직을 미련 없이 내놓았다. 정부가 독도 관련 자료를 챙기지도 않을 뿐만 아니라 자료를 갖다 줘도 알려고 하지도 않고, 일본 측 주장에 맞대응도 하지 않는데 대한 항의 표시였다.

그는 한 언론과의 인터뷰에서 당시의 심경을 이렇게 토로했다.

*서지학(書誌學 · bibliography) : 책을 물질적 존재로서 조사하고 연구 · 기술하는 과학. 한국에서도 근년에 서지학회가 창립되고 적지 않은 학자들이 사본 · 간본에 관심을 두고 연구하고 있다.

"한국 정부가 독도를 지키려는 성의가 없는데 분통이 터졌습니다. 독도를 지키지 못할 바에야 박물관 문을 닫는 것이 낫다고 생각합니다. 독도박물관 운영비는 1년에 4억 원 정도 됩니다. 울릉군 예산으로 이 운영비를 채울 수 없어 경북도청에 가서 사정하고 중앙 정부에 가서 통사정을 해도 1전도 못 받았습니다. 독도가 영해를 갖지 않는 바위섬이라는 정부 얘기는 더욱 기가 막힙니다."

독도박물관 울릉도 여행에 빼놓지 말아야 할 곳으로, 독도가 우리 영토임을 분명히 하고 있다.

그는 인터뷰에서 "일본 시마네현 의회의사록을 보면 독도에 대한 별의별 논의가 다 나옵니다. 내가 이런 일본 기록까지 발굴해서 외교통상부로 들고 가면 외교부 관리들은 무슨 책장수 취급하며 귀찮아하고 상대도 안 해주는 경우가 많아요. 이러니 내가 독도박물관 문을 안 닫을 수 있겠습니까?"라고 목소리를 높였다.

시마네현 관청 앞　일본 시마네현 주요지역과 관청 앞에 세워진 광고판. 독도의 반환을 주장하고 있다. 이종학 선생은 직접 시마네현에 건너가 독도 관련 귀중한 자료들을 수집해 왔다.

그는 2000년 8월 자신의 주머니를 털어 〈일본의 독도정책 자료집〉을 펴냈다. 그는 이 자료집을 국제 해양학자를 포함해 각국 도서관과 학술기관에 보내 독도가 한국 땅임을 알리고 있다. 그러나 이 자료집은 그가 남기고 간 마지막 선물이 되고 말았다.

그는 한국 정부의 미온적인 태도에 대해 신랄하게 비판하기도 했다. 독도를 실효적으로 지배하고 있기 때문에 일본 측 트집에 일일이 대응할 필요가 없다는 정부의 주장에 대해 "실효적으로 지배한다는 것은 우리 생각일 뿐"이라고 강조했다.

일본 주장에 따르면 독도에 관한 한 한국은 일본 영토를 무력 점거한 침략자다. 그래서 일부 일본 의원은 독도의 불법 점유 상태를 해제하기 위해 일본 자위대가 나서야 한다고 주장하고 있다. 일미(日美) 안보조약에 의거해 미군에 원조를 요청해서라도 독도의 한국 경찰을 무장해제 해야 한다는 주장까지 있다. 또한 한국에 경제 지원이나 차관을 줄 때마다 한국 정부에 독도를 돌려달라고 요구하자는 발언까지 나오고 있다. 실효적 지배를 하고 있으므로 무대응이 상책이라는 정부 주장은 그래서 위험하다는 것이 이종학 선생의 생각이었다.

"정부가 개인보다 정보력이 뒤진다면 문제 아닙니까. 내가 독도 관련 자료와 한일 관계 자료를 새로 발굴해 공개할 때마다 제일 먼저 달려오는 이는 바로 일본 학자들입니다. 정부 관계자는 항상 뒤늦게 왔고 마치 상부기관에서 지시하듯이 고압적인 자세로 자료를 제공하라고 요구합니다. 일본인의 집요함과 치밀함, 한국 정부의 무성의와 무대응. 이것이 가장 큰 문제라고 생각합니다."

이명수 作

독도에 미친 사나이

민주화를 외치는 학생운동이 한창일 때 나는 바다와 민족 사랑을 외쳤다

『장철수 씨』

혈기 왕성했던 젊은 대학생 시절 이예균 회장과 함께한 장철수 씨

"80년대 대학가에 민주화를 외치는 학생운동이 한창일 때 나는 바다와 민족 사랑을 외쳤다. 독도와 바다는 내가 책임지겠다는 일념으로 살아갈 것이다."

발해 1300호 장철수 탐사대장은 한마디로 '독도에 미친 사나이' 였다. 대학 시절 내내 독도만 부둥켜안고 지냈다. 대학등록금을 독도탐사대 경비로 써버려 미등록 제적 처분을 받기도 했다. 입만 열면 독도를 외쳤고, 민족과 통일을 이야기했다. 동료들이나 후배들의 눈에는 '독도에 미친 사람' 그 이상도 이하도 아니었다.

그는 고향부터가 바다로 둘러싸인 경남 통영이다. 바다와 태생적으로 친숙했던 장씨지만 독도와 인연은 한국외국어대학교 러시아어과에 입학하면서 시작됐다. 러시아어 수업 중 동해가 일본해로, 독도가 죽도로 표기된 서양 지도를 보게 된 것이다. 의문을 품고 도서관에서 서양

지도들을 뒤졌다. 이중 일본해와 죽도로 표기된 지도가 무려 8장이 된다는 사실을 알게 된 그는 충격을 받았다. 그리고 이 충격은 왜곡된 역사 바로잡기와 독도사랑운동에 자신을 던지게 되는 계기가 된다.

당시 대학후배였던 김주환 씨(YTN기자)의 증언이다.

"그 해 5월로 기억된다. 하루는 형이 수업도 마치지 않은 상태에서 기숙사로 돌아왔다. 몹시 흥분된 상태로 말이다. 그때 러시아어 회화 시간을 담당했던 러시아인 교수가 우리의 동해가 일본해라는 요지의 수업을 했다며 교수와 심한 언쟁을 벌였다는 것이다(그 일로 인해 그는 전공인 러시아 회화 과목에서 F학점을 받았다). 그 날 이후 그는 왜 독도가 일본 영토이고, 동해가 일본해여야 하는 것인지, 그 같은 주장이 잘못됐다는 점을 밝히는 문제에 거의 대부분의 시간을 할애했던 것으로 기억된다. 또한 그 사건이 계기가 되어 그와 나는 종로서적, 교보문고 등지를 돌아다니며 아틀라스(Atlas) 등 세계지도에 일본해로 표기된 부분을 동해로 바꿔놓는 작업을 하기도 했다."

장 대장은 마산상고 시절부터 자신만의 독특한 노트 한 권을 준비하고 있었다. 앞 장에는 태극기가 붙어있고, 그 안에는 자신의 사진과 민족에 대한 신념을 틈틈이 기록해 둔 노트였다. 지금은 그 노트를 찾을 수 없어 안타깝지만 시와 글에도 자질이 뛰어났던 장 대장의 노트는 시집이기도 했고 연설집이기도 했다.

장철수 씨가 가장 존경하는 인물은 백범 김구. 그는 김구 선생 묘소 앞에서 민족 통일을 위해 자신을 던질 것이라는 맹세를 했다. 그런 그에게 독도사랑운동은 통일운동의 또 다른 모습이었던 것이다.

장철수 씨는 민족이 겪고 있는 고통의 근원을 분단에서 찾았다. 그 고통의 근원을 해결하기 위해서는 통일이 되어야 하고, 자신은 통일 운동에 뛰어들어야 한다는 결론에 도달했다. 경남 통영 출신의 세계적인

굉이갈매기 새끼

음악가인 고(故) 윤이상 선생과 독도에서 평화음악제를 개최하고자 한 것도 세계만방에 이곳을 대한의 땅으로 선포하고자 했던 소망 때문이었다.

그가 '독도연구회'를 구상한 것은 1986년의 일이다. 그 전까지 독도에 들어가기 위해 온갖 방법을 시도했지만 모두 실패했고, 그래도 결코 포기하지 않은 집념이 1987년 '독도운동모임'을 만들었다. 전국의 모든 젊은 이들이 참여할 수 있는 단체였고 뒷날 '독도연구회'의 전신이 되었다.

그리고 그 해 여름방학 때 장 대장은 꿈에도 그리던 독도에 발을 내딛게 된다. 이때 찍은 사진과 자료를 모아 전국에서 '사진전', '영상제' 등을 열면서 독도 바로 알리기에 열성을 기울였다.

또한 같은 해 울릉도와 독도간의 뗏목행해를 시도한다. 한국탐험협회와 함께 펼친 첫 항해였지만 보기 좋게 실패했다. 그러나 그는 이듬해 여름 74시간에 걸친 항해 끝에 독도에 도착하고야 만다.

독도에 관한 열정을 발해로 확대했던 그는, 발해 건국 1300주년을 기념하고 발해와 일본 간의 고대 항로를 찾기 위해 1997년 12월 31일 뗏목을 타고 러시아 블라디보스토크를 출발, 독도 부근을 지나 일본 쪽 해역으로 표류하다 바다에서 생을 마쳤다.

그가 남긴 글에는 '해류를 통한 해상활동을 증명함으로써 발해사를 복원하는데 기여하려는 학술적인 바람과, 발해의 정통성을 확인함으로써 민족의 자존심을 되찾는데 일조하고 싶은 현실적인 희망이 우리 탐사의 동력이었다'고 기록되어 있다.

발해 1300호의 대원들

발해와 일본의 고대항로를 밝히기 위한 뗏목탐사도중 전복된 발해 1300호

『얼어붙은 발해 1300호』

지난 1997년 발해와 일본의 고대항로를 밝히기 위한 뗏목탐사 도중 전복되어 아쉬운 꿈을 접은 발해 1300호. 그와 함께 생을 마감한 이덕영 선장은 1988년 울릉도-독도 뗏목탐사에 참여하면서 장철수 대장과 운명적으로 만났다. 그는 울릉도 토박이로, 물길을 가장 잘 안다는 이유로 뗏목탐사에서 선장을 맡게 되었다.

그는 1967년 대구 경북공고를 졸업한 뒤 고향 울릉도에서 농장을 운영하는 한편 자생식물·야생화 가꾸기 운동을 펴오기도 했다. 울릉도 자생식물인 섬백리향*은 그의 노력으로 전국에 유명해진 식물이다. 말뜻 그대로 '향이 백리를 간다' 는 섬백리향을 원료로 향수를 만들고 비누를 만들어 보급한 주인공도 바로 그였다.

그런 그 역시 독도에 관심이 많아 1988년 '푸른 독도가꾸기 모임' 을 만들고 초대회장으로 활동했다. 자연보호중앙회 울릉도 지회장, 한국탐험협회 울릉도 지회장, 4H연맹 울릉도회장을 맡는 등 그의 일생은

----

* 섬백리향 : 울릉백리향이라고도 한다. 바닷가의 바위가 많은 곳에서 자란다. 높이 20~30cm로 백리향보다 잎과 꽃이 크며 향기가 강하다. 한국 특산식물로서 울릉도 나리분지에 분포한다.

온통 녹색으로 채색돼 있다.

평소 과묵하며 자기 소신이 강한 그는 죽음을 미리 알고 있었다. 동해 바다를 뗏목으로 탐사한다는 것이 얼마나 위험하고 무모한 일인지를 누구보다도 잘 알고 있었기 때문이다. 하지만 그는 탐사에 자신이 꼭 필요하다는 이유로, 한사코 말리는 가족들을 뒤로하고 죽음의 길을 자청했다. 결국 부인과 아들 병호(당시 고 2), 딸 한나(당시 7세) 등 남매를 두고 생을 마감했다.

그의 부인은 1998년 7월 31일 울릉도에서 운전 부주의로 사망했고, 함께 타고 있던 자녀들은 중상을 입는 불운을 겪어야 했던 슬픈 가족사가 전해져 온다.

발해 뗏목 탐사에서 촬영을 맡았던 이용호 씨는 미대 출신의 그래픽아티스트다. 1984년 창원대 미술학과에 입학한 이후 1989년 경남미술대전 공예부문 최우수상 수상을 비롯해 시각·공예 부분에서 수차례 상을 받는 등 남다른 자질을 인정받았다.

그는 제1회 바다의 날 기념으로 1996년 5월 31일 부산 해운대 앞 바다에서 열린 국제요트대회(부산-독도-울릉도 구간) 때도 사진촬영을 맡았다. 이 행사에서 만난 사람이 바로 장철수 대장. 장 대장과 함께 8개월 동안 탐사 실무 준비를 도맡아 했던 그는 항해 도중 오른손을 다치는 부상을 입었으나 스틸 사진은 물론 비디오 촬영까지 자기 책임을 끝까지 수행했다.

통신담당 임현규 씨는 당시 한국해양대 해운경영학과 4학년 학생이었다. 전남 구례가 고향인 그는 활달한 성격으로 아프리카, 중국, 일본, 영국, 필리핀 등을 단독 기행한 대학생 탐험가였다. 특히 아프리카를 2차례나 다녀올 정도로 모험심이 강했던 그는 통신사 2급 자격증을 갖고 있어 탐사에 동행했다가 운명을 같이했다.

발해1300호 항해일지(1)
발해1300호(2)
발해1300호 출항식(3)

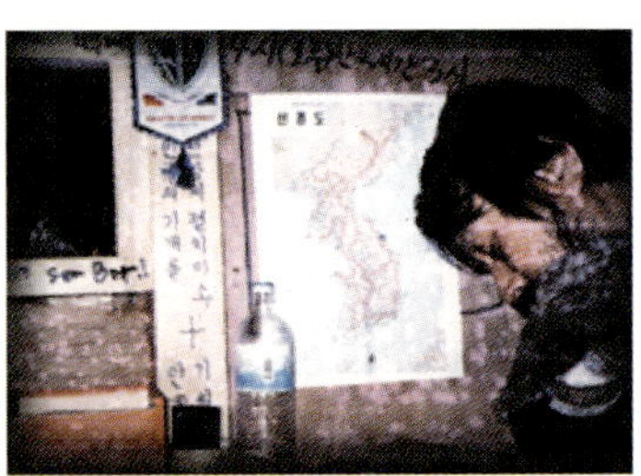

독도에 나무가 뿌리를 내린 이유

젊은이들이 독도를 살피지 않으면 누가 하겠느냐?

『독도에 나무를 옮기는 회원들』

"젊은이들이 독도를 살피지 않으면 누가 하겠느냐?"

독도의용수비대장이던 고 홍순칠 씨는 틈만 나면 울릉도 청년들에게 독도의 소중함을 강조했다. 그래서 울릉도 청년들이 선택한 사업(?)이 독도에 나무심기. 독도를 살피기 위한 특별한 아이디어도 떠오르지 않는 데다 1973년 울릉애향회에서 해송 50그루를 심었던 터라 나무심기가 주요사업으로 결정되었던 것이다.

섬에 나무 몇 그루 심는 게 뭐 대단한 일이냐고 할지도 모르지만 그건 천만의 말씀이다. 흙과 묘목 등 40kg이 넘는 짐을 진 채 경사 70도가 넘는 바위절벽을 오르내리며 작업을 한다는 게 어디 쉬운 일인가?

그러나 이토록 어려웠던 이들의 식목활동은 1979년을 끝으로 일시 중단된다. 일본이 시비를 걸어왔기 때문이다. 외무부는 1980년 초 공문을 통해 독도에 들어가는 걸 자제해달라고 요청해왔다.

독도 나무심기 활동이 새롭게 진행된 것은 그로부터 10년이나 지난

1989년, '푸른독도가꾸기 모임'을 결성한 후부터이다.

발기인은 이덕영, 이예균 씨 등 모두 12명. '향토 사랑이 곧 나라사랑'이라는 선조들의 개척정신을 이어받아, 국가적인 영토보존의 일환으로 독도의 천연기념물 및 자연생태계를 보호하며 돌섬을 푸른 영토로 만드는 것'을 목적으로 삼았다.

1989년 4월 회원 50명이 어선을 빌려 독도에 들어가는 데 성공했다. '독도조림 5개년(1989~1993년) 계획'에 따라 회원들은 해송 등 7종의 묘목 1,780그루와 비료 200부대에다 흙까지 가지고 가 6일 동안 먹고

푸른 울릉·독도가꾸기 모임의 산파역할을 했던 고 이덕영 초대 회장(오른쪽)

자면서 나무를 심었다. 그러나 갖은 고생을 다해가며 심은 나무들은 대부분 말라 죽거나 토끼의 뱃속으로 들어가고 말았다. 산림청 임업연구원, 경상북도, 울릉군과 함께 실태조사를 실시한 결과 해풍에 적응이 안 된 탓이란 걸 알게 됐다. 그래서 1990년과 1991년에는 살아남은 나무에 비료를 주고 유실된 흙을 채우는데 만족해야 했다.

1992년 3월에는 모임의 명칭을 '푸른 울릉·독도가꾸기 모임' 으로 바꾸고 회원수도 102명으로 늘렸다. 울릉읍 사동 3리에 독도조림용 해풍적응묘포를 설치하고 눈향, 동백, 섬괴불, 보리장, 사철, 후박, 감탕 등의 수종을 갖췄다. 묘포는 분재식으로 키운 후 독도에 그 흙과 함께 가져가서 묻기 위한 것이었다.

이렇게 새로운 방식으로 심어진 나무 가운데 현재 800여 그루가 성목으로 자라고 있으며, 서도 물골에 심은 섬괴불의 경우 지름 5㎝ 이상으로 자라 군락을 이루고 있다. 특히 무궁화 2그루가 독도 정착에 성공했고, 동백나무도 열매를 맺었다.

1989. 4. 20

2003. 6. 27 김정명 作

무쇠처럼 단단한 독도나무

독도에도 본래 나무가 자라고 있었다

『절벽에 자라고 있는 나무』

험준한 산봉우리의 만년설로 유명한 알프스 산맥. 그곳의 낮은 지대에는 쭉쭉 곧게 자란 아름드리나무들이 우거져 있다. 그러나 고도가 높아질수록 수목은 듬성듬성해지고 크고 곧은 나무는 보기 힘들어진다. 해발 3,000m의 수목 한계선에 이르면 나무들이 더 이상 살기 어려운 환경이 된다. 이 부근의 나무들은 나이에 비해서 키가 작고 몸체는 뒤틀려서 기괴한 모습을 하기 마련이다. 그런데 놀랍게도 세계적인 바이올린의 명품들이 바로 이런 나무로 만들어진다고 한다. 열악한 환경을 이겨 낸 나무라야 세월이 가도 휘거나 터지지 않으며 연주할 때 공명도 잘된다고 한다.

이는 최근 미국 테네시대학 헨리 그리씨노-마이어(Henri Grissino-Mayer) 박사와 컬럼비아대학 로이드 버클(Lloyd Burckle) 박사의 연구결과에서도 밝혀졌다. 이들의 연구결과에 따르면, 바이올린 제작에 사용된 목재가 오랜 기간 지속된 긴 겨울과 서늘한 여름에 성장한 나무의 것이기 때문에 특수 음향의 성질을 가지게 되었다는 것이다. 즉 유럽에서 1400년대 중반부터 1800년대 중반까지 지속된 소빙하기(Little Ice Age)가 나무의 성장을 지연시켜서 알프스의 가문비나무들이 예외적으로 단단하고 큰 밀도를 갖게 되었다는 것이다.

혹독한 환경 속에서 가장 좋은 현악기가 탄생되는 비밀. 오랫동안 신비로 남아있던 명품 스트라디바리우스* 바이올린의 비밀이 바로 여기에 있다.

그런데 독도에도 비슷한 나무가 있었다. 오랫동안 나무 하나 자라기 힘든 돌섬으로 알려져 있었지만 독도에도 나무가 자라고 있었던 것이다.

<조선일보> 이규태 씨에 따르면 남해의 거문도에는 독도에서 꺾어온 나무로 만들었다는 가지 방망이며 가지홍두깨가 있었다고 한다. 또한 배를 만들 때 이 독도에서 꺾어온 나무로 나무못을 만들어 박았다 한다. 이규태 씨는 그의 칼럼에서 다음과 같이 적고 있다.

독도에는 나무가 없다고 알려졌지만, 실제로는 숨어있는 나무들도 있었다.

"30여 년 전 거문도에서 80대의 노 어부 박운학 옹을 만난 적이 있는데, 그에 의하면 구한말 당시 거문도 어부들은 울릉도에 가서 아름드리 거목을 베어 배를 만들고, 또 그 재목을 뗏목으로 만들어 끌고 온다고 했다. 해변에 움막을 치고 배를 만드는데 쇠못을 구할 수가 없어 독도까지 가서 나무를 베어와 그 나무못으로 조립을 했다한다. 왜냐하면 이 바위섬에서 자란 나무는 왜소하지만 몇 백 년 몇 천 년 풍운에 시달려 목질이 쇠만큼 단단해져 있기 때문이라 했다. 독도나무를 베어오면서 물개 한 마리를 잡아와 기름을 짜고 그 기름으로 밤을 밝혔다."

그렇다면 독도에서 이 나무가 없어진 이유는 무엇일까? 이규태 씨는 "문경새재 박달나무가 방망이 홍두깨로 다 나갔듯이 독도 나무도 나무

독도에 심어진 나무가 눈보라
속에서 동백꽃을 피워냈다.

못이나 방망이 홍두깨로 모조리 베어져 나갔을 것"이라고 추정한다. 그런데 울릉도 주민들의 생각은 조금 다르다. 그들은 독도의 나무가 없어진 주범으로 미 공군의 독도폭격을 들고 있다.

"엄청난 폭탄을 퍼부었는데 독도에 풀 한포기 살아있겠어요? 폭격당시 울릉도에서도 보일 정도로 독도 쪽에서 불꽃과 연기가 피어올랐으니까요. 나무는 그 때 모조리 타버렸죠."

그래서 헐벗은 독도를 푸르게 하는 '푸른 울릉 · 독도가꾸기 모임'의 독도 가꾸기 운동은 없던 나무를 새롭게 심는게 아니라, 과거에 울창했던 나무를 다시 회복시키는 것이다. 뿐만 아니라 이들의 운동은 단순한 환경보호를 초월한 상징적 의미가 크다. 그 자체가 우리의 실효적 점유를 보여주는 것이기 때문이다.

독도 우표 전쟁

독도가 그려진 우표를 놓고 한일 간에 팽팽한 신경전이 전개되고 있다

『독도우표』

독도가 그려진 우표를 놓고 한일 간에 팽팽한 신경전이 전개되고 있다. 지난 2004년 1월 16일 독도를 소재로 한 우표를 발행하는 것과 관련해서 일본 정부가 즉각 발행 중단을 요구해옴으로써 신경전은 시작되었다.

우리 정부 당국은 발행 강행 방침을 천명했고, 일본 총무성은 "영토문제가 존재하는 다케시마(竹島·독도)를 테마로 한 우표발행은 양호한 국제협력관계를 요구하는 만국우편연합헌장 등에 어긋난다"고 주장했다. 일본 외무성도 외교루트를 통해 발행보류를 요구했다.

한국이 발행한 독도 우표는 독도의 4계절을 그린 4종류가 1세트. 소재는 갯메꽃, 왕해국, 슴새, 괭이 갈매기 등 4종이다. 한국우정사업본부는 이날 "우표발행과 유통은 해당 국가 우정당국의 고유 권한"이라며 예정대로 224만장을 발행했다.

이에 일본 수상까지 나섰다. 고이즈미 준이치로 일본 총리는 "다케시

일본의 독도우표(좌)   2004년 일본에서 발행된 우표

북한 독도우표(우)   북한도 독도를 주제로 한 우표를 발행했다.

독도우표   1954년 9월 발행된 독도우표. 작가 강호석 선생이 외대 독도연구회에 기증한 것이다.

마(독도)는 일본의 영토"라면서 "한국 측이 잘 분별해 대응했으면 좋겠다"고 말했다.

그리고 우리 측에 대응해 일본 우정공사는 1주일 뒤인 23일 일본인 우표수집가의 신청에 응하는 형식으로 독도 사진이 사용된 개인 우표를 발행했다. 독도를 소재로 한 우표를 발행한 사실이 알려지자 일본 우정공사는 "사무상의 실수였다"며 즉각 회수에 나섰다.

일본 〈아사히신문〉에 따르면, 일본 우정공사는 개인으로부터 각자가 좋아하는 그림을 보내오면 우표로 발행해주는 서비스를 하고 있는데 이 과정에서 도쿄의 한 우표판매업자가 보낸 독도 사진을 단순한 풍경 사진으로 오인, 우표로 발행했다고 한다. 발행된 우표는 50엔짜리와 80엔, 90엔짜리로 모두 360장이 시판됐으며, 독도의 일본 이름인 다케시마(竹島)가 한자와 알파벳으로 표기돼 있다.

독도를 놓고 벌인 한일 간의 우표전쟁은 1950년대에도 있었다. 우리 정부는 1954년 9월 독도의 풍경을 그린 보통우표 3종을 발행했다. 이 우표들이 붙은 우편물은 처음에는 아무런 문제없이 전 세계로 발송되었다.

그런데 1954년 11월 21일 일본 해상보안청 소속 함정이 독도의용수비대의 박격포에 명중되고 16명의 사상자가 발생하면서 사태가 달라졌다. 일본 정부는 우리 정부에 강력히 항의하는 한편, 독도가 그려진 우표에도 시비를 걸기 시작했다.

그들은 국제우편연합에 항의하고 이 우표가 붙은 우편물이 일본에 도착하면 수취 자체를 거부했다. 배달은 말할 필요도 없었다. 그 뒤 이 사건은 흐지부지됐지만 덕분에 이 독도우표는 일본의 우표수집가들 사이에 큰 인기를 누리게 되었다.

初日封皮
10환
대한민국우편
FIRST DAY OF ISSUE
15 Sep 1954
2환
5환
대한민국우편
87.9.15
姜浩錫

독도는 민족통일의 눈

독도사랑 민족의 가슴에

『국내에서 처음으로 구성된 외대 독도연구회』

'푸른 울릉·독도가꾸기 모임'과 함께 팀워크를 맞춰 영토 지킴이를 자청하는 모임이 있다. 한국외국어대학교 '독도연구회'가 그것이다. 이 모임은 고 장철수(발해 1300호 대장) 씨 등 10여 명이 중심이 되어 결성됐다. 아무도 독도 문제에 대해 관심을 갖지 않았던 1986년에 만들어져 독도의 실상을 알리고 연구 성과물들을 내놓고 있다.

'독도사랑 민족의 가슴에'
'여기는 민족통일의 눈, 7천만이 하나 되어 독도를 지키자'

한국외대 '독도연구회'가 펼치는 활동을 한눈에 보여주는 슬로건이다. 독도관련 대학 동아리로는 국내 최초로 출범한 이 연구회는 그 동안 관련 자료수집, 탐사, 자료전시회 등을 전개해 '독도사랑' 운동에 앞장서 왔다.

현재 10여 명의 회원이 꾸려가고 있
으며, 1903년 발간된 일본 시마네현
지도와 1910년대 것으로 추정되는
독도고지도 3점, 54년 발행 독도우
표 등 희귀 독도자료도 수집해 전과
를 올리기도 했다.

이들은 독도에 관한 전문가들을 직
접 찾아다니며 가르침을 받았고, 국
회도서관 등 관련 자료가 있다면 전

국 어느 곳이든 마다 않고 달려갔다. 이렇게 자료를 수집하는 전통은
지금도 그대로 이어지고 있다.

또한 이들은 결성 초기부터 말보다 행동을 강조했다. 그 실천을 보여
준 것이 바로 뗏목탐사이다. 지난 1988년 7월 울릉도와 독도가 하나의
생활권임을 증명하기 위해 한국탐험협회와 함께 뗏목을 타고 독도항
해에 나서 기어코 성공하기도 했던 것이다.

지난 1995년에는 '푸른 울릉·독도가꾸기 모임', 서울고 학생들과 함
께 '여기는 민족통일의 눈, 7천만이 하나 되어 독도를 지키자' 라는 글
귀가 새겨진 가로 1m, 높이 50㎝의 대리석 비석을 독도에 세우고 돌아
오기도 했다.

이들이 중점을 두고 있는 사업은 역시 국민에게 독도에 대한 관심을
일깨우는 것. 반일감정만 앞세워 영유권을 주장하기보다는 사실에 기
초한 정확한 근거제시가 가장 중요하다는 것이 회원들의 생각이다.

이들은 '푸른 울릉·독도가꾸기 모임' 등 관련단체와 지속적으로 협
조해 활동을 벌이는 한편 전국순회전시회 등의 독도사랑운동도 펼쳐
왔다. 1993년에는 '푸른 울릉·독도가꾸기 모임' 과 함께 독도의용수
비대 창설 40주년 기념행사를 울릉도에서 개최, 수비대활동에 대한 역
사적 평가 작업의 필요성을 제기하기도 했다.

또한 1995년에는 미군기에 의한 독도폭격사건의 진실을 발굴하기도

사진작가 김정명　1987년부터
독도촬영을 시작, 20여년 동안
독도 사진을 찍어온 독도 전문
작가. 외대 독도연구회에 자신
의 작품을 기증, 학생들의 활동
을 도와왔다.

했다. 1948년 독도폭격사건의 생존자 공두업 씨(당시 83세)와 장학상 씨(당시 83세)의 증언을 통해 다음과 같은 사실을 밝혀냈다.

▶ 미군기의 폭격이 실수(오폭)가 아니라 표적 공격이었다는 점.
▶ 피해자의 규모가 알려진 대로 14명 정도가 아니라 무려 150명에 이른다는 점.
▶ 제대로 된 실태조사나 피해보상이 없었다는 점.
▶ 울릉도 어민뿐만 아니라 강원도 어민들도 피해를 당했다는 점.

이 같은 사실은 언론을 통해 공개되어 독도폭격사건에 대한 국민적 관심을 이끌어내는데 일조했다는 평가를 받고 있다. 2005년 6월 8일에는 '독도폭격사건 희생자 위령제' 를 진행하기도 했다.

회장 김도형 군은 "독도 문제는 반일감정을 앞세우는 것보다 사실에 기초한 근거 제시가 필요하기 때문에 독도탐사와 연구를 계속해오고 있다. 선배님들의 활동의 성과들을 계승하고, '푸른 울릉 · 독도가꾸기 모임' 등 단체들과 연계하여 일본이 더 이상 시비를 걸지 않을 때까지 활동을 펼쳐나갈 것" 이라고 밝힌다.

김정명 作

독도 연표		
512년 [신라 지증왕 13년]	이사부 우산국 정벌 신라영토에 귀속시킴.(삼국사기)
930년 [고려 태조 13년]	고려에 귀속.
1019년	우산국 사람으로 여진에 잡혀갔던 사람들이 우산으로 돌아옴.
1417년	김인우를 안무사로 임명, 우산도 주민 3명을 데리고 나옴.
1417년	~1706년까지 공도정책을 적극적으로 추진.
1481년	「동국여지승람」(東國輿地勝覽) 발간.
1454년	「세종실록지리지」 권 153 강원도 울진현조에 그 부속도서로서 우산도와 무릉도를 열거하고 이들의 개략적인 위치를 기록.
1693년	자산도로 호칭. 동래 어부 안용복이 울릉도 근해에서 왜인 발견 퇴거. 안용복이 오끼도를 거쳐 일본으로 가서 도쿠가와 막부로 부터 출어금지 서계를 받아옴.
1695년	대마도주 울릉도 탈취 획책.
1697년	안용복의 활약으로 조선영토임을 확인시킴. 일본 관백은 자국민의 울릉도 독도 출어금지 조치.
1794년	독도를 가지도(可支島)라고도 함.
1864년	김정호 「대동지지」(大東地志) 발간.
1876년	김옥균이 울릉도 개척 건의.
1881년 [고종 18년]	울릉도 개척령 반포.
1882년 [고종 19년]	울릉도 개척령 반포. 도장제(島長制) 실시.
1883년	울릉도에 주민이주 시작.

1884년	김옥균이 동남제도개척사로 임명.
1897년	울릉도 거주 일본어민 대거 퇴거시킴.
1898년 [대한제국 광무 2년]	지방 관제 개편으로 울릉도 도감제 법제화.
1900년 [대한제국 광무 4년]	10월 27일 관보 제 716호의 칙령 제41호로 울릉도, 죽도, 석도 (독도)를 울릉군수가 관할토록 함.
1901년	울릉도장을 울릉군수로 승격시킴.
1902년	일본인 나카이 요사부로(中井養三郎) 독도에서 강치 사냥 시작.
1903년	나카이 요사부로(中井養三郎)가 내무 외무 농상무에 '리앙코도 영토편입 및 대하원(貸下願)'을 제출.
1904년	일(日) 울릉도에 2개의 망루 설치.
1905년	2월 22일 독도의 일본령 편입결의. 시마네현 고시 제40호로 독 도의 편입 발표. 7월 25일 독도 망루 공사 시작, 같은 해 8월 19일 준공.
1906년 [대한제국 광무 10년]	3월 5일 울릉도 군수 심흥택 보고서에 독도 명칭 등장. 「매천야록」에 독도 관련기록.
1907년	경상남도 울도군으로 편제.
1914년	행정구역 개편(조선총독부령 제111호)으로 관할권이 경상남도에 서 경상북도로 이관. 울도군으로 편제.
1915년	울릉도를 제주도와 더불어 도제(島制)로 개편, 울릉도청이라 하 고 도사(島司)를 둠.
1946년	1월 29일 SCAPIN 제677호(연합군 최고사령관이 항복문서의 시행을 위해 일본정부에 보낸 각서)에서 울릉도, 독도, 제주도를 일본의 통치권에서 제외.

1948년	6월 8일 미 공군 폭격으로 독도에 출어 중이던 어민 150여 명 희생. 한국정부의 항의. 1953년 미 공군 연습기지에서 제외.
1949년	지방자치제 시행으로 울릉군으로 개청.
1952년	인접해양의 주권에 관한 대통령 선언. 독도를 기점으로 평화선을 선포함.
1953년	일본이 미국기를 게양하고 독도 상륙, 조난어민 위령비 제거. 일본영유 표지 설치. 한국 어민 독도근해조업에 대한 항의. 이에 대해 한국 정부는 일본에 항의각서 발송. 8월 5일 영토비 건립. 해양경비대 파견 협의.
1953년	4월 27일 울릉도 주민(33명)으로 구성된 독도의용수비대 창설 (대장·홍순칠).
1954년	항로표지(등대)설치. 동년 8월 1일 점화개시 각국에 통보.
1955년	일본은 등대 설치 통고 불인정. 한국, 등대설치의 합법성 재천명.
1956년	4월8일 국립경찰의 경비임무 인수결정.
1956년	12월 30일 경비임무 인수인계.
1966년	4월 12일 독도의용수비대 방위포장 수여.
1968년	일본 오오꾸마(大態良一)「죽도사고(竹島史稿)」 발간.
1971년	한국자연보존연구회「울릉도 종합학술조사 보고서」 발간.
1979년	울릉군 남면을 울릉군 울릉읍으로 승격, 독도 지번 변경.(경상북도 울릉군 울릉읍 도동리 산 42-79번지)
1981년	10월 14일 최종덕 씨 독도 주민등록 이전. 울릉군 울릉읍 독도리 산 30번지에 처음으로 주민등록 전입. 헬리콥터 이착륙 시설 설치.

1982년	11월 6일 문화재보호법에 의거, 국가지정문화재 천연기념물 제336호 '독도해조류번식지'로 지정.
1986년	7월 8일 최종덕 씨의 사위 조준기 씨 등 가족 3명 주민등록 전입.
1991년	11월 17일 김성도 씨(56세) 외 가족 1명 독도 전입.
1993년	레이더 기지 건설.
1996년	접안 시설 및 어민숙소 착공.
1997년	울릉읍 도동에 독도 박물관 건립, 접안시설 및 어민숙소 완공.
1998년	신한일어업협정 체결, 독도가 동해의 중간수역 내에 위치. 유인 등대 완공. 영남대 민족문화연구소「울릉도 독도의 종합적 연구」발간.
1999년	독도의 문화재 명칭을 '독도천연보호구역'으로 변경(문화재청 고시 제1999-25호). 유인등대 공식가동.
2000년	행정구역상 주소를 경상북도 울릉군 독도리 산1-산37로 변경 (울릉군 조례). 독도 등 도서지역 생태계 보전에 관한 특별법 (1997년 12월 13일에 의거, 독도를 '특정도서'로 지정.(환경부 고시)
2001년	환경부 울릉도-독도 국립공원 추진 발표.
2002년	독도학회「독도영유권 연구 논집」발간.
2003년	고(故) 이종학 전 독도박물관장 유해 울릉도에 안장.
2004년	독도 우표 발행. 북한도 '조선의 섬 독도'란 이름의 독도우표 발행.
2005년	3월 16일 시마네(島根)현 의회 다케시마의 날 조례 제정. 3월 24일 한국정부 독도 입도 규제 해제, 독도관광 시작.